苹果幼树早期丰产理论与实践

PINGGUO YOUSHU ZAOQI
FENGCHAN LILUN YU SHIJIAN

徐继忠　张学英　李中勇　等　著

中国农业出版社
北京

著 者 名 单

徐继忠　张学英　李中勇　梁博文　周莎莎
张宪成　刘利民　郜福禄　刘文田　刘　淼

前言

FOREWORD

近年来，随着国家对农业发展的支持力度逐步加大，我国苹果产业科技发展水平逐年提升，在矮化砧木及品种选育、砧穗组合筛选与评价、苹果生长与结果机理等应用基础研究方面均取得了丰硕的成果，为苹果栽培技术优化及栽培模式创新打下了坚实基础。特别是苹果矮砧密植栽培模式的逐步兴起，使我国苹果产业正式迈入由大到强的转型进程，对助力贫困地区农民脱贫致富和实施乡村苹果产业振兴具有重要的社会价值。

苹果生产的最终目的是生产优质果品、实现经济增收和建设社会生态文明。其中，实现苹果栽植后的早期丰产，对提高种植者的经济收益和管理主动性，推动苹果产业快速、健康发展具有积极的实践意义。20世纪60年代以来，我国苹果科技工作者一直在努力探索苹果早期丰产栽培理论与技术，在乔砧、矮砧苹果早果丰产实践中积累了丰富的理论知识和实践经验，但这些研究成果大多散见于国内外的学术期刊中，尚缺乏系统的梳理、总结。河北农业大学"三优苹果"创新团队自20世纪70年代以来，一直致力于苹果矮砧密植栽培技术的研发与推广，特别是在矮化砧木选育、砧穗组合评价、幼树期的整形修剪、花果管理及土肥水管理方面进行了深入探索，并基于相关研究成果创建了苹果早果丰产栽培技术体系，该体系已在生产中大面积推广应用。

及时总结国内外科研成果，以苹果早期丰产为主题，系统归纳、总结国内外苹果早期丰产的理论、技术，并编著成册，为苹果科技工作者及生产者提供参考，对推动我国苹果产业转型升级具有一定的应用价值。为此，在中国农业出版社的帮助下，我们邀请了国内从事苹果早期丰产的研究者和实践者编纂了此书，参加编写的有：河北农业大学徐继忠教授、张学英教授、李中勇副教授、梁博文副教授、周莎莎博士，商丘市农林科学院刘利民研究员、保定市满城区农业农村局郜福禄研究员、顺平县农业农村局张宪成研究员、曲阳县农业农村局刘文田高级农艺师、阜平县农业农村局刘淼高级农艺师。

全书共分 8 章，第一章：苹果早期丰产技术途径；第二章：芽休眠与萌发；第三章：优质苹果苗木培育与高标准建园；第四章：苹果枝梢生长与幼树快速成形；第五章：果园土、肥、水管理；第六章：花果管理；第七章：苹果病虫害综合防治；第八章：苹果快速成形及早期丰产案例。本书在撰写中，既注重对苹果早期丰产栽培理论基础知识的归纳与整理，又着重体现了苹果早期丰产栽培中的先进技术研发成果和实践应用案例，且在章节中体现由理论知识到实践应用的内容梯次安排，使读者更加容易理解并掌握。同时，本书章节内容丰富，涵盖了苹果早期丰产的各个生产环节，参考引用的文献资料及研发成果也力求最新，以满足读者了解前沿苹果科技生产的需求。

在本书即将出版之际，感谢财政部、农业农村部国家现代苹果产业技术体系建设专项资金项目、河北省科技厅重点研发计划项目等对相关研发工作的资助。此书的出版也凝聚了河北农业大学"三优苹果"创新团队的研究生们的汗水，他们的卓越工作为本书出版提供了宝贵的撰写素材，河北农业大学城乡建设学院王印副教授为本书绘制了部分示意图，在此一并表示感谢！特别感谢课题组马宝焜先生多年来对相关工作的关心与支持！

因编者水平有限，书中存在不足或错误在所难免，敬请广大读者批评指正。

编著者

2021 年 8 月　于保定

目 录

CONTENTS

第一章

苹果早期丰产技术途径

苹果早期丰产，是指在苗木栽植后较短年限内达到一定产量指标。实现苹果早期丰产，对于提高苹果栽培者的经济效益、促进苹果产业转型升级具有重大意义。苹果生命周期需经历幼树期、结果期（结果初期、结果盛期、结果后期）、衰老期3个时期。在幼树期，苹果根系和地上部分生长旺盛，采取系列技术措施使苹果树体快速度过幼树期，不仅对于实现栽培效益最大化具有重要意义，同时对于提升栽培者信心也具有重要作用。苹果集约化栽培的特点是缩短果树幼树期，提早结果，早期丰产，稳定丰产优质，因此，实现苹果早期丰产也是向现代化生产发展转变的需要。此外，采取系列措施使新引入的品种尽早结果，便于引种者尽早进行引种效果评价。本章主要介绍苹果早期丰产的技术历程及早期丰产技术途径。

第一节　我国苹果早期丰产栽培技术历程

一、苹果早期丰产的内涵

苹果早期丰产，是指在苗木栽植后较短年限内达到一定产量指标。这主要涉及树龄与产量指标。

1. 树龄　树龄多大时丰产即为早期丰产，目前尚无统一定论。这与苹果树品种、砧木、自然条件及栽培管理等多种因素有关。不同苹果品种，开始结果的时间不同，即使采取矮砧密植栽培，不同品种开始结果早晚也有差异。《苹果学》（1999年版）中指出，始果年龄，从品种嫁接开始生长的当年算起：2年内结果的，为特早果品种；3～4年生结果的，为早果品种；5～6年生以上开始结果的，为晚果品种。

采用带有分枝的大苗建园，由于其在苗圃内培育时间较一般苗木长1～2年，在苗圃内已经部分完成了促发分枝的过程，建园后在适宜的管理措施下，能够提早开花结果；而相比之下栽植不带分枝的一般性苗木或芽接苗，建园后则结果相对较晚。

综合国内已发表的有关苹果早期丰产论文所涉及的树龄认为，早期丰产的树龄以嫁接品种的生长年限达到4～5年时丰产的，即为早期丰产。

2. 产量指标　不同品种、不同栽植方式，甚至不同时代，产量指标可能有差异。据河北省农林科学院昌黎果树研究所记载，同样在株行距为 2 m×4 m 的情况下，4 年生时，胜利、金冠的每 667 m² 产量分别为 1 412 kg 和 1 408.4 kg，国光和赤阳的产量分别为 766 kg 和 700 kg，葵花产量为 678 kg。据日本青森县苹果试验场的调查，以富士苹果的生产力为 100 计算，陆奥、王林、乔纳金、金冠均超过富士，而津轻则为 63.6，红星则显著低于富士。

青岛市农业科学研究所 1961 年报道了苹果早期丰产试验，结果为 3 年生金冠每 667 m² 产量达到 216.03 kg。冯集体报道，M4 自根砧上嫁接金冠，3 年生时开花，4 年生时株产 0.5 kg，5 年生时株产 3.5 kg（折合每 667 m² 产量为 192.5 kg），6 年生时株产 12.5 kg（折合每 667 m² 产量为 687.5 kg）；刘茂昇等试验结果显示，栽后 5 年金矮生每 667 m² 产量可达 796.8 kg，达到了早期丰产。大连市复县果树所刘福加报道，1977 年春定植 567 株金冠/M7（带状栽植，株行距为 2.5 m×2 m×5 m，每 667 m² 栽 76 株），第 3 年开始结果，平均每 667 m² 产量为 245.7 kg，第 4 年平均每 667 m² 产量为 1 496.9 kg，5 年生时矮砧金冠每 667 m² 产量为 2 017.5 kg；王伟东等认为，栽后第 4 年应每 667 m² 产量为 250 kg 左右，产量过低，经济收益不大，不算早期丰产。

一般认为，红富士苹果自嫁接当年开始计算，第 4 年时每 667 m² 产量达到 500 kg，即为早期丰产。

二、早期丰产栽培技术历程

纵观国内苹果早期丰产栽培技术历程，可总结为以下 3 个阶段。

1. 乔砧稀植阶段　在 20 世纪 60 年代前，由于生产水平较低和幼树剪截过重导致苹果结果较晚，因此有"桃三杏四梨五年，要吃苹果六七年"的说法。据河北省农林科学院昌黎果树研究所记载，1952 年栽植的金冠品种（株行距为 7 m×7 m），第 6 年每 667 m² 产量为 9 kg，第 10 年才达到 1 251.5 kg。

2. 乔砧密植阶段　20 世纪 60 年代，随着科学研究的深入，栽培技术也随之发生了较大变革，研究人员提出了在不妨碍骨干枝生长的前提下，适当多留辅养枝，增加幼树营养，做到整形、结果两不误。并由此产生了很多具体方法，如拉枝、圈枝、扭梢等。20 世纪 70 年代，山东农学院罗新书教授等在泰安郊区大石碑村果园进行研究，砧木为海棠果，品种为金冠、红星，1974 年定植，双行带状（2 m×2 m×4 m）栽植，每 667 m² 栽植 111 株，通过增施有机肥、开张角度、环剥等措施，实现了金冠第 3 年每 667 m² 产量达 488 kg，4 年生时达到 2 498.5 kg；红星 4 年生时每 667 m² 产量为 184 kg，5 年生时达到 444 kg。这些结果对全国苹果生产产生了积极的促进作用。河北省农林科学院昌黎果树所李春蔚研究员利用环剥、拉枝等夏剪措施，2 年生树全园平均开花株率为 15.8%，3 年生开花株率为 96.7%，平均每 667 m² 产 642 kg，第 4 年每 667 m² 产量超 1 000 kg。以后以刻（芽）、剥、拉为核心的早期丰产栽培技术在全国推广，取得了良好的效果。

3. 矮砧密植　20 世纪 60 年代我国开始引进苹果矮化砧木，70 年代国内曾掀起了研究和推广矮砧密植栽培的高潮，并成立了全国苹果矮化砧研究与推广协作组，参加单位几乎包括了北方所有的果树研究所、农业大专院校和主要苹果产区生产管理部门。应用矮化砧木，能够有效控制苹果树枝条生长，容易形成花芽，结果早、早期产量高，在 20 世纪

80—90 年代，已有一些应用矮化砧木获得高产的报道，但由于对砧木的选择及栽培技术措施不配套等原因，矮砧密植栽培并未得到有效推广。直至 20 世纪 90 年代，一些典型丰产园的出现，才使矮砧密植栽培得以迅速推广。

应用矮化砧木是实现苹果密植栽培的主要途径。河北农业大学自 20 世纪 70 年代以来，一直致力于苹果矮化砧木及其栽培技术研究，20 世纪 70—90 年代，分别在河北省石家庄东古城村、赞皇县于底村、河北农业大学标本园等地建立矮化砧木试验示范园，矮化砧木为 M2、M4、M7、M9、M26、MM106 等，品种为红星、金冠、乔纳金等，经过多年研究，人们对试验砧木的特性有进一步认识，特别是明确 M26、M9 在河北省中北部地区越冬易抽条，同时对于矮砧密植栽培技术有了充分理解。1996 年在河北省石家庄市井陉矿区利用矮化中间砧苗建立了三优试验示范园，实现了 3 年见果（栽后第 1 年冬剪采取了清干策略），4 年丰产，并持续高产稳产，总结出与之配套的栽培技术体系，在全国得到大面积应用。这一时期，在陕西、山东等地也出现了许多矮化中间砧获得早期丰产的实例。

应用自根砧是矮化砧木的另一种利用方式，多数研究表明，自根砧矮化能力强于中间砧。国内最早矮化自根砧密植丰产的报道是青岛市农业科学研究所 1974 年嫁接的红星等品种，在崂山县付家埠试验园，矮化自根砧上嫁接的青岛短枝红星，2 年生开始结果，3 年生每 667 m² 产量 550 kg，4 年生每 667 m² 产量 1 816.6 kg，安乐大队试验园嫁接的普通红星，4 年生每 667 m² 产量 1 565 kg，达到早期丰产要求。20 世纪 80 年代、90 年代，也有一些矮化自根砧早期丰产的报道。郑州果树所研究结果表明，着色系富士品种长富 6 号，嫁接在营养系矮化自根砧木上，长势缓和，栽植后第 3 年开始结果，第 4～5 形成的果枝数量达到或超过单株负担能力；采用行距 4 m，株距 2 m 或 1.5～3 m 的变化密度的方式，建园的第 5 年，可以获得 1 035～1 388 kg 的产量，达到了早期丰产的要求。山东青岛胶南良种场 1990 年栽植自荷兰引入的带有分枝的红短枝/M26 苗木，行株距为 3 m×2 m，定植当年每 667 m² 产量达 27.8 kg，2 年生时每 667 m² 产量达到 547 kg，3 年生时达 800.9 kg，4 年生达 2 199.9 kg；红乔纳金/M26 苗木，定植当年每 667 m² 产量达 16.8 kg，2 年生时每 667 m² 产量达到 448 kg，3 年生时达 724.9 kg，4 年生达 1 869.9 kg。

进入 21 世纪后，有关矮化自根砧苹果早期丰产的报道增多，利用矮化自根砧进行密植栽培在生产中得到推广应用。位于陕西省白水县的西北农林科技大学苹果试验站，栽植 M7、M26 自根砧嘎拉、红富士苹果，3 年生树干径 4 cm 以上，树高 3.8 m 左右，1/3 红富士开花，80% 的嘎拉开花结果。白海霞等调查结果显示，M26 自根砧上嫁接皇家嘎拉（白水县杜康镇），4 年生时每 667 m² 产量为 500 kg，5 年生时达到 1 200 kg；M26 自根砧上嫁接岩富 10 号，4 年生时每 667 m² 产量为 220 kg，5 年生时达到 500 kg。

第二节　早期丰产途径及树相指标

一、苹果的生命周期与年周期

（一）生命周期
苹果树的生命周期是指从生到死的生长发育的全过程。苹果树的一生要经历幼树期、结果期和衰老期 3 个阶段。

1. 幼树期 是指从嫁接繁殖的苹果苗木定植到开花结果前的一段生长时期。幼树期的长短一般用树苗定植到开花结果前需要度过的时间表示。苹果幼树期的长短与砧木、品种、土壤、气候条件、苗木质量、管理水平等因素密切相关，一般为 3～5 年。在幼树期，苹果树枝条生长势强，一个生长季节内表现出二次生长或多次生长。新梢生长量大，节间比较长，薄壁组织较发达。叶比较大，脱落晚。树冠迅速扩大，形成骨干枝，逐渐构成树体骨架，树冠多呈圆锥形或塔形。根系离心生长旺盛，吸收面积迅速扩大。

在幼树期，可采用适宜的人工技术措施促使其提前开花结果。缩短幼树期的基础是增加树体内营养物质的合成积累及合理分配，只有保证树体健壮生长，才能有效地促使苹果树提前进入结果期。应用矮化自根砧木或矮化中间砧木，可有效地促进早开花结果；采用环状剥皮、环割、轻度修剪、多留枝长放等修剪技术也能促使早开花结果；适当使用植物生长调节物质，先促进、后控制营养生长，可诱导苹果树早开花。

2. 结果期 结果期可分为结果初期、结果盛期和结果后期 3 个时期。

（1）结果初期。这一阶段是指苹果从第一次开花结果到大量结果前的一段生长时期。在这一时期内，营养生长由旺盛生长状态逐渐趋于中庸状态。地上部分离心生长仍较旺盛，树冠骨架继续扩大，分枝大量增加；根系所占空间也继续扩展，形成大量各级侧根。随着树体生长，果实产量增加，营养生长速度降低，骨干枝离心生长减缓，树体由以营养生长为主逐步转向以生殖生长为主。结果枝类型也逐渐发生变化，由以长、中结果枝为主转变为以中、短结果枝结果为主。

这一时期的长短与栽培技术关系密切。乔砧稀植栽培的苹果树，进入结果盛期需要的时间比较长。在这一时期内，栽培管理需要注意深翻改土、施肥，修剪方面注重树冠骨架及结果枝培养，以迅速提高产量，防止树体旺长，促进苹果树提前进入结果盛期。

（2）结果盛期（盛果期）。这一阶段是指从苹果树开始大量结果起到产量开始下降为止。在结果盛期，枝叶营养生长逐步减缓，结果枝大量增加；连年形成花芽，开花结果，产量高且相对稳定；果实的品质充分表现出原有的品种特性。盛果期苹果主要以短果枝结果为主，中长果枝结果为辅，腋花芽较少。随着树冠扩大，外围枝叶量增加，内膛光照条件愈来愈差，结果部位逐渐外移。树冠内部开始出现少量旺盛生长的更新枝条，表明树体向心生长开始。根系的部分侧根开始死亡，发生明显的局部交替现象。

延长结果盛期，获得最大经济效益，是栽培者追求的目标之一。然而，结果盛期的长短，除与品种有关外，还与自然条件和栽培技术等关系密切。该阶段需要注意加强肥水供应，更新结果枝组，控制适宜的叶面积系数和叶果比，调节营养生长和开花结果的平衡，减缓大小年结果现象的出现。

（3）结果后期。这一阶段是指从苹果树出现大小年开始到产量明显下降，不能恢复经济收益为止。此期树体新梢生长量小，多形成短缩枝和短果枝；结果枝逐渐死亡；果实变小，含水量减少；骨干枝下部光秃，即使发生徒长枝，也难形成更新枝，主枝顶端开始衰枯；骨干根生长逐渐减弱，并相继死亡，根系分布范围缩小。

此期需要注意大年疏花疏果，小年促进新梢生长，调节控制花芽形成，平衡树势；强化土肥水管理促进根系更新生长，提高树体营养；缩剪外围枝条，复壮内膛枝组，控制产量，注意更新，可延缓衰老期的到来。

3. 衰老期　是指从产量明显降低到苹果树生命终结为止。衰老期苹果树体生命活动更加衰弱，营养生长明显衰退，新梢生长量很小，新梢短且细；主干衰老，容易受各种病虫伤害；骨干枝开始枯死，很难更新恢复生长；结果枝不断减少，开花结果不能正常进行，甚至不再开花结果；生产的少量果实品质也差，逐步失去经济栽培价值。整株果树缓慢结束所有生命活动。

虽然此期仍可利用潜伏芽寿命长的特点，采取一些更新措施来进行挽救，但更新后，维持时间不长，树体生命活力仍在逐渐降低。一般的生产性果园，多采用砍伐清除衰老树，并重新栽树的措施。对于绝大多数苹果园而言，由于病害尤其是腐烂病发生严重，未到该时期就已经重新建园了。

（二）年周期

苹果的年周期是指在一年内随着气候的变化，苹果树体表现出一定规律性的生命活动过程。苹果的年周期可分为生长期和休眠期2个阶段。

1. 生长期　是苹果树各器官表现出显著的形态和生理功能动态变化的时期。

春季随着温度（气温、土壤温度）的升高，苹果树体开始一个新的生长期，地上部表现为芽萌发、抽枝展叶、新梢生长、开花坐果等。地下部表现为根系生长。夏天进入旺盛生长期，各个新生器官继续生长发育，枝叶繁茂，果实由小变大。秋天果实发育逐渐成熟，新梢停长，枝条逐渐充实，芽变得越来越饱满，叶片开始衰老，最后脱落，生长期结束。这些变化与气候条件，尤其是与光热积累有密切的关系。

年周期中，与季节性气候变化相适应的果树器官的动态变化时期称为物候期。生产上常用的重要物候期有：叶芽膨大期、萌芽期、新梢生长期、落叶期、花芽分化期、花芽萌动期、开花期、坐果期、生理落果期、果实发育期、果实成熟期等。

上述的苹果各个物候期均与生长发育密切相关，并且物候期间相互关联，相互影响；只有上一物候期顺利通过，下一物候期才能正常进行。年周期中生长期与苹果幼树早期丰产关系密切的是新梢生长与花芽分化物候期。新梢生长物候期，不仅关系到幼树树冠扩大，还与花芽分化、幼树安全越冬关系密切。幼树期新梢一般一年有2~3次生长高峰，形成春梢、夏梢、秋梢。为了获得早期丰产，不仅要促进新梢生长，还要控制新梢生长节奏，这样既保证树体有一定的生长量，又有一定的营养积累，促进其花芽分化并有利于安全越冬（详见第四章　苹果枝梢生长与调控部分）。

花芽分化物候期在苹果早期丰产中占有重要地位，有关苹果花芽分化的时期、机理、影响因子、调控措施等详见第六章花果管理部分。

2. 休眠期　休眠是指可见生长暂时停顿的现象。苹果的休眠是在系统发育过程中形成的，是一种对逆境的适应特性。处于休眠期的苹果树对低温和干旱的忍耐力增强，有利于度过寒冷的冬季或缺水的旱季。

苹果的休眠期通常指秋季落叶到翌年春季萌芽前的一段时期。不同的苹果品种其休眠特性不同。同一品种不同年龄段的树体休眠特性也不相同。生长旺盛的幼树进入休眠晚，解除休眠迟。同一株树上，花芽比叶芽进入休眠早，小而细弱的枝条比旺枝休眠早。同一枝条形成层比皮层和木质部进入休眠晚，解除休眠迟。另外，低温、干旱、短日照促进休眠，肥水过多，枝条旺长，使休眠延迟。有关休眠阶段的划分、休眠过程中的生理生化变化详见第二章。

在幼树生育后期控制灌水，减少氮肥施用量，喷施生长调节剂，控制开张枝条角度等促进枝条停长的措施，均可促进休眠，有利于提高幼树抗寒性。红富士苹果幼树生长旺盛，枝条停长晚，枝条不充实，进入休眠迟，是其越冬性差的重要原因之一。

二、苹果早期丰产技术途径

缩短幼树期和结果初期，即可实现苹果早期丰产。为了有针对性地采取技术措施，可将早期丰产技术途径划分为以下 3 个阶段。

1. 扩冠增枝阶段 苹果的产量与花量密切相关，而苹果花芽分化是在一定营养生长基础上进行的，因此，要达到一定产量，则必须具备一定的枝量。所以，这一阶段的主要任务是迅速增加枝量。一般这一过程需要 1～2 年。

（1）扩冠。即促进树体健壮生长，可以从果园土、肥、水管理、整形修剪等多方面入手。首先是提高土、肥、水管理水平，以地下促地上，以根系促枝叶，以无机营养促有机营养。无机营养，主要来自根系吸收，因此，影响根系生长、吸收的因素均会影响无机营养的量。根系所处的环境（土壤）条件是影响根系吸收的重要因素。加强果园土、肥、水管理，为根系生长创造良好的条件，是促进树体健壮生长的首要条件。另外，根系的生长和吸收所依赖的物质和能源，靠由叶片制造的有机营养的供应。因此，提高叶片的质量及光合效能，保证有机营养适时、多量回流到根内，根的生长就会越好，吸收机能越高。

提高树体光合效能，促进树体有机营养适时、多量向根内流动，从而提高树体贮藏营养水平，这涉及树体营养消耗与积累的问题。幼树阶段，树体营养生长旺盛，消耗比较大，养分主要用于根、枝、叶等各器官建造。如果消耗多，不仅影响贮藏营养水平，还会影响树体的越冬能力。因此，前期要求氮肥、水分不缺而稳定，以促进营养生长，迅速扩大光合面积，充分利用贮备营养，促使营养器官迅速生长，提高功能。中期采取系列措施如夏季修剪、控肥控水等，使枝条适时停长，节制营养器官的建造，有利于花芽分化。后期灌水，增施氮肥，补施钾肥，以提高叶片功能，增加有机营养的生产，促进器官分化，有利于营养的积累，提高贮藏营养水平，增强抗性，为第 2 年生长结果奠定丰富的物质基础。

（2）增加枝量。可分为 2 个步骤，定植后 1～2 年的主要任务是增加长枝的数量。苹果是以短果枝结果为主的树种，形成一定数量的短（果）枝是早期丰产所必需的。而在枝类转换中，长枝萌发后形成短枝的系数最高，因此，尽早使树体具备一定数量的长枝，是这一阶段的主要任务。定植后最初 1～2 年应对缺枝部位进行目伤，促使局部旺长，形成较多的长枝，一般要求在 1～2 年内培养出 8～10 个长度在 80 cm 左右的长枝，即可进入第 2 个步骤。第 2 步是以提高萌芽率为中心的修剪，当幼树的长枝数量达到预定指标后，即将 60 cm 以上的长枝，全部拿枝软化、插空拉平、甩放不截，早春萌发前进行多道环割或进行刻芽，促使侧芽萌发，形成大量叶丛枝和中、短枝，增加枝量，达到一定数量要求后，即转入第 2 个阶段。

河北农业大学对 SH40 为中间砧的 1～2 年生红富士苹果（天红 2 号）幼树进行了调查，提出了 1～2 年生幼树长势良好的标准及对应管理措施，主要结果表明，管理良好的树第 1 年冬树高应达到 250～270 cm，中央领导干上着生 10 个左右分枝，枝长 70～80 cm，角度 120°左右；第 2 年树高达到 290～350 cm，中央领导干上着生 18～30 个分枝，角度 120°左右；第 3 年单株花量平均为 50 个。

采用优质苗木高标准建园，在此基础上通过合理施肥、灌水以及土壤改良等措施为营养生长创造良好的条件，这些措施是迅速增加枝量的基础。采用高质量苗木建园，尤其是带分枝苗木建园，基本度过了增加前期长枝数量的阶段，可直接采取第 2 步，促进花芽分化。果园土肥水管理等将在后面章节详述，这里不再赘述。

2. 抑长促花阶段　苹果幼树生长旺，长枝比例高，对扩大树冠、增加枝量很有利，但不利于花芽形成。欲达到早期丰产，需要通过缓和树势、枝势，调整适于成花的枝类组成，并采用各种促花措施来实现。因此，这一阶段的主要任务是采取促花措施促进花芽形成。

抑长促花，首先需要了解栽培品种始果期花芽主要着生部位和枝类比。以红富士苹果为例，3～5 年生幼树结果时，其花芽着生在长枝缓放后，形成的一串中、短枝上。1～2 年生培养出的长枝经缓放、拉平、软化、刻芽、环剥或其他措施，使其发生大量的中、短枝，并形成花芽。未形成花芽的中、短枝，第 2 年又容易形成具一串中、短枝的结果枝组。从全树来看，花芽着生在中外部较多，内部较少。短枝型品种，长枝缓放压平，即会发生一串短枝，第 2～3 年形成大量花芽，而且中央领导干上的中、短枝也能形成花芽。据辽宁省果树研究所调查，红富士幼树开始大量结果时，长、中、短枝的比例以 2∶1∶7 为宜。这不仅是花芽着生适宜的枝条类型，同时也反映了树势的变化，由旺长趋于缓和。

在了解品种成花特点的基础上，采取系列措施促进花芽形成。花芽形成的物质基础，主要是保证一定数量的氮素供应和有机营养的积累，这是结果早晚、产量高低的首要因素。因此，冬季修剪时，轻修剪、少短截、少疏枝，春季对缓放的长枝刻芽、目伤或多道环割，促进芽的萌发，增加枝梢萌发量，并开张各类枝条的角度，减缓先端优势，使营养分散，从而减少长枝发生的比例。夏季修剪对幼旺树采取摘心、拿枝、扭梢、拧枝、喷施生长延缓剂等措施，控制新梢生长，促进养分累积，结合补氮（地下或根外追施），能够有效促进花芽分化。

3. 以果压冠　这一阶段的主要任务是采取措施提高坐果率及果品质量，实现以果实的负载量控制树冠的扩大。对矮砧密植果园，幼树及时结果，用果实的营养消耗来控制树冠的扩大，这关系着矮砧密植栽培的成败。生产中有些果园因未能使幼树及时结果，造成树冠过大、株间或行间枝梢早期交接，甚至全园郁闭，使密植栽培失败。

初果期果树形成的花芽，一般质量较差，而且因树势不稳定，坐果率较低，因此要采用人工授粉、果园放蜂等方法改善授粉条件；疏花、花期喷硼及花期或花后环剥、环割等方法，改善营养条件，以增加坐果、保证产量。

三、幼树早期丰产的树相指标

树相即树体的长相，应用能表述树体生长和结果的形态指标及生理指标来描述树相即为树相指标，描述早期丰产树的树相指标即为早期丰产树相指标。

1. 红富士苹果早期丰产树相指标　全国红富士优质生产技术推广协作组，综合了各地的经验，于 1992 年 11 月提出如下树相指标：

（1）树龄。矮砧或短枝型 3～6 年生，乔砧树 5～8 年生。

（2）每 667 m² 产量。300～500 kg。

（3）每 667 m² 枝量。1.5 万～3 万个。

（4）每 667 m² 花芽量。1 800～3 000 个。

（5）每 667 m² 留果量。1 600～2 800 个。

（6）单果质量。200 g 以上，一级果率占 80% 以上。

（7）果实品质。着色度 70% 以上，可溶性固形物含量 14% 以上。

（8）干周（距地面 30 cm 处）。乔砧树 20 cm 以上，矮砧树 15 cm 以上。

（9）新梢生长量（指 15 cm 以上的新梢平均长度）。35 cm 左右。

（10）枝类比。长枝（16 cm 以上）、中枝（6～15 cm）、短枝（5 cm 以下），比例为 2：1：7。其中优质短枝应占 60%～70%。

（11）封顶枝（新梢在 6 月底以前停止生长的枝）。占全树枝量的 80%。

（12）枝果比（当年生各类枝与果实数量比，新梢指有 5 片叶以上的枝）。为 （5～6）：1。

（13）花芽与叶芽比（修剪前计算）。1：（3～4）。

（14）花芽分化率（修剪前计算）。占全树总芽量的 30% 左右。

（15）单叶面积。30～38 cm²。

（16）叶色值（按 8 级区分）。以 5～5.5 级为宜，叶片呈淡绿色。

（17）叶片含氮量（7 月外围新梢中部叶片）。2.3%～2.5%。

在这一系列指标中，干周、每 667 m² 枝量、枝类比及新梢长度是最重要的生长指标，可以作为各阶段转化时的依据。在干周、每 667 m² 枝量不足时，不可过早促花或过早结果，应立足于促进生长；达到这个指标时，重点应放在枝类比的转化，若这 4 项指标均已达到，应考虑促花措施，使幼树及时结果。砧木、砧穗组合、栽培方式、自然和栽培条件不同，各个果园达到以上指标的早晚会有不同。

应该提出的是，该树相指标的提出是总结当时的栽培经验而定的；随着栽培技术的进步，树相指标也应有所变化。

2. 嘎拉苹果早期丰产树相指标 夏春森等（1998）试验总结了耶罗嘎拉早期丰产的树相指标。2 年生时开花株率为 4.1%，3 年生时为 45.4%，4 年生时为 87.3%，5 年生时为 100%。4～5 年生每 667 m² 产量达到 557～1 490 kg。

（1）每公顷产 22 500 kg。

（2）枝果比 5：1。

（3）春梢生长量 50～60 cm，短枝率 60% 以上，长：中：短枝比＝1：2：7。

（4）叶幕覆盖率 60%，叶面积指数 4～5，透光度 20%。

（5）每公顷留果量 13.5 万～15.0 万个，平均单果重 160～200 g。

◆ **主要参考文献**

杜澍，郭民主，刘炳辉，等，1992. 红富士苹果早果早丰优质栽培［M］. 西安：陕西科学技术出版社.

韩振海，2011.苹果矮化密植栽培——理论与实践［M］.北京：科学出版社.

黄永业，季兴禄，陈晓丽，等，2019. M9T337矮化自根砧烟富系列苹果品种生长结果习性和经济效益比较［J］.中国果树（4）：62-65.

李春蔚，1988.苹果密植丰产栽培［M］.北京：中国林业出版社.

刘福加，刘绍刚，于香云，1982.苹果树矮化（中间砧）密植早期丰产试验报告［J］.辽宁果树（3）：6-8.

刘茂昇，姚如斌，1985.短枝型苹果密植早果丰产栽培［J］.中国果树（2）：9-11.

陆秋农，贾定贤，1999.中国果树志：苹果卷［M］.北京：中国林业出版社.

罗新书，刘振岩，周长荣，1999.果树早期丰产栽培技术［M］.济南：山东科学技术出版社.

马宝焜，1993.红富士苹果—优质果品生产技术［M］.北京：农业出版社.

束怀瑞，1999.苹果学［M］.北京：中国农业出版社.

王继世，韩礼星，董健康，1987.着色系富士苹果在矮化自根砧上的生长和结果表现［J］.果树科学，4（3）：1-5.

王伟东，王玉红，张贺臣，等，1996.苹果幼树早期丰产的形态指标［J］.烟台果树（1）：33.

王作江，杜西政，万述伟，等，1996.无病毒矮砧苹果幼园早期丰产高效栽培试验［J］.中国果树（1）：50，31.

夏春森，周萍，司少鹏，等，1998.嘎拉苹果早期丰产的树相指标及其栽培技术研究［J］.江苏林业科技，25（2）：31-34.

徐春科，1993.矮化中间砧红富士苹果早期丰产优质栽培试验［J］.中国果树（2）：3-5，12.

徐继忠，2016.苹果矮化砧木选育与栽培技术研究［M］.北京：中国农业出版社.

徐继忠，2018.苹果三优栽培技术详解［M］.北京：中国农业出版社.

杨进，1980.苹果矮化砧木生产性能研究［J］.中国农业科学（3）：23-26.

杨进，1996.矮化苹果生产技术大全［M］.郑州：河南科学技术出版社.

赵政阳，2015.苹果［M］.西安：陕西科学技术出版社.

邹维清，司清，1961.苹果幼树早期丰产试验［J］.中国农业科学（9）：10-13.

第二章

芽休眠与萌发

　　休眠是植物生长发育过程中的一种暂停现象，是植物经过长期演化而获得的一种对环境及季节性变化的生物学适应性。休眠是植物体含有分生组织的任何结构可见生长的暂时停止，但在植物体内仍进行着一系列的生命代谢活动，从而为下一阶段的生长提供准备。休眠是一种十分复杂的现象，多种环境因素对休眠的影响以及此过程受多基因的控制使休眠表现为典型的数量性状，休眠性状的表达是一系列基因表达的综合体现，涉及一系列复杂的生理生化和信号转导问题，被称为"生命的隐蔽现象"。

　　芽休眠是苹果树体生命过程中非常重要的一环。休眠的充足与否、能否顺利通过，对下一阶段的生长发育具有重要影响。本章主要论述苹果叶芽休眠与解除、花芽休眠与解除、芽萌发过程及其生理生化变化。

第一节　叶芽休眠与解除

一、芽休眠阶段的划分

　　1. 前休眠　又称预休眠、相关休眠、相对休眠、夏眠、暂时休眠等，是指由于器官的相关抑制而使芽不能萌发生长的现象。前休眠是由植物外部结构所控制的休眠，即休眠结构（组织或器官）以外的生理因素（如顶端优势、光周期反应、激素）所调节，即使在环境条件有利时亦保持休眠，但若除去相邻器官（叶或芽）的限制源，则休眠结构会迅速恢复生长。

　　苹果的芽属于晚熟性芽，一般情况下当年形成当年不萌发而第二年萌发。当年不萌发的原因主要是由于其他器官如生长点（顶芽）、叶片的抑制而造成的，此时芽器官未完全丧失生长能力，如遇到适宜的刺激能够萌发。

　　了解果树芽的前休眠，对于打破休眠，增加枝叶量，促进快速成形具有重要意义。如摘心、去叶或涂抹发枝素促进芽萌发，须在芽处于前休眠阶段进行才有效。生产中常用的疏枝措施，如果疏除的不彻底，在芽前休眠期内，仍能萌发。

　　通过摘心去叶的方法能够确定前休眠的终期。河北农业大学苹果课题组 2020 年的试验结果表明，在 9 月 17 日前"摘心＋去叶"，田间条件下富士苹果芽萌发率为 20%，红露芽萌发率为 13%，温室条件下水培，二者的萌芽率分别为 38.1% 和 31.8%，表明芽还处于前休眠阶段，9 月 17 日以后"摘心＋去叶"，田间条件下芽萌发率极低，似乎度过了前休眠阶段，但温室水培结果表明，10 月 8 日水培，富士和红露芽的萌发率为 26.0％和 25.21％，仍处于前休眠阶段，10 月 26 日"摘心＋去叶"，则萌发率均低于 10％，表明二者的芽已度过了前休眠阶段。

2. 自然休眠　又叫真休眠、生理休眠、内休眠等，由芽内部因素所控制。自然休眠是由植物芽内部的生理因素所控制的休眠，即使外部环境条件有利于萌发，并且也没有相邻器官限制的情况下，芽也不能萌发生长，只有经过一定时期的低温后才能开始生长。

果树进入休眠期后，通过树体内发生相应的生理生化变化来提升其对外界环境特别是低温的抵抗能力，以确保自身安全越冬；随着春天的到来，休眠结束，树体又发生相应的生理生化变化来调控芽的生长，此时芽从休眠转向萌发，并开始营养生长或生殖生长。在果树由生长期向休眠期和由休眠期向生长期转变的过程中，既有外界自然环境条件的不断变化，也是果树自身生理生化指标的变化的结果。

落叶果树解除自然休眠所需的有效低温时数称为果树的需冷量，又称为低温需求量或需冷积温。落叶果树的需冷量具有遗传性，因而不同果树树种、品种的需冷量存在差异；即使同一树种、品种在年际间也存在差异，不同地区之间差异更大，这与植物本身的生态适应性有关。了解苹果芽自然休眠的起止期，对于设施栽培、利用设施提早嫁接促进苗木生长等具有重要意义。

秦栋等（2009）利用光照培养箱清水扦插法和水分状态法界定酸王自然解除休眠的时间为 1 月底（泰安），瑞林为 12 月底，酸王比瑞林晚 1 个月左右，用 0～7.2 ℃模型估算酸王解除自然休眠的需冷量为 1 200～1 500 h，瑞林为 600～850 h。河北农业大学苹果课题组研究结果显示，在保定市顺平县天红 2 号苹果自然休眠的解除日期为 1 月上旬，需冷量为（<7.2 ℃模型）1 200 h 左右，王林苹果自然休眠的解除日期为 12 月中下旬，需冷量为（<7.2 ℃模型）900 h 左右。

3. 被迫休眠　指由于不利的环境条件（低温、干旱等）的胁迫而暂时停止生长的现象，逆境消除即恢复生长。在自然休眠结束后，由于当时的温度较低，芽不能萌发、生长，处于被迫休眠状态。不过，这种自然休眠与被迫休眠不易从外观上加以辨别，解除休眠通常是以芽开始活动为标志。

二、叶芽自然休眠过程中生理生化变化

1. 可溶性糖　休眠期间，富士和王林叶芽可溶性糖含量都呈上升趋势，富士叶芽的可溶性糖含量从 11 月 15 日的 15.50 mg/g，FW（鲜重，下同）增长到次年 1 月 5 日的 27.48 mg/g，王林叶芽的可溶性糖含量从 11 月 15 日的 15.57 mg/g 增长到次年 1 月 5 日的 28.79 mg/g。

2. 淀粉　休眠期间富士叶芽的可溶性淀粉含量呈持续下降的趋势，从 11 月 15 日的最高值 13.62 mg/g 开始持续下降，到 1 月 5 日达到最低值 5.29 mg/g。王林叶芽的可溶性淀粉含量表现为先下降再上升的趋势，从 11 月 15 日的最高值 14.51 mg/g 开始下降，最低值出现在 12 月 13 日。

3. 激素含量

（1）玉米素核苷（ZR）。休眠期间，富士叶芽的 ZR 含量变化总趋势为先下降后上

升，11 月 15 日芽内 ZR 含量最高，为 498.24 ng/g，12 月 21 日时 ZR 含量达到最低，为 180.84 ng/g，以后含量逐渐升高。王林叶芽内 ZR 含量变化趋势明显呈 M 形，在 11 月 29 日和 12 月 28 日达到 2 次高峰，12 月 28 日含量最高，为 806.95 ng/g，1 月 5 日含量最低，为 267.55 ng/g（图 2-1）。

（2）双氢玉米素（DHZR）。如图 2-2 所示，休眠期间富士叶芽的 DHZR 含量呈 V 形变化趋势，在 12 月 21 日之前，DHZR 缓慢下降，由 200.40 ng/g 下降到最低点 103.04 ng/g，之后 DHZR 含量再缓慢上升。王林叶芽的 DHZR 含量也是在 12 月 21 日前缓慢降低，但到 12 月 28 日突然升高，最高达 343.33 ng/g，之后又降低。

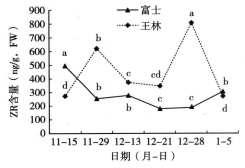

图 2-1　休眠期苹果叶芽内 ZR 含量的变化

（同曲线不同小写字母表示在 $P \leqslant 0.05$ 水平上差异显著）

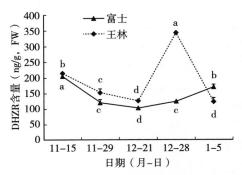

图 2-2　休眠期苹果叶芽内 DHZR 含量的变化

（同曲线不同小写字母表示在 $P \leqslant 0.05$ 水平上差异显著）

（3）赤霉素（GA₃）。如图 2-3 所示，休眠期富士叶芽的 GA_3 含量要明显高于同时期的王林叶芽，富士叶芽的 GA_3 变化呈 V 形，在 12 月 21 日时含量最低，为 694.33 ng/g，12 月 21 日之后呈上升趋势，在 1 月 5 日含量达到最高。王林的 GA_3 变化比富士要平缓，整体在 310～740 ng/g 之间浮动。

（4）生长素（IAA）。如图 2-4 所示，休眠期富士和王林叶芽的 IAA 含量变化趋势大致相同，王林的 IAA 含量在休眠期略高于富士，在 12 月 13 日之前，王林和富士叶芽的 IAA 含量呈下降趋势，均在 12 月 13 日到达最低点，富士为 10.43 ng/g，王林为 19.99 ng/g。在 12 月 13 日之后，富士叶芽的 IAA 含量呈缓慢升高，而王林叶芽内 IAA 含量则变化较小。

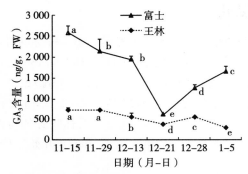

图 2-3　休眠期苹果叶芽内 CA₃ 含量的变化

（同曲线不同小写字母表示在 $P \leqslant 0.05$ 水平上差异显著）

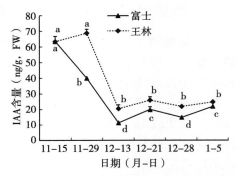

图 2-4　休眠期苹果叶芽内 IAA 含量的变化

（同曲线不同小写字母表示在 $P \leqslant 0.05$ 水平上差异显著）

三、叶芽需热量及萌发过程中生理生化变化

（一）需热量

河北农业大学苹果课题组定期采集枝条观察结果显示，到 2021 年 3 月 25 日，富士部分叶芽萌发，大部分叶芽处于鳞片张开，无露绿的状态。王林叶芽基本上都萌发。到 2021 年 3 月 31 日，富士叶芽基本上都萌发。以生长度小时模型估算需热量，富士的叶芽需热量较高，为 2 609.35 GDH ℃，王林的叶芽需热量较低，为 2 246.72 GDH ℃。以有效积温模型估算需热量，富士的叶芽需热量较高，为 96.67 ℃，王林的叶芽需热量较低，为 82.22 ℃。

（二）生理生化变化

1. 可溶性糖含量的变化　在萌芽期（3 月 4—31 日），富士叶芽的可溶性糖含量变化趋势为先升高再降低，再升高再降低，整体呈 M 形，3 月 4 日为最小值12.83 mg/g，第一和第二高峰分别出现在 3 月 12 日和 3 月 21 日。王林叶芽的可溶性糖含量变化趋势为先上升再下降，高峰值出现在 3 月 12 日，之后呈持续下降趋势。

2. 淀粉含量的变化　萌芽期，富士和王林叶芽的可溶性淀粉含量变化均呈先上升再下降的趋势。富士叶芽的可溶性淀粉含量高峰值出现在 3 月 21 日，王林叶芽可溶性淀粉含量高峰值出现在 3 月 16 日。

3. 内源激素含量的变化

（1）玉米素核苷（ZR）。如图 2-5 所示，在萌芽期，富士和王林叶芽的 ZR 含量变化均是先升高再降低的趋势，均在 3 月 12 日达到顶峰，富士为 217.58 ng/g，王林为 373.08 ng/g；随后均呈下降趋势，在 3 月 31 日含量到达最低点，富士为 40.99 ng/g，王林为 29.37 ng/g。

（2）双氢玉米素（DHZR）。如图 2-6 所示，萌芽期王林叶芽的 DHZR 含量先升高再降低，在 3 月 12 日到达最高值183.22 ng/g，3 月 12 日至 3 月 31 日持续降低；富士的 DHZR 含量变化比较平缓，3 月 4 日至 3 月 21 日在 94.56～106.49 ng/g 之间变化，之后开始下降。

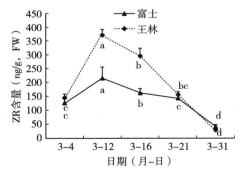

图 2-5　不同苹果品种叶芽萌发过程中
ZR 含量的变化

（同曲线不同小写字母表示在 $P \leqslant 0.05$ 水平上差异显著）

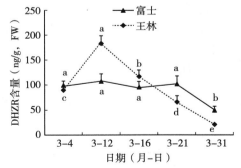

图 2-6　不同苹果品种叶芽萌发过程中
DHZR 含量的变化

（同曲线不同小写字母表示在 $P \leqslant 0.05$ 水平上差异显著）

（3）赤霉素（GA₃）。如图2-7所示，萌芽期王林叶芽的 GA₃ 含量从3月4日最低值 120.18 ng/g 开始升高，到3月12日达到最高点 879.99 ng/g，之后 GA₃ 含量下降至3月 21日，之后继续升高。富士叶芽的 GA₃ 含量也是先升高，在3月12日达到最高值 730.46 ng/g，之后变化幅度不大。

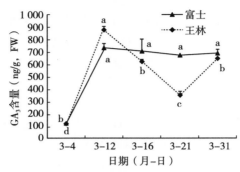

图2-7 不同苹果品种叶芽萌发过程中 GA₃ 含量的变化

（同曲线不同小写字母表示在 $P \leqslant 0.05$ 水平上差异显著）

第二节 花芽休眠与解除

一、苹果花芽需冷量与需热量

1. 开花进程 了解苹果开花进程，对于合理配置授粉树、确定化学药剂疏花疏果时期具有重要意义。

苹果品种不同，开花进程不同。河北农业大学2010年在石家庄市井陉矿区天户峪果园的观察结果表明，3月11日，弘前、嘎拉和斗南的花芽处在未萌动的状态；至3月21日，花芽横径明显变大，处于花芽膨大期（表2-1）；以后花芽继续膨大，芽先端开裂露绿进入开绽期，至3月31日嘎拉花芽的开绽率达84%，斗南为68%，弘前为64%；随后花序伸出鳞片，基部出现卷曲的莲座状叶，进入花序伸长期；4月8日，嘎拉处在花序伸长期的比例为98%，斗南为88%，弘前为59%；之后花序分离，花朵开始显露，4月14日，嘎拉达到花序分离期的比例为66%，斗南为81%，弘前为58%；斗南的初花期为4月15日，弘前和嘎拉的初花期为4月16日，斗南的盛花期在4月16日，弘前为4月17日，嘎拉为4月18日。

表2-1 不同苹果品种花芽萌发过程中芽的大小

品种	3月11日		3月21日		3月31日	
	横径（mm）	纵径（mm）	横径（mm）	纵径（mm）	横径（mm）	纵径（mm）
弘前	5.37	9.09	5.39	8.21	5.56	9.17
嘎拉	4.84	9.15	5.08	8.77	5.32	10.70
斗南	5.38	8.71	6.07	8.59	6.33	9.71

同一花序不同花朵开放时期也有差异，据河北农业大学马宝焜等对红富士苹果观察，花的开放可以分为 3 个阶段，首先是中心花先开，其次是 1、2 边花开放，最后 3、4 边花开放，各阶段相隔 1～2 天。

2. 不同苹果品种花芽需冷量　低温需冷量是自然休眠中有效低温累积的量化标准。不同品种由于长期处于不同的自然环境条件下，形成了各自不同的遗传特性和代谢类型。其遗传特性的不同决定了不同品种低温需冷量之间存在差异。河北农业大学苹果课题组以弘前、嘎拉、斗南为试材，研究了 3 个品种花芽的需冷量，结果显示（表 2-2），若以 0～7.2 ℃模型估算需冷量，弘前苹果花芽的需冷量最高，为 319.75 h；嘎拉其次，为 293.25 h；斗南的需冷量最低，为 271.25 h。以≤7.2 ℃模型和犹他模型估算需冷量，也表现出同样趋势，弘前苹果花芽的需冷量最高，嘎拉的次之，斗南的最低。

表 2-2　不同需冷量估算模型估算的不同苹果品种花芽的需冷量

品种	0～7.2 ℃模型（h）	≤7.2 ℃模型（h）	犹他模型 UT（c.u）
弘前	319.75 a	1 195 a	243 a
嘎拉	293.25 b	885.25 b	228 b
斗南	271.25 c	693.25 c	212.5 c

注：不同小写字母表示在 $P \leqslant 0.05$ 水平上差异显著。下同。

3. 不同苹果品种需热量　嘎拉、弘前和斗南 3 个苹果品种间的需热量存在差异。以生长度小时模型进行需热量估算，需热量集中在 7 000～7 600 GDH ℃，其中嘎拉的需热量最高，为 7 546.51 GDH ℃；其次是弘前，7 327.18 GDH ℃；需热量最少的是斗南，为 7 084.39 GDH ℃。若以有效积温模型进行需热量估算，需热量主要集中在 230～260 ℃，需热量的高低与生长度小时模型估算的相一致。

二、花芽休眠解除过程中生理生化变化

休眠是植物发育中的一个周期性时期，它是为适应冬季的低温，以生长活动暂时停止为表现的一系列积极发育的过程。了解休眠过程中相关生理生化变化，对于揭示果树休眠及破眠的生理机制，从而采取技术措施调控休眠具有重要意义。

（一）不同苹果品种花芽休眠期间生理指标的变化

1. 可溶性糖与淀粉含量变化　在休眠期间，树体内仍进行着一系列复杂的生理生化代谢，其中营养物质也发生着巨大的转变。这些生理代谢一方面有利于果树防止失水和增强抗性，另一方面也为来年的生长准备营养物质。有关休眠期间可溶性糖、淀粉等含量变化在桃、杏、樱桃、葡萄等果树上均有研究。河北农业大学在苹果上的研究结果显示（图 2-8、图 2-9），休眠期间弘前、嘎拉、斗南 3 个苹果品种花芽可溶性糖及淀粉含量变化趋势大致相似。自进入休眠后，可溶性糖及淀粉含量先呈现下降趋势，至休眠解除以后，可溶性糖含量又一直持续上升。

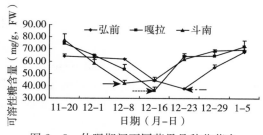

图 2-8 休眠期间不同苹果品种花芽内
可溶性糖含量的变化

注：箭头代表休眠解除的时刻

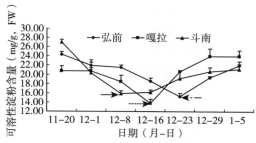

图 2-9 休眠期间不同苹果品种花芽内
可溶性淀粉含量的变化

注：箭头代表休眠解除的时刻

2. 可溶性蛋白含量变化 在休眠期间不同苹果品种花芽内可溶性蛋白含量变化大致相同。自进入休眠后，可溶性蛋白含量先呈现下降趋势，至休眠解除以后，含量开始缓慢回升，其中，斗南花芽内可溶性蛋白含量在 12 月 16 日达到最低，为 6.25 mg/g，随后含量上升。而嘎拉花芽内可溶性蛋白含量最低点出现在 12 月 23 日，弘前的可溶性蛋白含量最低点出现在 12 月 29 日。其中，可溶性蛋白逐渐减少出现最低值的时期与其各自休眠解除的时期相一致。

3. 激素含量变化 休眠的起始、终止和调控以及休眠阶段的改变都受到激素的调节。一般认为 GA 可抑制芽的休眠，促进萌发，ABA 是促进休眠物质和抑制萌发物质。低水平的 IAA 能够促进芽体萌发，高浓度的 IAA 则不利于芽的萌发，CTK 能克服存在于芽内阻止萌发的抑制因素。

（1）IAA。不同苹果品种花芽内 IAA 含量变化趋势大致相同，其含量均先下降后上升。自 11 月 20 日起到 12 月 8 日，斗南的花芽内 IAA 含量从 82.00 ng/g 下降到 39.47 ng/g，休眠解除后含量迅速回升。而嘎拉花芽内的 IAA 含量在休眠解除时（12 月 16 日）达到最低，为 39.19 ng/g。弘前的最低值出现在 12 月 23 日，为 50.55 ng/g。其中，IAA 逐渐减少出现低谷的时期与其各自休眠解除的时期相一致（图 2-10）。

（2）GA。在休眠期间，不同苹果品种花芽 GA 含量变化趋势大致相似，其含量呈逐渐增加至休眠解除时达到最高，休眠解除后含量迅速下降。其中斗南花芽在 12 月 8 日 GA 含量达到最高，为 7.81 ng/g，嘎拉、弘前的最高点出现在 12 月 16 日和 12 月 23 日，随后 GA 含量迅速下降（图 2-11）。

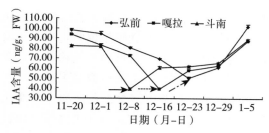

图 2-10 休眠期间不同苹果品种花芽内
IAA 含量变化

注：箭头代表休眠解除的时刻

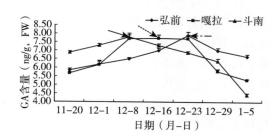

图 2-11 休眠期间不同苹果品种花芽内
GA 含量变化

注：箭头代表休眠解除的时刻

　　(3) ZR。休眠期间，不同苹果品种花芽 ZR 含量变化趋势大致相似，其含量先增加至休眠解除时达到最高，休眠解除后含量迅速下降（图 2 - 12）。斗南花芽内 ZR 含量在 12 月 8 日达到最高，为 15.88 ng/g，随后下降；而嘎拉、弘前的最高值分别出现在 12 月 16 日和 12 月 23 日，随后含量迅速下降。

　　(4) ABA。休眠期间，不同苹果品种花芽内 ABA 含量变化趋势大致相似。斗南苹果花芽在 11 月 20 日到 12 月 8 日之间，ABA 含量呈现平缓上升的趋势，在 12 月 8 日（休眠解除时）含量达到最高值，为 128.58 ng/g，休眠解除以后 ABA 含量迅速下降。嘎拉和弘前花芽内 ABA 含量出现最高点的时间分别在 12 月 16 日和 12 月 23 日，以后 ABA 水平又迅速下降（图 2 - 13）。其中，ABA 出现最高含量之后迅速下降的时期与其各自休眠解除的时期相一致。

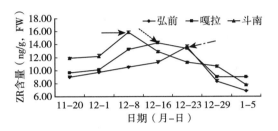
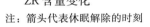
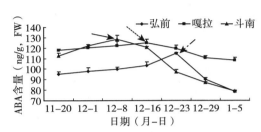

图 2 - 12　休眠期间不同苹果品种花芽内
ZR 含量变化
注：箭头代表休眠解除的时刻

图 2 - 13　休眠期间不同苹果品种花芽内
ABA 含量变化
注：箭头代表休眠解除的时刻

（二）不同矮化中间砧红富士苹果花芽休眠期间生理指标的变化

　　1. 可溶性糖含量变化　休眠期间不同矮化中间砧红富士苹果花芽可溶性糖含量变化趋势大致相似。红富士苹果花芽自进入休眠后，可溶性糖含量先呈现下降趋势，至休眠解除以后，可溶性糖含量又持续上升。

　　2. 可溶性淀粉含量变化　在休眠期间，不同矮化中间砧红富士苹果花芽内可溶性淀粉含量变化趋势大致相似。自进入休眠后，花芽内可溶性淀粉含量先呈现下降的趋势，在各自休眠解除时含量达到最低，休眠解除后，含量又开始缓慢回升。

　　3. 可溶性蛋白含量变化　在休眠期间不同矮化中间砧红富士苹果花芽内可溶性蛋白含量变化大致相同。以 78 - 48 和 M26 为中间砧的，自 11 月 20 日起，可溶性蛋白含量先呈现下降趋势，在 12 月 16 日含量达到低谷，分别为 4.77 mg/g 和 5.17 mg/g，随后含量上升。以 CG - 24、CX - 3 为中间砧的，低谷分别出现在 12 月 23 日和 12 月 29 日，随后含量迅速上升。其中，可溶性蛋白逐渐减少出现低谷的时期与其各自休眠解除的时期相一致。

　　4. 激素含量变化

　　(1) IAA。不同矮化中间砧红富士苹果花芽内 IAA 含量变化趋势大致相同，其含量均先下降后上升（图 2 - 14）。以 78 - 48 和 M26 为中间砧的红富士苹果花芽自 11 月 20 日起到 12 月 16 日，IAA 含量分别从 105.83 ng/g 和 117.73 ng/g 下降到 63.80 ng/g 和 60.29 ng/g，随后含量有所回升。而以 CG - 24 为中间砧的，IAA 含量在 12 月 23 日达到最低，为 74.68 ng/g。以 CX - 3 的为中间砧的，最低值出现在 12 月 29 日，为 65.15 ng/g。其中，

IAA 逐渐减少出现低谷的时期与其各自休眠解除的时期相一致。

（2）GA。在休眠期间，不同矮化中间砧红富士苹果花芽内 GA 含量的变化趋势大致相似，其含量先增加至休眠解除时达到最高，休眠解除后 GA 含量迅速下降（图 2-15）。以 78-48、M26 为中间砧的，在 12 月 16 日 GA 含量达到最高，分别为 8.32 ng/g 和 7.66 ng/g。以 CG-24 为中间砧的，GA 含量一直上升至 12 月 23 日达到最高值，为 7.71 ng/g，而以 CX-3 为中间砧的最高点出现在 12 月 29 日，含量达 7.84 ng/g，随后 GA 含量迅速下降。

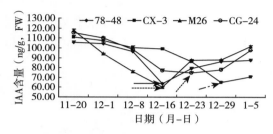

图 2-14　休眠期间不同矮化中间砧红富士
苹果花芽内 IAA 含量变化
注：箭头代表休眠解除的时刻

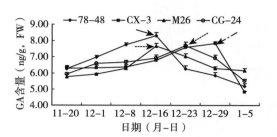

图 2-15　休眠期间不同矮化中间砧红富士
苹果花芽内 GA 含量变化
注：箭头代表休眠解除的时刻

（3）ZR。在休眠期间，不同矮化中间砧红富士苹果花芽 ZR 水平的变化趋势大致相似，其含量先增加至休眠解除时达到最高，休眠解除后 ZR 含量迅速下降（图 2-16）。以 78-48 和 M26 为中间砧的，在 11 月 20 日到 12 月 16 日期间，ZR 含量水平变化不大，呈现缓慢增加的趋势，从 12 月 16 日以后，ZR 含量迅速下降；以 CG-24 和 CX-3 为中间砧的，分别在 12 月 23 日和 12 月 29 日达到最高值，分别为 12.44 ng/g 和 16.62 ng/g，随后 ZR 含量迅速下降。

（4）ABA。以 78-48 和 M26 为中间砧的红富士苹果花芽内 ABA 含量变化趋势相同，11 月 20 日至 12 月 16 日，ABA 呈现平缓上升的趋势，在 12 月 16 日（休眠解除时）含量达到最高值，分别为 117.17 ng/g 和 121.38 ng/g，休眠解除以后 ABA 含量迅速下降。以 CX-3 和 CG-24 为中间砧的，自 11 月 20 日到休眠解除时，ABA 含量一直增加，在 12 月 23 日和 12 月 29 日达到最高含量，分别为 113.55 ng/g 和 125.39 ng/g，以后 ABA 水平迅速下降（图 2-17）。其中，ABA 逐渐增加出现最高含量的时期与其各自休眠解除的时期相一致。

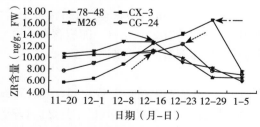

图 2-16　休眠期间不同矮化中间砧红富士
苹果花芽内 ZR 含量变化
注：箭头代表休眠解除的时刻

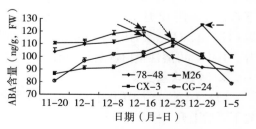

图 2-17　休眠期间不同矮化中间砧红富士
苹果花芽内 ABA 含量变化
注：箭头代表休眠解除的时刻

一般认为 GA 可抑制芽的休眠，促进萌发，ABA 是休眠促进物质和萌发抑制物质。低浓度的 IAA 能够促进芽的萌发，高浓度的 IAA 却不利于芽的萌发，CTK 能克服存在于芽内阻止萌发的抑制因子。不同中间砧红富士苹果花芽内 GA、ABA 和 ZR 含量在接近休眠解除时，其含量出现 1 个高峰，休眠解除后，其各自含量开始迅速下降。而 IAA 含量在接近休眠解除时，含量出现 1 个低谷，休眠解除后，IAA 含量缓慢上升。这可能与花芽需冷量的满足有关。因此，以上几种激素含量的特征性变化与自然休眠的解除之间存在一定的联系，可以根据激素含量的变化界定休眠的进程。

三、花芽萌发生理

（一）不同苹果品种花芽萌发过程中生理生化变化

1. 可溶性糖及淀粉含量的变化　在萌芽期间，弘前、嘎拉和斗南花芽内可溶性糖的变化趋势一致，分为 2 个阶段：第一阶段，从花芽未萌动到花序伸长（3 月 11 日至 4 月 8 日），可溶性糖含量呈现下降的趋势；第二阶段，从花序伸长到盛花（4 月 8 日至 4 月 18 日），可溶性糖含量呈上升趋势。

在萌芽期间，弘前、嘎拉和斗南花芽内可溶性淀粉的变化趋势一致，其含量先迅速下降，在 4 月 8 日达到最低值，分别为 6.20 mg/g、8.78 mg/g 和 7.54 mg/g；随后可溶性淀粉含量又迅速上升，在 4 月 14 日（花序分离期）达到峰值，含量分别为 11.19 mg/g、10.18 mg/g 和 10.30 mg/g，随后含量又有所下降。

2. 可溶性蛋白含量的变化　在萌芽期间，弘前和嘎拉花芽内可溶性蛋白的变化趋势相似，其含量在 3 月 21 日（花芽膨大期）迅速增加，在 4 月 14 日（花序分离期）达到最高，分别为 11.66 mg/g 和 9.59 mg/g；而斗南的花芽中可溶性蛋白含量一直处于上升的趋势，在 4 月 8 日（花序伸长期）达到最高值，为 9.71 mg/g，随后含量下降直至盛花期。

3. 激素含量的变化

（1）IAA。不同苹果品种花芽在萌发过程中 IAA 含量的变化趋势有所不同。斗南花芽中 IAA 含量一直呈现下降趋势，其中 3 月 11 日至 4 月 8 日和 4 月 14 日至 4 月 18 日这两个阶段下降的速度较快；在嘎拉花芽中 IAA 水平先增加，在花芽膨大期达到最高点，为 152.28 ng/g，随后含量一直下降，直至盛花期；在弘前花芽中，IAA 含量先下降，在花芽膨大期出现一个低谷，随后上升，在花芽开绽期含量达到最高，为 141.33 ng/g，之后 IAA 含量减少，在 4 月 14 日之后又有所回升（图 2 - 18）。

（2）GA。不同苹果品种花芽在萌发过程中 GA 含量的变化趋势基本一致。GA 含量先缓慢上升，弘前和嘎拉在 4 月 8 日含量达最高，分别为 13.37 ng/g 和 12.38 ng/g；斗南在 3 月 31 日 GA 含量上升至最高，达 9.20 ng/g，随后 GA 呈现下降趋势。其中弘前在 3 月 31 日（花芽开绽期）GA 含量出现一个低谷，为 5.61 ng/g（图 2 - 19）。

（3）ZR。不同苹果品种花芽在萌发过程中 ZR 含量的变化趋势是一致的。在 4 月 8 日（花序伸长期）之前，ZR 含量一直处于缓慢上升的趋势，4 月 8 日之后 ZR 含量迅速下降（图 2 - 20）。

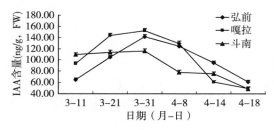

图 2-18　不同苹果品种花芽萌发过程中
IAA 含量的变化

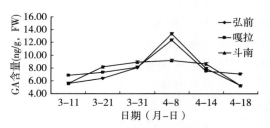

图 2-19　不同苹果品种花芽萌发过程中
GA 含量的变化

（4）ABA。不同苹果品种花芽在萌发过程中 ABA 含量的变化趋势是一致的。自 3 月 11 日到 4 月 8 日（苹果花芽未萌动到花序伸长期），ABA 含量处于下降的趋势，4 月 8 日以后，ABA 含量有所回升。其中，斗南花芽在膨大期（3 月 21 日）时，ABA 含量有较小幅度的升高（图 2-21）。

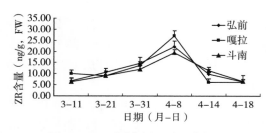

图 2-20　不同苹果品种花芽萌发
过程中 ZR 含量的变化

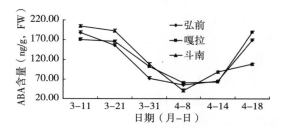

图 2-21　不同苹果品种花芽萌发
过程中 ABA 含量的变化

综上，苹果花芽开放过程中，在接近花序伸长期时 GA 和 ZR 含量出现一个高峰，以后随着物候的进展各自含量又开始迅速下降，而 ABA 则出现逐渐降低，在花序伸长期时达到最低。这可能是因为花芽萌动与花的开放，需要大量的细胞分裂与分化，ZR 可以促进细胞的分裂，而 GA 主要通过影响芽体内细胞的分化及伸长来调控芽的萌发。

4. 氨基酸含量变化

（1）酸性氨基酸。不同苹果品种花芽萌发过程中，天冬氨酸和谷氨酸的含量均显著高于其他 12 种氨基酸，并且二者变化趋势相似。到 3 月 22 日花芽膨大期（3 月 11 日至 3 月 22 日），芽内 2 种氨基酸含量均下降，随后上升，弘前、嘎拉和斗南花芽内天冬氨酸含量在花序伸长期（4 月 8 日）达到最高，分别为 9.25 mg/g、10.53 mg/g 和 9.05 mg/g，而后下降，花序分离期后稍有回升。

（2）碱性氨基酸。不同苹果品种花芽内精氨酸和组氨酸的变化趋势一致，在 3 月 22 日花芽膨大期，芽内 2 种氨基酸含量均下降，随后上升，均在花序伸长期（4 月 8 日）达到最高，随后二者含量下降，组氨酸在花序分离期后稍有回升。

（3）中性氨基酸。不同苹果品种花芽萌发过程中，10 种中性氨基酸的变化趋势大致相似，其含量均先缓慢下降，至花芽膨大期（3 月 22 日）含量下降至低点，随后缓慢升高，其中，甘氨酸含量在花序伸长期（4 月 8 日）含量达到最高，丙氨酸、缬氨酸、苏氨酸和丝氨酸在花芽开绽期（3月31日）含量达到最高，亮氨酸、异亮氨酸、苯丙氨酸和脯氨酸在花序伸长期（4月8日）含量达到最高，甲硫氨酸在花序分离期（4月14日）含量达最高，以后含量下降。

（二）不同矮化中间砧红富士苹果花芽萌发过程中生理生化变化

1. 可溶性糖及淀粉含量的变化 不同矮化中间砧红富士苹果花芽萌发过程中可溶性糖含量的变化趋势均呈现 V 形，花芽中可溶性糖含量先逐渐下降，而后迅速回升。除 CX-3 在 4 月 14 日才出现最低点外（22.88 mg/g），另外 5 种矮化中间砧的红富士花芽在萌发过程中可溶性糖含量均在 4 月 8 日，即花序伸长期时达到最低含量，之后开始回升。

不同矮化中间砧红富士苹果花芽萌发过程中可溶性淀粉含量的变化趋势大致相同。花芽中可溶性淀粉含量先逐渐下降，在 4 月 8 日达到最低点，随后含量上升直至盛花期。

2. 可溶性蛋白含量的变化 不同矮化中间砧红富士苹果花芽萌发过程中，可溶性蛋白含量变化趋势基本相同。可溶性蛋白含量先呈现上升的趋势，在花序分离期（4 月 14 日）含量均达最高，以后可溶性蛋白含量又逐渐下降。其中，在花芽膨大之前，花芽内可溶性蛋白的含量变化不大，比较平缓。

3. 激素含量的变化

（1）IAA。不同矮化中间砧红富士苹果花芽萌发过程中 IAA 含量变化趋势相似（图 2-22）。在 3 月 31 日（花芽开绽期）之前，IAA 含量一直在缓慢上升，3 月 31 日达到最高含量，之后 IAA 含量迅速下降。

（2）GA。不同矮化中间砧的红富士苹果花芽在萌发过程中 GA 含量的变化趋势一致。在 4 月 8 日（花序伸长期）之前，GA 含量一直处于缓慢上升的趋势，4 月 8 日之后 GA 含量迅速下降。其中以 78-48 为中间砧的在花芽开绽之前 GA 含量基本没有变化（图 2-23）。

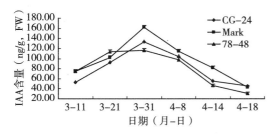

图 2-22 不同矮化中间砧红富士苹果花芽萌发过程中 IAA 含量变化

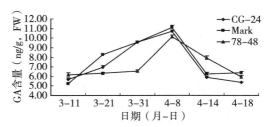

图 2-23 不同矮化中间砧红富士苹果花芽萌发过程中 GA 含量变化

（3）ZR。不同矮化中间砧的红富士苹果花芽在萌发过程中 ZR 含量的变化趋势一致。在 4 月 8 日（花序伸长期）之前，ZR 含量一直处于缓慢上升的趋势，4 月 8 日之后 GA 含量迅速下降（图 2-24）。其中以 78-48 为中间砧的在花芽开绽之前 ZR 含量基本没有变化，与 GA 变化趋势相同。

（4）ABA。不同矮化中间砧的红富士苹果花芽在萌发过程中 ABA 含量的变化趋势一致。从花芽未萌动到花序伸长这一阶段，ABA 含量一直处于下降的趋势，在 4 月 8 日（花序伸长期）之后，ABA 含量才开始缓慢回升（图 2-25）。

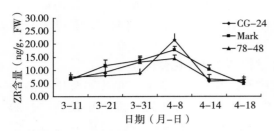

图 2-24　不同矮化中间砧红富士苹果花芽萌发
过程中 ZR 含量变化

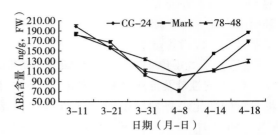

图 2-25　不同矮化中间砧红富士苹果花芽萌发
过程中 ABA 含量变化

◆ 主要参考文献

陈登文，2002. 休眠期间内低温积累对杏枝芽生理生化的影响［J］. 西北农业学报，20（2）：212-217.

房玉林，耿万刚，孙伟，等，2011. 赤霞珠葡萄休眠及萌发过程中的氮素代谢［J］. 中国农业科学，44
（24）：5041-5049.

高东升，夏宁，王兴安，1999. 休眠桃树枝条中碳水化合物的含量变化和外源生长调节剂对破除休眠的
影响［J］. 植物生理学通报，35（1）：10-12.

高东升，2001. 设施果树自然休眠的生物学研究［D］. 泰安：山东农业大学.

高东升，束怀瑞，李宪利，等，2002. 桃自然休眠过程中外源激素对花芽碳水化合物的调控效应［J］.
果树学报，19（2）：104-107.

何爱华，2006. 不同砧木对藤稔葡萄需冷量的影响及休眠期内源多胺的代谢［D］. 扬州：扬州大学.

李天忠，张志宏，2008. 现代果树生物学［M］. 北京：科学出版社.

秦栋，2009. 酸王自然休眠解除后生理生化变化研究［D］. 泰安：山东农业大学.

王海波，王孝娣，高东升，等，2009. 不同需冷量桃品种芽休眠诱导期间的生理变化［J］. 果树学报，
26（4）：445-449.

吴俊民，乔趁峰，侣传杰，等，2011. 盆栽冬红果和舞美需冷量及活动积温测定研究［J］. 北方园艺
（12）：38-39.

夏国海，宋尚伟，张大鹏，等，1998. 苹果幼树休眠前后可溶性糖和氨基酸的变化［J］. 园艺学报，25
（2）：129-132.

袁星星，隗晓雯，田河，等，2013. 嘎拉苹果花芽萌发过程中蛋白质及氨基酸含量的变化［J］. 北方园
艺，（9）：5-7.

袁星星，2013. 不同苹果品种和不同矮化中间砧红富士苹果花芽需冷量和需热量差异及机理［D］. 保
定：河北农业大学.

Alburquerque N，García-Montiel F，CarrilloA，et al.，2008. Chilling and heat requirements of sweet cher-
ry cultivars and the relationship between altitude and the probability of satisfying the chill requirements
［J］. Environ Exp Bot，64：162-170.

Erez A，1987. Chemical control of bud break［J］. Hort Science，22：1240-1243.

Erez A，1995. Means to compensate for insufficient chilling to improve bloom and leafing［J］. Acta Hort，
359：81-95.

Erez A，Faust M，Line MJ，1998. Changes in water status in peach buds on induction development and release from dormancy [J] . Sci Hort，73：111 - 123.

Faust M，AErez，Li Rowland，et al.，1997. Bud dormancy in perennial fruit trees：Physiological basis for dormancy induction，maintenance，and Release [J] . Hort Science，32：623 - 629.

Fuchigami L H，Wisniewski M，1997. Quantifying bud dormancy：physiological approaches. Hort Science，32：618 - 623.

Masia A，Colauzzi M，RaminaA，et al.，1993. Grown R，Hormonal changes during the rest period in fruit buds of *Punus persica* L. Batsch under three different climatil conditions [J] . Acta Horticalturae，32：281 - 283.

Nuria A，Federico G M，Antonio C，et al.，2008. Chilling and heat requirements of sweet cherry cultivars and the relationship between altitude and the probability of satisfying the chill requirements [J] . Environmental and Experimental Botany，（1）：1 - 9.

Or E，2000. Changes in endogenous ABA level in relation to the dormancy cycle in grapevines grown in hot climate [J] . Hort Sci Bio，75（2）：190 - 194.

Ruiz D，Jose A C，Jose E，2007. Chilling and heat requirements of apricot cultivars for flowering [J] . Environmental and Experimental Botany，（61）：254 - 263.

Spiers J M，Braswell J H，Gough R E，1995. Changes in abscisic acid and indoleacetic acid levels in 'Climax' blueberry during Dormancy [J] . Journal of Small Fruit and Viticulture，（3）：2 - 3，61 - 72.

Young E，1989. Cytokinin and Soluble carbohydrcte concentrations in xylem sap of apple during dormancy and bud bread [J] . J. Amer Soc Hort. Sci. 114（2）：297 - 300.

第三章

优质苹果苗木培育与高标准建园

苹果苗木作为苹果种植的基础材料，其质量直接影响栽植成活率、果园整齐度、树体生长、果品的产量和品质等。因此，培育优质苹果苗木，既是保证苹果早果、丰产、优质的物质基础，也是高标准建园的重要条件。根据苹果对环境条件的要求，选择适宜的园地、合理规划、科学栽植，才能发挥品种的优良特性。本章主要介绍目前我国苹果栽培生产中表现优良的品种与砧木的特性、优质矮砧苗木培育理论与方法、高标准建园技术等内容。

第一节　品种与砧木

优良品种和砧木是推动苹果产业发展的基础，不同栽培区域生态条件差异较大，每个品种和砧木只有在最适宜的自然条件下，才能充分表现出其优良品质和特性。因此，进行苹果早期丰产优质栽培，选择优良的品种、适宜的砧木和砧穗组合是关键的第一步。

一、优良品种

据不完全统计，迄今为止世界上的苹果品种在 1 万个以上，但真正作为经济栽培的约有 200 个。选择优良品种时主要考虑品种对栽培环境的适应能力、抗逆性、丰产性、果实品质及耐贮藏运输能力等方面。

（一）早熟品种

1. 华丹　由中国农业科学院郑州果树研究所选育，2014 年通过河南省林木品种审定委员会审定。

果实近圆形、高桩，平均单果重 160 g。果实底色黄白，果面着鲜红色，片状着色，色泽鲜艳，着色面积 60% 以上。果肉白色，肉质中细，松脆，汁液中多，可溶性固形物含量 12.3%，可滴定酸含量 0.49%，风味酸甜，品质中上。果实发育期 80～85 d，在河北保定 7 月上旬成熟。

树姿直立，树势强健。幼树以中果枝和腋花芽结果为主，随树龄增大逐渐以短果枝和中果枝结果为主。早果性强，丰产稳产。华丹自花结果率很低，可配置藤木 1 号、嘎拉、红露等花期相近的授粉树。果实接近成熟时正值高温期，易受热气灼伤，可采用行间生草或秸秆覆盖防止地面裸露加以预防。应根据成熟度分批采收。

2. 藤木 1 号　由美国普渡大学杂交育成，1986 年从日本引入我国。

果实圆形或长圆形，萼洼处微凸起。平均单果重 200 g 左右。果面光洁，底色黄绿色，着鲜红色条纹，着色面积 70％～90％。果肉黄白色，质脆多汁，可溶性固形物含量 13.5％，风味酸甜，香味浓，品质上。果实发育期 90 d 左右，在河北保定 7 月中下旬成熟。

树势强健，树姿直立，萌芽力强，成枝力中等。在河北省保定市顺平县，4 年生树高度为 336.5 cm，短枝＋叶丛枝占总枝量的 73.32％。幼树以腋花芽和长果枝结果为主，盛果期以短果枝结果为主，早果丰产性好。该品种成熟期不一致，应进行分期采收。

3. 信浓红　由日本长野县果树试验场育成。

果实圆形，果形端正，平均单果重 206 g，果面底色黄绿，着鲜红色条纹，着色面积 70％以上，果皮薄，果点小而少，洁净无锈，外形美观。果肉黄白色，脆甜多汁，可溶性固形物含量 13％～15％，有香味，果实过熟易绵。无采前落果现象，耐贮性与嘎拉相当，自然条件下货架期可达 2 周左右。在河北保定 7 月下旬成熟。

树势强健，萌芽率高，成枝力中等。在河北省保定市顺平县，4 年生树高达 348.0 cm，短枝＋叶丛枝占总枝量的 56.87％。易成花，花量多，坐果率高，定植后第 4 年每 667 m² 产量可达 500 kg。较丰产，长、中、短枝均可结果，以短果枝结果为主。嘎拉、富士均可做信浓红的授粉树。抗病性强，同样果园管理条件下，抗轮纹病、腐烂病能力优于红富士。

4. 太行早红　河北农业大学苹果课题组选育，2019 年通过河北省林木品种审定委员会品种审定。

果实圆形，平均单果重 190 g 左右。底色黄绿色，80％以上着玫瑰红色。果肉乳白色，肉质松脆，酸甜适口，可溶性固形物含量 14％～16％，苹果酸含量 0.3％。果肉褐化速度较慢。果实发育期 100 d，在河北保定 7 月下旬果实成熟。

树姿半开张，幼树生长量大，成形快，以短果枝结果为主，早果丰产性好。富士、王林、嘎拉均可做授粉树。

该品种耐贮性欠佳，常温下贮藏 5～7 d，果肉开始变绵。经试验研究表明，果实 7～8 分熟采收，用 1 - MCP 保鲜剂处理，可有效延长货架期 10～15 d。

此外，近年来我国自主培育的早熟苹果品种还有中国农业科学院郑州果树研究所选育的华美、华玉，西北农林科技大学选育的秦阳，辽宁省果树研究所选育的绿帅，山东省果树研究所选育的早翠绿等。

（二）中熟品种

1. 华夏　又名美国八号，由中国农业科学院郑州果树研究所从美国引入。

果实近圆形，平均单果重 180～200 g，果面底色乳黄，着鲜红色霞，着色面积达 90％以上。果肉黄白色，肉质细脆，多汁，有香味，可溶性固形物含量 14.3％，酸甜适口，品质上。在河北保定 8 月上旬成熟。

树势强，成枝力较强，成花容易，结果早，丰产性好，初期以长果枝和腋花芽结果为主，盛果期以短果枝结果为主。

2. 鲁丽　山东果树研究所选育，2017年通过审定。

果实长圆锥形，果形高桩，果形指数0.98，单果重200 g左右，果面底色黄，着鲜艳红色，着色面积85％以上，果点小、中疏，果面光滑，外形美观。果皮中厚，果肉黄白色，脆甜多汁，可溶性固形物含量15％～17％，可滴定酸0.3％，硬度较大，果实去皮硬度10～12 kg/cm²，耐贮藏，不易变绵。在河北保定8月上旬成熟。

树势中庸偏强，干性中等，树姿半开张。成枝力强，萌芽力弱。该品种易成花，早果丰产性好，幼树期以中长枝和腋花芽结果为主，进入丰产期，以中短果枝结果为主。坐果率高，应注意疏花疏果。适应性强，综合性状优良。

3. 嘎拉（Gala）　新西兰果品研究部果树种植联合会选育，20世纪80年代初引入我国。

果实近圆形或短圆锥形，果形端正，平均单果重180 g。果面底色金黄，阳面具桃红色晕，有红色断续宽条纹。果梗细长。果皮较薄，有光泽。果肉浅黄色，质细脆，致密，汁中多，味甜，微酸，有香气，品质上。在河北保定8月上中旬成熟。

该品种幼树生长旺盛，干性强，成龄树树势中庸，树姿开张，枝条着生角度大，枝条质脆易断。萌芽率和成枝力中等，短果枝和腋花芽结果均好，结果早，坐果率高，丰产性强。

嘎拉容易发生芽变，目前已发现的优良芽变有帝国嘎拉（Imperial Gala）、皇家嘎拉（Royal Gala）、丽嘎拉（Regal Gala）、烟嘎、蜜谢拉、巴克艾等。

4. 华硕　中国农业科学院郑州果树研究所选育，2009年通过河南省林木良种品种审定。

果实近圆形，平均单果重为232 g。果面底色绿黄，着鲜红色，着色面积达70％。果面蜡质多，有光泽，无锈。果肉绿白色，肉质中细、松脆，多汁，可溶性固形物含量12.8％，酸甜适口，风味浓郁，有芳香，品质上。果实室温下可贮藏20 d，冷藏可贮藏2个月。果实发育期110 d左右。成熟期比华夏晚3～5 d，比嘎拉早7～10 d。在河北保定8月上中旬成熟。

树姿半开张，属普通类型。枝条萌芽率中等，成枝力较低。具有较好的早果性和丰产性。幼树定植后第3年正常结果，4年以后进入盛果期，每667 m²产量超过2 000 kg。幼树以中果枝和腋花芽结果为主，随树龄增大逐渐以短果枝和中果枝结果为主，坐果率高。华硕自花结实能力低，建园时应配置合适的授粉树。

5. 红露　韩国国家园艺研究所用早艳与金矮生杂交育成。

果实圆锥形，果顶有5～6个突起棱，高桩，果形指数0.86。平均单果重251 g。果面底色黄绿，着鲜红色，自然着色率在75％以上。果面光洁无锈，果点稀而小，果皮较薄。果柄较短。果肉黄白色、致密、脆甜、汁多、有香味，可溶性固形物含量14％。果肉硬度大，耐贮运，室温条件下可存放30 d以上。在河北保定9月上中旬成熟。

该品种树势中庸，树姿自然开张，萌芽率高，成枝力强。早果性强，短果枝多，具有腋花芽结果习性。

6. 美味（Ambrosia）　1986年在加拿大不列颠哥伦比亚省的考斯顿发现的实生

品种。

果实圆锥形，萼端五棱突起明显；果个中大，均匀整齐。果面底色乳黄，着鲜红色，着色面积可达 70%～90%，果面光洁，无果锈和粗糙果点。果肉乳白色，脆而多汁，酸度小，有香气，耐贮藏。果实发育期 140～150 d。在河北保定 9 月上中旬成熟。

该品种树势中庸，树姿直立，短枝性状明显。萌芽率和成枝力低于嘎拉，分枝力和干性也比嘎拉弱。早实性强，丰产稳产。花期比元帅系品种稍早，可配置金冠、嘎拉等品种做授粉树。该品种极易坐果，应严格疏花疏果。

7. 元帅系　元帅又名红香蕉，原产美国的自然实生品种，是我国 20 世纪 50—60 年代初期的主栽品种。

元帅较易发生芽变，据不完全统计，元帅及其芽变品种，迄今为止已发现 160 余种，统称元帅系。通常把元帅称为元帅系的第一代，其芽变称为元帅系第二代，第二代的芽变称为第三代，依此类推。其中元帅系第二代品种以红星为典型代表，是元帅的着色系芽变；第三代中的代表性品种新红星是元帅系第三代的短枝型芽变；第四代品种以首红为典型代表，比第三代着色期提早，颜色更浓、短枝性状更明显；第五代中的瓦里短枝则在着色和短枝性状上比第四代有了进一步的提高。

元帅系苹果果实圆锥形，顶部有明显的五棱突起，果形端正，高桩，平均单果重 250 g。底色黄绿，多被有鲜红色霞和浓红色条纹，着色系芽变为紫红色。果肉淡黄白色，肉质松脆，汁中多，味浓甜，或略带酸味，具有浓烈芳香，品质上等。在河北保定 9 月上中旬果实成熟。该品种如无良好贮藏条件，果肉易沙化，这一缺点限制了元帅系在我国的推广和发展。

8. 凉香　日本选育，从富士和红星混栽园实生种中选出。1997 年通过日本农林水产省登记注册。

果实近圆形，果形指数 0.83，平均单果重 327 g，果个整齐。果实底色黄绿，全面着鲜红色，果点中大，果粉中多，果梗短粗。果肉淡黄色，肉质紧密，脆而多汁、硬度 7.5 kg/cm^2，果汁中多，可溶性固形物含量 15.35%，总酸含量与富士相近，风味酸甜，芳香浓郁。在冷藏条件下可贮至 3 月中旬。在辽宁熊岳 9 月下旬果实成熟。在河北保定 9 月中旬果实成熟。

树势健壮，树姿开张，幼树生长旺盛，新梢生长量大。萌芽率高，成枝力强，长、中、短果枝比 6∶1∶3。成花容易，有腋花芽结果习性，早果丰产性较好。绿帅、岳帅、金冠、藤木 1 号、新红星均可作为授粉树。

9. 中秋王　以红富士和新红星为亲本杂交育成。

果实长圆锥形，高桩，具有红富士和新红星的综合外观。果个极大且均匀，平均单果重 350 g，大果重 600 g；果实着色为粉红色或红色，果点小，果面光滑且具有蜡质光泽；果肉淡黄色，肉质硬脆，微酸，甜度一般，香味淡，品质上。无采前落果，无大小年现象，丰产性强。在河北保定 9 月中下旬成熟。

树势中等强壮，枝条易直立生长，幼树生长较旺盛，萌芽率高，成枝力较强。进入结果期后，树势中庸，枝条缓放易形成短枝，短枝占总枝量的 75% 左右，易成花。该品种在某些区域存在裂果现象，初结果期表现明显。

10. 金冠 又名金帅、黄香蕉、黄元帅，原产美国弗吉尼亚州。

果实长圆锥形或长圆形，顶部五棱突起明显。平均单果重 200 g。果面底色黄绿，稍贮后全面金黄色，阳面微有淡红晕；果皮薄，较光滑，梗洼处有辐射状果锈。果肉黄白色，肉质细，刚采收时脆而多汁，酸甜适口，芳香味浓，品质上，贮藏后稍变软。在河北保定 9 月中下旬成熟。

树势强健，幼树枝条较直立，萌芽率、成枝力均较高，成龄树以短果枝结果为主，丰产稳产性好。

金冠是容易发生芽变的品种，世界上发现的金冠芽变品种有 30～40 个。其中较为著名的有金矮生、斯塔克金矮生、黄矮生和无锈金冠等。

11. 秦蜜 西北农林科技大学以秦冠×蜜脆杂交选育。2016 年通过陕西省果树品种审定委员会审定。

果实圆锥形，高桩，果形指数 0.85，平均单果重 230 g，果点小、较密，蜡质厚，果皮底色淡黄，着艳红色条纹，成熟后全红。果梗较短。果心小，果肉黄色，酸甜可口，香气浓，汁液中等。果实硬度 8.42 kg/cm²，可溶性固形物含量 14.9%，可滴定酸 0.40%。在陕西洛川 9 月下旬成熟，生育期 160 d 左右，无采前落果现象。果实耐贮藏，0～2 ℃可贮藏 6 个月以上。

树势中庸，树形紧凑。新梢茸毛较多。萌芽率高，成枝力强。中短枝比例高，初果期长、中、短果枝及腋花芽均能结果，盛果期以中、短果枝结果为主，连续结果能力强，丰产性强。

（三）晚熟品种

1. 富士系 富士由日本从国光×元帅杂交后代中选育。我国于 1966 年开始引入富士进行试栽。

果实近圆形，稍偏肩，平均单果重 200～250 g。果面底色淡黄，着条纹状或片状鲜红色，果皮薄。果肉黄白色，肉质细脆，果汁多，酸甜适度，有香气，品质上等。在河北保定 10 月下旬至 11 月初成熟。耐贮藏，可贮藏至翌年 4—5 月，贮后品质不变，风味尤佳。

树势强健，树姿开张。萌芽率高，成枝力强。该品种易感染轮纹病。抗寒性一般，幼树越冬性差。

富士是一个容易产生芽变的品种。近些年来我国和日本发现了许多富士的芽变品种，主要分为以下 3 类。

（1）普通型着色芽变。如日本选出的长富 2 号、2001 富士，山东烟台选出的烟富 3 号、烟富 8 号、烟富 10 号以及河北农业大学选出的天红 1 号是我国主要应用的着色系富士类型。

（2）短枝型芽变。如日本选出的宫崎富士、山东惠民选出的惠民短枝富士、山东烟台从惠民短枝选出的烟富 6 号以及河北农业大学选出的天红 2 号是目前我国富士主产区主要栽培的品种。

（3）早熟芽变。日本秋田县在富士上发现了成熟期提早 1 个月的早生富士。后来日本又从早生富士中选出着色更优良的红将军（红王将），其着色优于早生富士，已在生产上有大面积栽培。还有日本青森县从富士中选的弘前富士，果实成熟期比富士早 35～40 d。

在河北保定 9 月中旬成熟。

2. 斗南　由日本青森县从麻黑 7 号实生苗中选出。

果实圆锥形，平均单果重 280 g。果面底色黄绿，着鲜红色，套袋果实全面鲜红色，果皮较薄、光滑、无锈、有光泽，果点大。果肉黄白，肉质细、松脆多汁，风味酸甜，微香。较耐贮藏。在河北保定地区 10 月上旬果实成熟。

树体生长势强，树姿较直立。萌芽率、成枝率均达 70% 以上，以中、短枝结果为主，有腋花芽结果习性，易成花，坐果率高，早果性强。该品种在河北保定易发生霉心病，个别年份病果率可达 60% 以上。

3. 王林　日本品种，为一偶然实生种，1952 年命名。

果实长卵圆形，平均单果重 280 g。果面底色黄绿，光照特别好时，果实阳面亦能着些许红晕。果点锈褐色，大而明显，此为其典型特征。果肉黄白色，硬脆、多汁，味甜，香气浓，品质上等。在河北保定 10 月上中旬成熟。

幼树生长势强，结果后渐渐缓和。萌芽率中等，成枝力强。成龄树以中短枝结果为主。树姿直立，分枝角度小，且枝条硬脆，开张角度时要特别注意。

4. 秦脆　由西北农林科技大学以长富 2 号×蜜脆杂交选育。2016 年通过陕西省果树品种审定委员会审定。

果实圆柱形，果形指数 0.84，平均单果重 268 g。果面底色浅绿，套袋后着条纹红，不套袋果着深红色。果点小，果皮薄，果肉淡黄色，质地脆，汁液多，有香味。可溶性固形物含量 14.8%，去皮硬度 6.70 kg/cm^2。果实耐贮藏，0～2 ℃可贮藏 8 个月以上。在陕西洛川 10 月上旬成熟，生育期 170 d，无采前落果现象。

树势中庸，树姿开张。萌芽率和成枝力中等，以中短果枝结果为主。易成花芽，早果性优，连续结果能力强，丰产性较好。授粉树选用嘎拉系、元帅系等品种，也可按照 10% 比例配置海棠类专用授粉树。

5. 爱妃　品种名为 Scilate，商品名为 Envy，由新西兰皇家园艺研究所用勃瑞本（Braeburn）与皇家嘎拉（Royal Gala）杂交育成。

果实扁圆形，果形指数与富士相当，形状端正。果实大小中等，单果重 130～200 g。果面着条纹红色，着色度与长富 2 号接近，果点小，果锈少，可以无袋栽培。果肉致密，硬脆，多汁，酸甜适口，可溶性固形物含量为 16.5%，可滴定酸含量为 0.44%，香味浓，品质极佳，贮藏至春节以后风味更佳。果实成熟期与富士、瑞阳基本一致。

树势中庸，树姿半开张，萌芽率、成枝率均高于富士。易形成中、短结果枝。富士、瑞阳、瑞雪作为授粉树结出的果实果个较大，果形端正，着色好，外观质量好；嘎拉、浓果 25 作为授粉树结出的果实硬度大，可溶性固形物和可滴定酸含量高，内在品质佳。

6. 瑞雪　由西北农林科技大学以秦富 1 号×粉红女士杂交选育，2015 年通过陕西省果树品种审定委员会审定。

果实圆柱形，平均单果重为 296 g，果形端正、高桩，果形指数 0.90。果实成熟时底色黄绿，阳面偶有少量红晕，果点小、中多、果面洁净，无果锈。果肉硬脆，黄白色，肉质细，酸甜适度，汁液多，香气浓，品质佳。可溶性固形物含量 16.0%，果实硬度 8.84 kg/cm^2，可滴定酸含量 0.30%。在常温条件下保鲜袋内可贮藏 5 个月，冷藏 8 个月。在渭北中部地区 10 月中下旬成熟，较王林晚熟 10 d，果实生育期 180 d 左右。

该品种生长势中庸偏旺，树姿较直立。节间短，具有短枝型性状。萌芽率高，成枝力中等。幼树期以腋花芽结果为主，成龄树以短果枝结果为主。可选用富士、新红星、嘎拉、秦冠等品种授粉。早果、丰产性强。采用 M26 矮砧优质苗木建园，定植第 2 年即可开花，第 3 年每 667 m² 平均产量为 859 kg。盛果期每 667 m² 按 3 000 kg 左右产量留果。

7. 瑞阳 西北农林科技大学以秦冠×富士杂交选育，2015 年通过陕西省果树品种审定委员会审定。

果实圆锥形或短圆锥形，果形指数 0.84，平均单果重 282 g，果实底色黄绿，全面着色为鲜红色，果面光洁，果点小、中多，果面蜡质中多，果粉薄。果肉乳白色，肉质细脆，多汁，风味甜，具香气。可溶性固形物含量 16.5%，可滴定酸 0.33%，果肉硬度 7.21 kg/cm²。果实耐贮藏，常温下可存放 5 个月，冷库可贮藏 10 个月。在渭北中部地区 10 月中旬成熟。

树势中庸，树姿半开张。萌芽率高、成枝力较强，易形成短枝。幼龄树以长果枝和腋花芽结果为主，成年树以中短果枝结果为主，连续结果能力强。可用嘎拉、粉红女士、海棠等作为授粉品种。4～5 年进入盛果期后易结果过量，疏花疏果，控制在每 667 m² 产量 3 000～4 000 kg。

8. 瑞香红 由西北农林科技大学选育，2020 年通过陕西省果树品种审定委员会审定。

果实长圆柱形，果形端正、高桩，果形指数 0.97，平均单果重 197.3 g。果实底色黄绿，全面着鲜红色；果皮光滑，有光泽，果点小，数量中等，外观品质好。果肉黄白色，肉质细脆、风味酸甜，香味浓郁，可溶性固形物含量 16.3%，可滴定酸含量 0.29%，果实硬度 8.24 kg/cm²。在渭北中部地区，10 月下旬成熟。极耐贮藏。

该品种树势中庸，树姿较直立，萌芽力强，发枝力中等。以中长结果枝为主，早果丰产性好，无大小年结果现象。可选用富士、嘎拉、瑞阳、新红星等作为授粉品种。对白粉病、褐斑病具有较强抗性。成花结果能力强，严格疏花疏果。合理负载，按每 667 m² 产量 3 000～4 000 kg 留果。

9. 维纳斯黄金（Harlikar） 日本岩手大学从金冠的自然杂交后代中选育。

果实长圆形，果形指数 0.94，平均单果重 247 g，果面较光滑，黄绿色或金黄色，阳面偶有红晕，皮孔少且小。果肉淡黄色，果汁多，脆甜味浓，可溶性固形物含量高，一般在 15.0% 以上，有浓郁清新的芳香味，果实硬度较大，去皮硬度 7.3 kg/cm²。在山东威海 10 月下旬至 11 月上旬果实成熟，11 月上旬采收风味浓郁，品质佳。贮藏性较好，常温下贮藏 3 个月以上，偶有皱皮现象，但果肉一般不发绵。

树势偏强，树姿开张。成枝力、萌芽力均较强，二次枝萌发能力强。成花容易，早果性和丰产性好。利用带分枝的矮化自根砧苗木建园，当年即可结果；第 2 年每 666.7 m² 产量 800 kg；第 3 年产量 2 600 kg；4 年进入盛果期，产量达到 4 000 kg 以上。负载量大，果实容易变小，应控制负载量，注意疏花疏果，加强肥水管理，提高树势。初果期如管理不当，果面易生锈。

10. 玉冠 河北省农林科学院昌黎果树研究所以金冠×红玉杂交选育而成。2020 年通过河北省林木品种审定委员会审定。

果实圆柱形，果形端正，大小整齐。果面光洁，金黄色，果点小而少，蜡质明显。平均单果重 330 克，果形指数 0.92，果核小，果肉淡黄色、质地细脆、汁液丰富，甜酸适口，香气浓，可溶性固形物含量 16.25%，可滴定酸含量 0.42%，品质上等。在昌黎地区果实 10 月中下旬果实成熟。

该品种树势强健，树姿较开张，萌芽率高，成枝力强。一般定植 3 年开始结果，在生长势缓和的树上，短枝容易形成花芽，坐果率高，丰产，盛果期亩产量 3 000~4 000 kg。配备王林、富士、嘎拉等品种作授粉树。该品种结果早、丰产，需加强肥水管理，注意合理负载，每个花序留单果，弱枝少留或不留果。

11. 岳冠　辽宁省果树科学研究所以寒富×岳帅杂交育成。2014 年通过辽宁省非主要农作物品种备案并正式命名。

果实近圆形，果形端正，平均单果重 225 g，大果重 480 g。果面底色黄绿，全面着鲜红色，色泽艳丽。果面光滑无棱起。果点小，梗洼深，无锈，蜡质少，无果粉，果肉黄白色，肉质松脆，中粗，汁液多，风味酸甜适度，微香，品质上等。在辽宁葫芦岛地区果实 10 月中下旬成熟。

该品种树姿开张，生长势强，枝条较软。萌芽率中等，成枝力中等。幼树以腋花芽和中长果枝结果为主，盛果期以中短枝结果为主。自花结实率较高，丰产性好。

12. 国光　美国品种，20 世纪初从日本传入我国辽宁南部。

果实扁圆形或扁圆锥形，平均单果重 150 g。果面底色黄绿色，被有暗红色彩霞或粗细不均的断续条纹。果面光滑，有光泽，无锈，蜡质中等，果粉较厚。果皮厚韧，果肉黄白色，肉质细脆，汁多，酸甜可口，味浓，无香气，品质上等，极耐贮运。在河北承德成熟期为 10 月中下旬。

该品种幼树生长健壮，较直立。萌芽力及成枝力均较弱。初结果树以中、长枝结果为主，盛果期树以短果枝结果为主。坐果率高，丰产稳产性好。

国光着色差一直是限制其发展的重要因素，于祎飞等（2016）由国光苹果选育出着色好、品质优的红光 2 号，果皮深红色，着色指数 0.95。山东农业大学刘勇（2011）在日照发现了一株国光的红色变异，多数品质性状与国光苹果基本一致，但二者在着色上存在极显著差异。

二、砧木

砧木是苹果嫁接苗的基础，直接影响树体的生长、结果、寿命及抗性和适应性等。因此，正确选用砧木，既可增强接穗品种对不良环境的抵抗能力，又可达到控制树体生长、早花早果、丰产稳产及改善果实品质等生产目的。

根据嫁接树进入结果期后成龄树的树高和长势，可把苹果砧木分为乔化砧和矮化砧。

（一）乔化砧木

1. 山定子　又名山荆子、山丁子。是我国东北、华北和西北地区常用的苹果砧木。

乔木，高达 10 m 以上。果实近圆形，9—10 月成熟，平均单果重约 0.2 g，每果有种子 4~6 粒，种子黄褐色，千粒重 7 g 左右。种子后熟期较短，在 0~2 ℃条件下，沙藏 25 d 即可通过休眠。与苹果嫁接亲和力强，嫁接苗生长健壮，结果早，产量高。抗寒性强,根系深长,须根发达,耐干旱,耐瘠薄,也较抗涝,但不耐盐碱和石灰质土壤,在 pH 7.8 以上的土壤中容易发生黄叶病。在黄河故道地下水位高的盐碱地段生长不良,死亡率高。

2. 八棱海棠 又名扁棱海棠、海红。原产河北怀来一带,冀北山区及北京的延庆、昌平等地也有分布,是我国华北平原、黄河故道、秦岭北麓等苹果产区的优良乔砧。

果实扁圆形或近圆形,有棱,平均单果重 8~9 g;每果有种子 2~7 粒,种子卵圆形,褐色,饱满。根系深广,幼树生长势强。八棱海棠与苹果嫁接亲和性良好,属乔化砧木。其适应性和抗逆性均较强,对干旱和湿涝的耐力中等,耐盐碱。在冬季低温达 −26 ℃ 以下的地区易发生冻害。

3. 富平楸子 又名柰子,主要分布在陕西、甘肃等地。

幼树树姿较直立,主干灰褐色,多年生枝褐色,新梢红褐色;叶片卵圆形,先端渐尖或急尖,叶缘锯齿细锐。果实卵圆形,单果重 9 g,每果 3~4 粒种子,种子深褐色,短小钝圆。每千克种子 4 万~6 万粒。适宜层积天数 50~80 d。根系分布深、广,抗旱,抗寒,耐涝,耐盐碱,耐瘠薄,抗病力强。与苹果嫁接亲和性良好,砧穗生长一致,无大小脚现象。

4. 新疆野苹果 又名塞威士苹果。陕西、甘肃、新疆等地常用的苹果砧木。

果实圆球形至圆柱形、扁圆形或圆锥形不等,种子卵圆形、褐色,无光泽。长势健旺,根系分布深、广,耐瘠薄,耐盐碱,对白粉病抗性较弱,抗寒性不如伊犁黄海棠,与苹果嫁接亲和性良好。新疆野苹果类型较多,利用其做砧木时应选择优良类型为采种母树。

5. 平邑甜茶 属湖北海棠的一个类型,具无融合生殖特性,无融合坐果率 90.5%~93.6%。

果实圆形稍扁,平均单果重 0.58 g。种子黄褐色,每果平均 1.8 粒种子,瘪种子较多,饱满种子 57.5%。千粒质量 11.0 g,层积天数为 43 d。根系发达,根量较多,但分布较浅。耐涝,耐旱力中等,对盐碱的适应力中等,嫁接苹果树后生长高大,有"大脚"现象。适于土壤黏重、气候温暖多湿地区作砧木。

(二)矮化砧木

优良矮化砧木能调控新梢及时停长,使树体提早开花结果,并且获得高产优质的果实。

1. M 系 由英国东茂林试验站选育,其中 M9 和 M26 在我国应用较为广泛。

(1) M9。19 世纪 70 年代末在法国梅兹从自然实生苗中选出,1937 年正式命名发表,中国 1958 年引入,为世界上最常用的矮化砧木(树冠大小为实生砧的 25%~35%),尤其在欧洲被广泛应用。根系分布较浅,主要分布在 20~60 cm 土层内,质较脆,易断裂。既可用于自根砧,也可用作中间砧。自根砧表现"大脚"现象,中间砧表现有"粗腰"现象。早果性强,嫁接多数苹果品种在定植第 2 年即可开花,果实品质风味亦佳。但其根系小且分布较浅,固地性较差,木质脆而易断,嫁接树需设立支架。压条生根力中等,在灌溉条件下生根较好。耐盐碱,较耐湿,抗冠腐病,易感染火疫病。

为解决 M9 原系(包括脱毒 M9EMLA)繁殖系数低的问题,欧洲主要苹果栽植国家进行了 M9 优系选育,如荷兰选育出了 NAKBT337-340、Fleuron56,比利时选育出了

Nicolai29，德国选育出了 Burgmer，法国选育出了 Pajam1 和 Pajam2。其中 M9T337 近年来在我国苹果生产中应用较广。M9T337 是荷兰木本植物苗圃检测服务中心（NAKTU-INBOUW）从 M9 中选出来的脱毒 M9 矮化砧木优系，又称 NAKBT337，比 M9 矮化程度大 20%，易压条繁殖。意大利、法国、荷兰等国广泛推广的高纺锤形果园多采用这种矮化砧。近年来在我国陕西、山东苹果产区应用较广。该砧木具有更好的苗圃性状，除了压条易繁殖外，还能在春季利用硬枝进行扦插育苗，苗木生长整齐。

无论 M9 还是优系 M9T337 等，均表现出抗旱、抗寒性差的缺点，尤其抗寒性，根系最低生存温度为 −9.6 ℃。马宝焜等在石家庄东古城果园调查表明 M9 在 1～2 年生时有受冻抽条的危险。山西果树所于敬在太谷也得到 M9 自根砧上嫁接红星和金冠受冻指数最高的结果。因此，引种应用时一定要注意。

（2）M26。英国东茂林试验站以 M16×M9 为亲本杂交育成，1957 年发表，中国 1974 年引入，属矮化砧木（树冠大小介于 M9 和 M7 之间），固地性优于 M9，耐寒，能耐短期 −17.8 ℃的低温，抗旱性较差，不耐潮湿黏重土壤。抗软枝病和花叶病病毒，但不抗苹果绵蚜，易感染颈腐病和火疫病。作中间砧时，与主要品种嫁接亲和性较好，有"大脚"现象，成龄树有偏冠现象。M26 的越冬能力与 M9 相似，适宜在年均温 10 ℃以上的地区栽培。马宝焜等（1999）在河北中北部调查得出 M26 中间砧幼龄苹果树越冬能力差、易抽条，其中以富士/M26/海棠组合抽条严重，轻者受害 5%～10%，重者受害 80%～94%。

（3）M7。为道生苹果混杂类型，属半矮化砧（树冠大小为实生砧的 55%～65%），在世界各苹果产区均有应用。根系发达，须根多，分布较深，主要分布在 100 cm 土层内。容易压条生根，繁殖率高。嫁接亲和性较好，有"小脚"现象。对土壤适应性强，较抗旱、抗寒，也耐瘠薄，但不耐涝；抗苹果软枝病和花叶病及小果病毒病，易患根头癌肿病。

2. CG 系　美国纽约州康奈尔大学与吉内瓦农业试验站合作，于 1953 年从 M8 的自然授粉实生苗中选出，共 158 个品系，编码为 CG（Cornell Geneva）系列。

（1）CG24。矮化效果相当于 M26。以 CG24 为中间砧嫁接的红富士苹果结果早、产量高，4 年生树结果株率和单株产量均比 M26 要高；根蘖株明显减少，砧段发生气瘤少。抗寒性与 M7 相近。

（2）CG80。做中间砧与平邑甜茶（基砧）和红富士苹果（品种）嫁接亲和性良好，早果性强，产量高，根蘖萌发较少；嫁接树生长势比 CG24 弱，抗寒性不及 CG24。我国自 20 世纪 90 年代引种试栽结果表明，该砧木嫁接亲和性比 M26 强，树体大小为 M26 的 100%～130%，CG80 做中间砧嫁接的红富士 4～6 年生树平均株产比 M26 高 26%～99%，果实品质与 M26 相近，综合性状优于 M 系及 MM 系。

3. B 系　苏联米丘林大学布达戈夫斯基教授用 M8×Red Standard 杂交育成的抗寒矮化砧木，适应俄罗斯中部严寒气候。

（1）B9。又名红叶乐园，致矮性与 M26 相当，比 M9 稍大。

砧穗亲和性好，丰产性介于 M9 和 M26 之间。抗寒性优于 M9，不容易生根繁殖，适宜做中间砧。抗冠腐病，但易感火疫病和苹果绵蚜。该砧木抗寒，适作寒地中间砧。

（2）B118。为半矮化砧。该砧木压条生根良好，繁殖率高，根系分布较深，固地性较好，其抗寒力较 B9 强，根系可耐－16 ℃的低温，地上枝干部分也较 B9 更耐寒。与苹果品种嫁接亲和性良好，无因风断裂现象，加粗生长较品种慢，中间砧有"细腰"现象。

4. JM 系　日本农林水产省果树试验场苹果分场（原盛岗分场）于 1972 年用圆叶海棠与 M9 杂交，选出 10 个单株，编号 1～10。1985 年，改名为盛岗系，编号不变。经过 10 年定点区域试验，从中选出 5 个优系，正式以选出地日本-盛岗（Japan-Morioka）第一个字母 JM 命名该砧木系列，登记注册。

（1）JM7。具有与 M26 相似的矮化性状，与红富士苹果嫁接亲和性良好，有"小脚"现象。丰产性比 M9、M26 好。嫁接苗定植后第 4 年开始结果，嫁接的红富士与以 M9、M26 做砧木的比较，果实大小差异不明显，但硬度和糖度稍高，着色良好。极易扦插繁殖，休眠枝扦插生根率高达 94%。耐涝性较强，抗根部病害，抗苹果疫腐病、苹果绵蚜、苹果斑点落叶病及苹果茎痘病毒等。较抗寒，在－16.7 ℃低温下可正常越冬。

（2）JM8。矮化性与 M9 相似。可扦插繁殖，休眠枝扦插生根率达 97%。与红富士等苹果品种嫁接亲和，略有"小脚"，丰产性比 M9、M26 好。嫁接苗定植后第 4 年开始结果，果实大小与以 M9 做砧木的相近，果实可溶性固形物含量和硬度提高，着色晚。该砧木抗苹果疫腐病、苹果绵蚜、苹果斑点落叶病、苹果黑星病，耐涝性较弱。较抗寒，在－16.7 ℃低温下可正常越冬。

5. G 系　美国康奈尔大学选育的系列苹果矮化砧木。

（1）G41。致矮性与 M9 相当，嫁接品种后树高为乔砧对照的 30%～35%。G41 可做自根砧，适宜做中间砧；早果丰产，早花早果性与 M9 相当，嫁接帝国产量显著高于 M26、M9 和 M7，无大小年。抗苹果火疫病、冠腐病、白粉病和苹果绵蚜，抗重茬。

（2）G202。致矮性与 M26 相当，嫁接品种后树高为乔砧对照的 35%～45%。G202 可做自根砧，也可做中间砧；早果丰产，早花早果性与 M27 相当，嫁接帝国产量与 M9 相当，无大小年。抗苹果火疫病、冠腐病、根腐病，对苹果绵蚜免疫，部分抗重茬。固地性好、易生根繁殖。

（3）G210。属半矮化砧木，致矮性与 M7 相当（嫁接品种后树高为乔砧对照的 50%～60%）。G210 可作自根砧，也作中间砧；早果丰产，早花早果性与 M26 相当，嫁接帝国产量显著高于 M26、M9 和 M7，无大小年。抗苹果火疫病、冠腐病、白粉病和苹果绵蚜，部分抗重茬；抗寒性、固地性好。

（4）G935。是从 Ottawa 3×Robusta 5 杂交后代中选出，矮化效果达到 45%～55%，介于 M9 和 M26 之间，早实，丰产性好。G935 砧木嫁接品种后分枝角度更大，耐寒，抗白粉病、火疫病和颈腐病。但易感苹果绵蚜。李民吉等研究报道，再植条件下，G935 和 G41 为砧木的幼树树体生长显著优于 G11 和 M9－T337，枝类组成合理，树势中庸但不衰弱，单株间差异小，园相整齐。

6. SH 系　山西省农业科学研究院果树研究所以国光×河南海棠杂交选育的系列砧木，目前应用比较广泛的有 SH6、SH38、SH40 等。

（1）SH6。属矮化砧木。SH6 与基砧和金冠、红富士、羽红等品种嫁接亲和性强。红富士/SH6/八棱海棠树体整齐、树冠大小株间差异小。SH6 作中间砧嫁接红富士的矮化效应与 M26 相似。SH6 可用高接、压条和组培等方法进行繁殖。抗逆性明显优于M26，具有较强的抗寒性、抗旱性、抗抽条性。SH6 在北京地区苹果矮砧密植栽培中应用广泛。

（2）SH38。属矮化砧木。与羽红、金冠、丹霞、红富士等品种嫁接亲和性强。致矮能力与 M9 相当。SH38 嫁接红富士定植 2～3 年全部开花结果，盛果期果园每 667 m² 产量在 3 000 kg，一级果率 80％以上，果实可溶性固形物含量可达 16％以上。抗旱、抗骤寒、抗抽条、抗倒伏。在河北省石家庄、保定等地应用较为广泛。

（3）SH40。属矮化砧木，致矮能力与 M9 相当。与金冠、丹霞、红富士、羽红等品种嫁接亲和性强。SH40 做中间砧上嫁接天红 2 号，7 年生树每 667 m² 产量可达 4 000 kg，果实品质优良，平均单果重 269.2 g。抗旱、抗骤寒、抗抽条、抗倒伏。在河北省、山东省、辽宁省、陕西省均有应用，以在石家庄、保定等地应用最为广泛。

7. 青砧系列　青岛市农业科学院果茶研究所选育。

（1）青砧 1 号。属于半矮化砧木。可用种子繁殖，每果种子数 4.1 个，饱满种子100％，种子千粒重 41.4 g。种子层积时间为 45 d。无融合生殖坐果率 97.0％～98.1％，实生苗整齐，成苗率高。作为基砧嫁接嘎拉、烟富 3 号和烟富 6 号等品种，亲和性好，嫁接树抗重茬病能力强，并且成花早，产量高，果实品质优。

（2）青砧 2 号。用 γ 射线处理平邑甜茶层积种子获得的矮生突变体，属于半矮化砧木。可用种子繁殖，种子千粒重 8.0 g，种子层积时间为 49 d，发芽率 80％。无融合生殖坐果率 88.9％～95.0％。与目前主栽品种富士、嘎拉、乔纳金等嫁接亲和性良好；青砧 2 号作基砧，嫁接树的株高与树体小于平邑甜茶做基砧、大于 M26 作中间砧的嫁接树，与M7 作中间砧的嫁接树相当。

8. Y 系　由山西省农业科学院果树研究所利用野生晋西北山定子资源采取大群体实生选育而成的矮化砧木。

（1）Y-1。植物学性状与普通山定子无明显差异。与八棱海棠、山定子基砧，长富 2号、丹霞、嘎拉等品种亲和性好，"大小脚"现象不明显，且嫁接口结合牢固，无风折、劈裂等现象。Y-1 作中间砧，早果丰产性好，色泽艳丽，可溶性固形物含量高。抗寒、抗旱，抗腐烂病。适宜我国大部分苹果主产区栽植。

（2）Y-2。与山定子基砧，长富 2 号、丹霞、嘎拉等品种亲和性好，略有"小脚"现象，嫁接口结合牢固，无风折、劈裂等现象；嫁接品种早花早果性好。Y-2 嫁接长富2 号，果实固形物含量高，硬度大，耐贮存。Y-2 嫁接品种抗寒、抗旱能力强。在山西、西藏等地有一定面积的栽植。

（3）Y-3。属于半矮化砧。与山定子基砧，长富 2 号、丹霞、嘎拉等品种亲和性好，略有"小脚"现象，嫁接口结合牢固，无风折、劈裂等现象；嫁接品种早花性好，果实品质显著高于对照 SH1 和晋西北山定子。Y-3 嫁接品种抗寒、抗旱能力强。山西、西藏等地有一定面积的栽植。

9. GM 系列　吉林省农业科学院果树研究所选育的抗寒矮化砧木系列。

（1）GM256。属于半矮化砧木。与山定子基砧、寒富和金红等品种嫁接亲和力好、早果丰产。GM256 砧木抗寒力强，可耐－42 ℃低温，较抗腐烂病、抗黑星病、早期落叶病。

（2）GM310。GM310 有矮生性，同时也有矮化性，嫁接金红苹果，树高是乔化砧树的 60%～70%。与基砧和嫁接品种亲和性强，嫁接口牢固。GM310 作中间砧嫁接金红苹果，早果性、丰产性好。抗寒力强，高抗苹果树腐烂病，枝干韧性好。在辽宁省北部、河北省坝上地区及吉林、黑龙江、内蒙古等地区应用。

10. 冀砧系列 为河北农业大学选育的系列矮化砧木。

（1）冀砧 1 号。与基砧八棱海棠以及红富士、王林、中秋王、嘎拉、凯蜜欧等品种亲和性良好，冀砧 1 号做中间砧嫁接红富士，矮化性状明显，能够有效控制接穗品种树体大小并具有良好的枝类转换能力，早花、早果和丰产性良好，在不采取任何促花管理措施的条件下，定植翌年始花，3 年生开花结果株率达 90%，成龄树每 667 m² 产量可保持在 3 000～3 500 kg。果实着色 90% 以上，整齐度好，可溶性固形物含量 14.5%～16.5%。冀砧 1 号做中间砧嫁接的苹果苗在河北省中南部地区一般不发生抽条现象，在不采取越冬保护措施条件下可安全越冬。无特殊病虫害。

（2）冀砧 2 号。与基砧八棱海棠以及红富士、王林、中秋王、嘎拉等品种亲和性良好，做中间砧嫁接红富士，矮化性状明显，早花、早果和丰产性良好。在不采取任何促花管理措施的条件下，以其做中间砧嫁接的红富士定植翌年始花，3 年生开花结果株率达 100%，成龄树每 667 m² 产量可保持在 3 000～3 500 kg，果实着色 90% 以上，整齐度好，可溶性固形物含量高。冀砧 2 号做中间砧嫁接的苹果苗在河北省中南部地区一般不发生抽条现象，在不采取越冬保护措施条件下可安全越冬。无特殊病虫害。

第二节　优质苗木培育

培育和生产品种纯正、砧木适宜、生长健壮、根系发达、无检疫对象或病毒病的优质苗木，是建立早果、丰产、优质、高效果园的先决条件。苹果矮砧密植栽培已成为世界苹果生产发展的主要方向，优良矮化砧木能调控新梢及时停长，使树体提早开花结果，并且获得高产优质的果实。矮化砧木的利用方式主要有自根砧和中间砧两种，本节重点围绕矮化自根苗的培育和矮化中间砧苗的培育介绍相关内容。

一、苗圃地的选择与规划

苗圃是繁育苗木的场所，建立苗圃首先要对苗圃地进行选择和规划。

（一）苗圃地的选择

选择苗圃地时，应全面考虑当地自然条件和经营条件，重点考虑气候、土壤、灌溉条件、土地利用现状、交通状况等因子。

1. 圃地选择 位置最好选在需用苗木地区附近，便于就近生产，就近供应，靠近公路，交通便利，有灌溉条件，远离工矿企业，减少污染，地势平坦的平地，或坡度在 5° 以下、坡面整齐的缓坡地，地下水位应在 1.5 m 以下。

2. 土壤条件 要求土层深厚，土壤肥沃。土壤质地一般以沙壤土、壤土和轻黏壤土为宜。过沙或过黏的土壤应进行改良，并增施有机肥。土壤的酸碱度以 pH 5.0～7.8 为宜。不能选择重茬地作苗圃地，若重茬地再次繁育苹果苗一般需间隔 3 年以上。蔬菜地不宜作苗圃，易得根腐病，尤其是茄科和十字花科的菜地，马铃薯地等。

（二）苗圃地的规划

苗圃地按照功能不同可分为生产用地和非生产用地两部分。生产用地指直接用于生产苗木的苗圃地，包括母本园区和繁殖园区。非生产用地包括道路、房屋、排灌系统等辅助性用地等。

1. 生产用地　通常包括母本园区和繁殖园区。

（1）母本园区。主要任务是提供繁殖材料，又分为砧木母本园区和良种母本园区或脱毒采穗圃。砧木母本园区提供砧木种子、接穗、自根砧木繁殖材料。良种母本园区提供优良品种接穗、插条和无病毒材料等。

（2）繁殖园区。是苗圃的核心部分，要将苗圃中最好的地段划作繁殖区，以生产优质苗木。据所繁育苗木的种类分为实生苗繁殖区、自根苗繁殖区和嫁接苗繁殖区。如果苗圃繁育苗木品种较多，宜将不同品种的小区划开，以便管理。

2. 非生产用地　一般占苗圃总面积的 15%～20%。

（1）道路系统。包括主路、支路等。主路为苗圃中心与外部联系的主要通道，其宽度约 6 m。支路结合大区划分与主路连接，支路宽 3 m 左右。

（2）排灌系统。结合地形及道路一同规划设计，形成有机网络，做到旱能浇、涝能排，保证苗圃水肥正常供给。

（3）房屋建筑。包括办公室、宿舍、食堂、苗木分拣包装车间、储藏室等。一般设在苗圃交通便利的地方，以不占用好地为宜。

二、砧木的培育

（一）砧木的类型

1. 实生砧木　采用种子繁殖的砧木，多应用近缘野生种或半栽培种。实生砧木的优点是主根强大，根系发达，入土较深，抗旱、耐瘠薄、对外界环境条件适应能力强、寿命较长。但实生苗多数为异花授粉的后代，不易保持母树的优良性状，而且个体间变异较大，尤其在树冠大小、生长势、早果性、丰产性以及果实品质等方面个体间差异极大。少数种类具有无融合生殖特性，如湖北海棠、变叶海棠、三叶海棠等，其后代生长性状整齐一致，变异性小。乔化砧和矮化中间砧苗木的基砧常采用种子繁殖，以增强苗木的抗逆性和适应性。

2. 无性系砧木　利用营养器官进行扦插、压条或组织培养等无性繁殖方法获得的砧木，优点是能保持母树的遗传特性，生长一致，缺点是自根苗无主根且根系分布较浅，适应性和抗逆性均不如实生砧木，而且寿命短，繁殖系数也较低。苹果矮化砧木主要采用无性繁殖，以保持苗木的矮化性整齐一致。

（二）实生砧木的培育

1. 常用实生砧木　实生砧木要求生长健壮，根系发达，与矮化砧木嫁接亲和力强，适应当地气候和土壤条件，抗病虫能力强。适合我国苹果产区的主要砧木种类及特性见表 3-1。

表 3 - 1　常用砧木种子适宜层积天数及播种量

砧木种类	适宜层积时间（d）	每 667m² 直播育苗播种量（kg）	主要特征	主要适宜地区
八棱海棠	40~60	3.5~4.0	根系深，抗旱、抗盐、耐瘠薄，不耐涝，与苹果嫁接亲和力强	内蒙古、河北、天津、山西、陕西、山东、河南、江苏、青海、宁夏、安徽等地
平邑甜茶	30~50	1.0~1.5	根系发达，抗旱抗涝抗寒，耐高温高湿，耐盐碱耐瘠薄，抗白粉病、根腐病，有一定矮化作用	山东等地
山定子（山荆子）	30~50	1.0~1.5	营养生长开始较早，抗寒性极强，宜沙质壤土，根系浅，不抗旱，耐瘠薄，不耐盐碱。与苹果嫁接亲和力强	黑龙江、吉林、辽宁、内蒙古、北京、天津、河北、山东、山西、四川等地的非盐碱地
沙果（花红）	60~80	1.0~1.5	较耐潮湿高温，有一定矮化作用	浙江、贵州、河北、陕西、四川、河南、江苏、安徽等地
河南海棠	50~60	1.5~2.0	根系深，有一定的抗寒、抗旱能力，抗盐碱能力较差，抗白粉病，叶枯病和叶斑病发病重。苗木分离现象较明显。具有矮化特点	河南、山西
楸子（海棠果）	60~80	1.0~1.5	根系深，抗旱，比较抗寒，耐涝，比较抗盐	黑龙江、吉林、内蒙古、新疆、山西、河北、山东、河南、四川、陕西、青海、甘肃等地
湖北海棠	30~50	1.0~1.5	喜温耐湿，适应性强，具有无融合生殖特性，对白绢病、白纹羽病和白粉病抵抗力强，耐涝，抗旱性一般	湖北西部、长江中游，湖南和云南中、南部
新疆野苹果（塞威士海棠）	60~80	1.5~2.0	耐旱和耐寒力较强，喜光，根系发达，与苹果嫁接亲和力强，抗盐力强，苗期抗立枯病和白粉病能力差	新疆、甘肃等地

2. 播种

（1）播种时期。一般苹果砧木种子可以进行秋播或春播。具体播种时间应根据当地的气候条件、育苗周期等确定。春季采用小拱棚或地面覆盖可适当提早播种。

① 春播。冬季严寒、风沙大、土壤干旱、土质黏重或鸟、鼠害严重的地区，多进行春播，西北、东北、华北地区在 3 月中下旬至 4 月上中旬。春播的种子必须经过沙藏或其他处理，使其通过后熟解除休眠才能播种。

② 秋播。冬季较短且不甚寒冷和干旱，土质较好又无鸟、鼠危害的地区可秋播，使种子在土壤中通过后熟和休眠，华北地区 10 月中旬至土壤结冻前。秋播种子翌春出苗早，生长期较长，苗木健壮。

（2）播种方法。华北地区八棱海棠播种时多采用条播法。可采用行距 40~50 cm 的等行距条播，也可采用宽行行距 50～60 cm、窄行行距 20～25 cm 的宽窄行条播。计划用起苗机起苗的苗圃，一般行距 50～60 cm，单行等距条播较适宜。

（3）播种量。因播种方法、砧木种类、种子质量和萌芽率高低有很大差异。八棱海棠采用人工播种每 667 m² 播 1.5～2.5 kg，机械播种每 667 m² 播 3.5 kg。山定子采用人工播种每 667 m² 播 1.0～1.5 kg，机械播种每 667 m² 播 2.5 kg。

（4）播种深度。因种子大小、气候条件和土壤性质而异。在土壤条件等适宜时，播种深度一般为种子横径的 1～3 倍，如山定子覆土厚度为 1 cm，海棠为 1.5～2 cm。干旱地区比湿润地区可深些。秋冬播比春夏播深些。沙土、沙壤土比黏土深些。

3. 播种后的管理　播种后可以覆盖地膜，增温保湿，待 60% 出苗后撤去地膜，扣小拱棚的经过 10 d 左右的通风锻炼后，可拆除拱棚。露地育苗，苗木出土前和幼苗期，如土壤干旱，可在傍晚喷水保湿，注意禁止大水漫灌，以防止土壤板结。播种后 40 d 左右，海棠苗 3～5 片真叶期，按株距 10 cm 左右间苗。幼苗 5～7 片真叶时（苗高 10 cm，苗龄 50 d 左右）定苗，露地直播的苗圃定苗后保留株距 20～30 cm，如果要培育优质大苗，数量应减少。注意防治苗期立枯病、白粉病、缺铁黄叶病和蚜虫等病虫害。另外，适时进行中耕除草、浇水施肥等。

（三）无性系砧木的培育

苹果无性系砧木的培育主要采用扦插、压条或组织培养等无性繁殖方法，扦插、压条成活的关键在于不定根的产生。

1. 不定根的形成　不定根是由植物的茎、叶等器官发出，因发根位置不定，故称为不定根。理论上，植株上的细胞均可以转变成分生组织状态，产生新根。

（1）形态解剖学基础。目前的研究表明，苹果矮砧不存在潜伏根原始体，均为诱发根原始体类型，可在维管形成层（如海棠果）、韧皮薄壁组织细胞（如 SH40）等部位诱导出根原始体，也可经愈伤组织（如垂丝海棠）诱导形成根原始体。

（2）激素。根原基的形成是一个受激素调控的复杂过程，根原基的形成是其综合作用下形成动态平衡的结果。一般认为，植物内源的生长素含量决定了不定根形成的难易程度。除生长素外，植物内源激素赤霉素类（GA）、脱落酸（ABA）、细胞分裂素类（IPA、ZR、DHZR 等）等均不同程度影响着插穗根原基的形成。

（3）相关酶的活性。目前研究较多的，也是公认的与苹果扦插生根能力密切相关的酶主要有过氧化物酶（POD）、吲哚乙酸氧化酶（IAAO）和多酚氧化酶（PPO）。POD 被视作植物扦插生根的标志之一，与不定根的诱导和生长密切相关。宋金耀 等（2007）研究表明，易生根树种（柳等）扦插时，插穗的 POD 活性均为前期降低，然后升高，IAAO 活性基本呈下降趋势，而苹果扦插后 POD 一直保证较高活性，没有前期的活性回落，IAAO 活性基本呈上升趋势是其难于生根的主要原因。

（4）枝条内水分与营养物质。枝条总含水量和自由水含量与生根率呈显著正相关。枝条中的营养物质是不定根形成的物质基础，是不定根产生的必要条件。枝条贮藏的营养物质主要有葡萄糖、淀粉等碳水化合物，同时还有一定量的氨基酸和蛋白质等含氮化合物。河北农业大学王丽（2015）研究认为，黄化处理可提高插穗中的淀粉含量，转化成可溶性糖，从而有利于提高 SH40 嫩枝扦插生根率。许多试验证明，碳水化合物和含氮化合物对根原始体的分化有重要意义，C/N 值可作为生根难易的判断指标，C/N 值大生根能力强。

2. 促进扦插与压条生根的方法

（1）机械处理。在插条基部 1～2 节的节间刻 5～6 道纵伤口，深达韧皮部。压条繁殖前在枝条上环剥，也可在生长期采插条前 5～20 d，对拟作插条的枝梢基部剥去 1 圈皮层，宽 3～5 mm。待环剥伤口长出愈伤组织而未完全愈合时，剪下扦插。

河北农业大学杨利粉（2017）以一年生苹果矮化砧木优系 9-3 为试材，研究了绞缢处理的效果，结果表明，绞缢处理的生根率、平均单株根数和总根长分别为 90.63%、31.45 条和 587.2 cm，均显著高于不绞缢对照，表明绞缢处理利于促进压条新梢生根，提高其繁殖系数。

河北农业大学王丽（2015）以一年生 SH40/八棱海棠为获得嫩枝插条的母株，研究了苗木质量、截留长度和刻芽处理对嫩枝发生量、扦插生根率的影响。结果表明，对嫁接口上部 5 cm 处平均直径 1 cm 左右的优质壮苗，芽体充足的情况下，截留长度越短平均单株嫩枝发生量越高，且萌芽早，芽体萌发较集中，刻芽处理比不刻芽的 SH40 苗平均单株嫩枝发生量高出 26.51%。

（2）黄化处理。在新梢生长初期将根颈上的萌蘖条及地面的枝条培土，使其完全避光，其他部分用黑布或黑纸等包裹，使枝条黄化，皮层增厚，薄壁细胞增多，延缓木质化进程，保持组织的幼嫩性，还可抑制枝条中生根阻碍物质的生成，增强植物生长激素等生根物质的活性，有利于根原体的分化。

河北农业大学王丽（2015）以一年生 SH40/八棱海棠为获得嫩枝插条的母株，研究了黄化处理对嫩枝扦插生根率的影响。结果表明，基部黄化处理能够显著提高 SH40 嫩枝扦插生根率，缩短生根周期、提高不定根数量和平均根长。嫩枝基部黄化处理后扦插生根率高达 92.31%，未黄化的嫩枝扦插生根率仅为 51.92%。基部黄化处理嫩枝平均不定根数量为 14 条，平均根长 29.30 mm，对照嫩枝平均不定根数量仅有 7 条，平均根长 19.13 mm。

（3）加温处理。早春扦插因土温较低而生根困难，可以用阳畦、塑料薄膜覆盖、火炕或电热线等热源增温，促进发根。在背风向阳、排水良好的地方挖深 30 cm、宽 80～100 cm 的低床，其长度视种条的数量而定。底部铺 5 cm 厚的洁净河沙，将用生长素处理过的插条基部向上倒放床中，上面再覆一薄层净沙，适量喷水后用塑料薄膜搭成小拱棚，使之增温，维持棚内 10～25 ℃，经一定时间插穗即可形成愈伤组织，并有根原始体出现，此时即可取出扦插。利用火炕、电热线等热源增温，插条基质温度保持在 20～28 ℃之间，气温 10 ℃以下，为保持适当湿度要经常喷水，可使根原体迅速分生，而芽延缓萌发。

（4）植物生长调节剂处理。主要包括吲哚丁酸（IBA），吲哚乙酸（IAA）、萘乙酸（NAA）和 2,4-D 等。植物生长调节剂应用的效果与其种类、使用浓度、处理方法、处理时间、插穗生理状态及环境因素有很大关系。通常使用的方法包括液剂浸渍和粉剂蘸粘两种。

①液剂浸渍。又分为低浓度慢浸法、高浓度速蘸法 2 种。慢浸法一般是用 5～100 mg/L 浓度的药液，将插穗基部浸泡数小时至数天的时间。浸泡的时间因树种和药液浓度而异。硬枝扦插时所用浓度一般为 5～100 mg/L，浸渍 12～24 h，嫩枝扦插一般用

5～25 mg/L，浸 12～24 h。慢浸法因为处理时间较长，受环境因素影响较大，药液浓度因蒸发而变化，所以应注意遮阴或提高空气湿度，以保证慢而稳定的吸收。高浓度速蘸法是将插穗基部放入高浓度溶液（500～2 000 mg/L）中，快速浸蘸数秒钟，然后立即将插穗插于插床中。高浓度速蘸法操作简便，处理快捷，插穗基部接触药量均匀，且避免长时间浸泡受环境条件的干扰，对于不易生根的树种有较好的效果。

②粉剂蘸粘。该法是将植物生长调节剂先溶于少量酒精中，再将滑石粉、细黏土或木炭粉掺入酒精溶液，待酒精挥发后，即得到粉剂。硬枝扦插用 1 000～1 500 mg/kg，嫩枝扦插用 200～1 000 mg/kg。配好后可先置棕色瓶中保存备用，或者将混合后的粉剂置于 50～70 ℃的黑暗条件下烘干，研成粉末，装入棕色瓶中备用。使用时先将插条基部用清水浸湿，然后蘸上药粉，抖去多余的药粉即行扦插。这种方法使用方便，无须处理容器，随蘸随插，节省时间，药物蘸在插穗基部，作用持久而稳定。为了增强黏附力，不至造成生长素流失，有时也将生长调节剂配成油剂，将生长调节剂溶于加热的载体羊毛脂、棕油、胶籽油中。

3. 主要繁殖方法

（1）扦插繁殖。多用于易生根的矮化砧木，常用硬枝扦插和绿枝扦插 2 种方法。

①硬枝扦插。是用充分成熟的一年生枝条进行扦插，所以又称成熟枝插。

插穗的采集、贮藏与处理。在秋冬落叶以后至翌春发芽以前的休眠期，可以结合冬季修剪采集生长健壮、粗度一致、无病虫害、芽眼饱满、充分成熟、色泽正常的一年生枝条，0～5 ℃条件下沙藏。第 2 年 3 月进行硬枝扦插，首先对整个枝条进行吸水处理，剪成 15～20 cm 的枝段，上端剪口在芽体以上 1 cm 左右平剪，下端距下芽 1.5 cm 斜剪，以利于枝条吸水。

扦插基质。常用蛭石、珍珠岩、草炭、河沙、苔藓、炉灰渣等 1 种或几种混合。王甲威等（2012）采用下层铺设苔藓，在其上再覆盖 3～5 cm 厚河沙做基质进行扦插，生根效果好于河沙。基质提前用 50% 多菌灵可湿性粉剂 500 倍液进行喷淋消毒。

药物处理。剪穗后将插穗基部 3～4 cm 用生根药剂进行浸根处理。

扦插。将插穗基部 3～5 cm 插入基质，扦插后在基质上面覆盖一薄层沙子，保证插穗有 1～2 个芽露出地面。扦插密度为 6 cm×10 cm。插后应立即灌透水。

插后管理。关键是水分管理，要根据墒情及时补水，插后覆盖地膜是一项有效的保水措施，萌芽后撤去。扦插初期用遮光率 50% 遮阳网进行遮光。扦插 30 d 后多数插条已生根，可逐渐撤去遮阳网。每两周喷施 1 次杀菌剂（多菌灵、木霉菌等交替施用），防止插穗感染病害。每个枝段上留一个健壮新梢，多余的抹除，繁育成苗。

扦插苗移栽。苗圃地起垄覆膜，垄宽 40 cm，在气温稳定在 15 ℃时，在垄上打孔。每垄栽植 2 行扦插苗。宽窄行定植，株距 12 cm，窄行距 20 cm，宽行距 70 cm，垄中心线距 90 cm。每亩定植 11 600 株。

②绿枝扦插。利用半木质化的新梢进行扦插，又称半成熟枝插，扦插时间一般在 6—7 月。

插穗的采集、贮藏与处理。选取矮化砧母本园优良植株，剪取其半木质化新梢，剪留长 8～12 cm，上端距上芽 1.0 cm 左右平剪，下端剪口在芽下 1～3 cm 处斜剪，保留上部 1～2 个半片成熟叶片。

扦插基质。常用蛭石、珍珠岩、泥炭、河沙、草炭、苔藓、锯末等一种或几种混合。基质在扦插前 1 天用 0.3%～0.5% 的高锰酸钾溶液喷淋消毒。张广仁等（2015）报道，辽砧 2 号和 SH40 绿枝扦插，以珍珠岩＋泥炭（1∶1）为基质，生根效果好。王丽（2015）进行 SH40 绿枝扦插采用的扦插基质为草炭＋蛭石＋珍珠岩（1∶1∶1）。

药物处理。剪穗后将插穗基部 3～4 cm 用生根药剂进行浸根处理。

扦插。将插穗插入基质，扦插深度一般为穗长的 1/3～1/2。扦插后在基质上面覆盖一薄层沙子，保证插穗有 1～2 个芽露出地面。扦插密度为 6 cm×10 cm。插后应立即灌透水。

插后管理。绿枝扦插对空气和土壤湿度要求严格，多在室内弥雾扦插，使枝条周围空气相对湿度达到 100%。白天温度保持在 20～30 ℃，夜间 15～20 ℃。每隔 5 d 喷多菌灵溶液对基质和嫩枝消毒。中后期注意通风。扦插 30 d 后插条生根，可逐渐撤去遮阳网。当插穗根系生长到 2 cm 左右时炼苗，5 d 后移栽。

扦插苗移栽。同硬枝扦插。

（2）压条繁殖。目前，生产上苹果矮化砧木 M9T337 多用此法繁育自根砧苗。压条繁殖又分为水平压条和垂直压条 2 种，生产上常用的为水平压条法。

①水平压条。母株定植。在砧木压条苗圃选用根系良好、枝条充实、粗度较均匀和芽眼饱满的砧苗作为母株，剪留 50 cm。按照行距 1.5 m，株距略小于苗高定植。在栽植沟内与地面呈 30°～45° 夹角，梢部向北倾斜栽植，填土踏实。栽植后连续灌 2 次透水，封土。封土后的栽植沟平面应低于原地平面 3～5 cm。

压条。母株苗栽植成活后，待苗干多数芽萌发（一般在 5 月下旬）时，将母株基部与梢部顺母株苗栽植的倾斜方向将苗干压倒在略低于地面的栽植沟内，第 1 株苗压倒后梢部用第 2 株苗的基部压住，第 2 株苗压倒后梢部用第 3 株苗的基部压住，依此类推。用枝杈或 U 形铁丝固定于浅沟中；在压倒苗干的同时，抹除母株苗干基部芽、梢部芽、向下的芽和过密的芽，使芽间距保持在 5 cm 左右。

培土。待苗干上多数新梢长至 15～20 cm 时，基部开始培锯末或沙土，第 1 次培锯末或沙土厚度约 10 cm，培后浇水，使枝土密接。以后随新梢不断增长，再培锯末或沙土 2～3 次，每次培锯末间隔约 15 d，至 7 月中旬为止，最后培土总厚度达到 30 cm 左右。

田间管理。培锯末后水分管理采用间歇式喷雾装置，每 2 d 喷水 1 次（视天气情况而定），每次持续喷水时间 3 h，保持锯末湿度为 80%～90%。

剪取砧木苗。秋天落叶后，将苗床的培土全部扒开，露出水平压倒的母株苗干及其上 1 年生枝基部长出的根系；将每个生根的 1 年生枝在基部留 1 cm 的短桩剪下成为砧木苗，短桩上的剪口要略微倾斜，以便下一年从剪口下萌发新梢后可继续进行培土生根，母株苗干上长出的未生根的细弱枝全部剪除，靠近母株基部 1～2 根生长中等的枝条可以保留，供来年再次水平压条用，压倒时应与原母株苗干平行，并使其有 10 cm 的间距。剪苗后的原母株苗干，重新培土灌水越冬。剪下的砧木苗分级后，窖藏沙培越冬，翌年春季作砧木苗用。

重复压条。第二年春天扒开母株水平苗干上的培土，隐约露出母株水平苗干及其上的短桩；短桩上的新梢穿土而出，待新梢长至 15 cm 时开始覆盖基质，重复上一年的工作过程。

②垂直压条。多用于枝条粗壮直立、硬而较脆的矮化砧木。

母株栽植。春季将砧木苗按行距 2 m，株距 30～50 cm 定植。萌芽前，将矮化砧木从距地面 15～20 cm 处短截。

培土。待新梢长至 15～20 cm 时，用锯末或湿润细土培土 10 cm 厚，20～25 cm 宽。1 个月后，新梢长到 40 cm 左右时，再培土 1 次，前后 2 次培土总厚度为 30 cm，宽 40 cm。

田间管理。培土前应灌水，培土后注意保持湿润。

剪取砧木苗。秋季落叶后，将培土全部扒开，露出 1 年生枝基部长出的根系，将每个生根的 1 年生枝在基部留 2～3 cm 的短桩剪下成为砧木苗，分级后，窖藏沙培越冬，翌年春季作砧木苗用。母株苗干上长出的未生根的枝条也要同时短截。分株后应给母株施基肥和覆土防寒。待翌年春天短桩上的新梢长至 15～20 cm 时开始培土，重复上一年的工序。

（3）组培快繁。利用组培方法繁育苹果矮化自根苗砧木，具有节省育苗用地，不受季节限制，繁育周期短，繁育系数高等优点。但需要一定的仪器设备，要求技术较高，成本也较高。

①外植体的灭菌。取解除自然休眠的苹果矮化砧木未萌芽枝条，水培于光照培养箱内（温度 25 ℃），隔天更换清水 1 次，芽萌发后取大于 1.5 cm 的嫩梢，用流水冲洗，放入三角瓶中。在超净工作台上用 70% 乙醇消毒 30 s，然后用 0.1% 的 $HgCl_2$ 溶液消毒处理 8 min，再用无菌水冲洗 4～5 次，切掉变褐损伤部分，接种于启动培养基上。

②启动培养。培养基大多以 MS 为基本培养基（附加蔗糖 30 g/L＋琼脂 6 g/L），也有报道，QL 是 M26、GM256 试管苗增殖生长的最佳基本培养基。植物调节剂种类及浓度因品种不同、研究者不同也有所差异（表 3-2）。接种材料培养在光照培养室内，温度（25±2）℃，光照强度 1 500～2 000 Lx，光/暗周期 12 h/12 h。经 40～50 d 培养后，形成丛生芽。

③继代培养。在无菌条件下，将丛生芽从基部切开，切割为 1.5 cm 左右的茎段，接种到继代培养基上，每瓶接种 5～6 个茎段，培养条件同启动培养。30～40 d 后，可重复继代，直至数量达到要求后，进入生根培养。继代培养基多与启动培养基相同或稍做调整，如 71-3-150 的继代培养基与启动培养基相同。对相同砧木，不同研究者的研究结果也不尽相同（表 3-2）。

表 3-2　几种常用苹果矮砧组培快繁的植物生长调节剂配比

单位：mg/L

砧木类型	启动培养基	继代培养基	生根培养基	研究者
M9	6-BA 1.0＋NAA 0.1	6-BA 1.0＋IBA 0.1	IBA 0.3＋NAA 0.1	赵亮明，等，2011
	6-BA 1.0＋NAA 0.5	6-BA 1.0＋IBA 0.1	IBA 0.3＋NAA 0.1	余亮，2013
	6-BA 0.35＋NAA 0.025	6-BA 0.4＋IBA 0.3	—	杨蕊，2013
	0	6-BA 0.6＋IBA 0.3	IBA 0.3	张庆田，2007
M26	6-BA 1.0＋NAA 0.1	6-BA 1.0＋IBA 0.1	IBA 0.3＋NAA 0.1	赵亮明，等，2011
	6-BA1.0＋NAA0.5	6-BA 1.0＋IBA 0.1	IBA 0.3＋NAA 0.1	余亮，2013
	6-BA 0.35＋NAA 0.025	6-BA0.4＋NAA 0.027	IBA 0.28＋IAA 0.8	杨蕊，2013
	0	6-BA 1.0＋IBA 0.5	IBA 0.3	张庆田，2007

（续）

砧木类型	启动培养基	继代培养基	生根培养基	研究者
71-3-150	6-BA 1.0+NAA 0.05	6-BA 1.0+NAA 0.05	IAA 1.0+IBA 0.6	王森森，等，2014b
平邑甜茶	6-BA 1.0+NAA 0.1	6-BA 1.0+IBA 0.3	IBA 0.3	赵亮明，等，2011
GM256	—	6-BA0.5+IBA 0.05	IBA 0.5	孙清荣，等，2014
77-34	6-BA 2.0	6-BA 1.0+IBA 0.4	IAA1.5+GA3.0+IBA0.2	姜淑荣，等，1999

④生根培养。选生长健壮、长势一致、高度为 2~3 cm 的健壮的继代苗，接种到生根培养基中，培养条件基本同启动培养。孙清荣等（2014）研究认为，暗培养 5 d 再转光下培养为诱导试管苗生根的最佳培养条件。基本培养基多为 1/2 MS（附加蔗糖 15 g/L，琼脂 6 g/L），也有采用 1/2 QL、1/2 WPM 等。植物生长调节剂种类及浓度因品种以及研究者的不同略有差异（表 3-2）。

⑤炼苗与移栽。生根培养 20 d 后，将生根苗移到温室中炼苗，3~5 d 后，去掉封口膜。2 d 后将组培苗从瓶中取出，用清水将根部残留的培养基冲洗干净。将蛭石和草炭（体积比 1∶1）拌匀后放入营养钵中，添加量为 2/3，另 1/3 用纯蛭石。将冲洗干净的组培苗移栽至营养钵中，移栽后立即用 0.1％多菌灵溶液浇透，立即搭塑料小拱棚覆盖，并注意遮阴。以后每 3 d 喷 1 次多菌灵溶液，经过 2 周左右，长出新叶，小拱棚逐渐放风，直至撤除。待苗长到 20 cm 以上时，移至室外背阴处或用遮阳网遮阴。3 d 后，逐渐加强光照，直至适应露地环境，一般在室外炼苗 10~15 d 即可。炼好的苗叶色浓绿，叶面形成明显的蜡质层。出苗前 5 d 要控水控肥，定植前 1 d，将营养钵浇透，带基质定植于苗圃。

目前，我国苹果组培快繁多采用已生根的组培苗进行移栽。移栽时，在营养钵中先放入 2/3 的基质，然后一只手将生根的组培苗放至营养钵中，另一只手抓蛭石覆盖组培苗根系至营养钵口。考虑到如果组培苗未长出根系，可以直接将组培苗扦插至装满栽培基质的营养钵中，从而提高移栽效率，便于实现机械化。河北农业大学王森森（2014a）试验将苹果矮化砧木优系 6 号的组培继代苗用不同浓度的 IBA 溶液浸泡不同时间后进行移栽，结果表明，浓度为 500 mg/L 浸泡 15 min 的处理，成活率最高，但仅为 33.3％。将继代苗接种至生根培养基后，在培养室培养 2~4 d，温室内炼苗 9 d 后，芽苗尚未长根，去掉封口膜，3 d 后移栽，成活率达 98％。后者一定程度上提高了移栽工作效率，与前者相比，成活率高，但未能减少生根培养的环节。

三、嫁接与接后管理

嫁接繁殖是人们有目的地将一株植物上的枝或芽接到另一植物的枝、干或根等适当部位上，接口愈合后生长在一起，形成新的个体繁殖方式。用嫁接方法繁殖的苗木称为嫁接苗。嫁接所用接穗一般采自度过童期的成龄枝段，所以嫁接苗开花结果较早。目前苹果生产上应用的苗木均为嫁接苗，因此，有关嫁接的原理与方法对于优质苗木的培育尤为重要。

（一）影响嫁接成活的因素

1. 砧木和接穗的亲和力　是指砧木和接穗经过嫁接能否愈合成活和正常生长结果的能力，是嫁接成活的关键因子和基本条件。

（1）影响嫁接亲和力的因素。主要与砧木和接穗双方的亲缘关系、遗传特性、组织结构、生理生化特性和病毒等有关。通常砧、穗亲缘关系越近，砧木和接穗双方的形成层、输导组织及薄壁细胞的组织结构相似程度越大，砧木和接穗在营养物质的制造、新陈代谢以及酶活性方面的差异越小，亲和力越强。砧木和接穗任何一方有病毒、病毒复合物、类菌质体，都可使对方受害，甚至死亡。

（2）亲和力的鉴定。主要是从田间观测、解剖结构观察、生理生化指标测定等方面进行。

①田间观测法。用目测检查嫁接二年生幼树接合部内皮层断续性，确定嫁接亲和力的强弱。凡在内皮层产生纹孔式纹路属亲和力差。河北农业大学张玉珺（2021）观察了不同砧穗组合接口的情况，发现不亲和组合接口中有死亡组织存在，而亲和组合则无。

②解剖结构观察。砧穗间的愈合过程大致分为：愈伤组织的形成与融合、愈伤组织通过胞间连丝交流、形成新的导管和筛管联系 3 个阶段。愈伤组织的形成是影响嫁接成活的关键，张新忠等（1995）对苹果树嫁接口解剖，观察到秋富 1 与八棱海棠等砧木嫁接时，嫁接后第 7 天时开始形成愈伤组织。胞间连丝是细胞交流及嫁接砧穗间连接的重要媒介，在嫁接系统的共质体途径发挥了重要作用，维管组织的连接是嫁接亲和的必要条件。因此，可以通过观察胞间连丝是否形成、维管组织是否连接来判定嫁接亲和性。

③生理生化指标测定。砧穗组合在愈合过程中发生许多生理生化变化。抗氧化酶系统是植物体的自我保护机制，可抵御外界逆境，缓解其对植物造成的危害。植物激素通过影响砧穗间维管束桥的形成来调控嫁接体的生长发育，参与接穗和砧木间愈伤组织的产生和维管束桥的分化等。河北农业大学张玉珺（2021）测定了嫁接愈合过程中与愈合后接口部位和叶片中的酶活性、激素含量，结果表明，嫁接后期亲和性越强，接口部位 SOD、POD、PAL 酶活性越高，嫁接亲和性高的砧穗组合接口部位与叶片中的生长素和细胞分裂素含量要高于嫁接亲和性低的砧穗组合；而嫁接亲和性高的砧穗组合中接口部位与叶片中的脱落酸含量要低于嫁接亲和性低的砧穗组合。SOD、POD、PAL 酶可以作为判定苹果嫁接亲和性的早期预测指标。

2. 砧木、接穗的质量　砧、穗产生愈伤组织及愈合需要双方贮存充足的营养物质，因此砧木和接穗的质量对嫁接成活的影响较大，接穗的质量主要包括营养物质和水分含量。接穗失水越多，愈伤组织形成量越少，嫁接成活率也越低。因此，应选取生长充实、芽体饱满的枝、芽做接穗，选择生长发育良好、粗壮的砧木进行嫁接。

3. 嫁接技术　熟练的嫁接技术，是提高嫁接成活率的重要条件。要求平、齐、快、紧，即砧穗削面要平，砧穗双方形成层要对齐，嫁接操作要快，绑缚要紧。

4. 温度　是影响嫁接成活的主要因子之一。气温和土温与砧木、接穗的分生组织活动程度有密切关系。早春温度较低，形成层刚开始活动，愈伤缓慢。过晚，气温升高，接穗芽萌发不利愈合成活。苹果形成愈伤组织的适温为 22 ℃左右，3～5 ℃愈伤组织形成甚少，超过 32 ℃不利发生愈伤组织并可引起细胞受伤，40 ℃以上愈伤组织死亡。因此，应根据愈伤组织形成对温度的要求，选择适宜的嫁接时期。

5. 湿度　愈伤组织是由壁薄而柔嫩的细胞群组成，在其表面保持一层水膜（饱和湿度），有利于愈伤组织形成，接穗只有在一定的湿度下才能保持其生活力，苹果接穗切面形成愈伤组织的适宜相对湿度为95%～100%。因此，嫁接前后应灌水，使砧木处于良好的水分环境中。但土壤水分过多，将导致根系缺氧而降低分生组织的愈伤能力。采取蜡封接穗和接口缠塑料薄膜等保湿措施保证接穗不失水，绑严接口以保持接口湿度，解绑时间不宜过早，都是为砧穗嫁接部位大量形成愈伤组织并进一步愈合成活创造有利的条件。

（二）砧木和接穗间的相互关系

砧木和接穗分别来自不同的个体，通过嫁接使砧木和接穗长成一个完整的植株，砧木和接穗在愈合过程中产生的导管和筛管把砧穗用来运输水分、矿物质和有机营养的通道连接起来，从而互相产生影响。

1. 砧木对接穗的影响　砧木对接穗的生长、结果、抗逆性和对环境的适应能力等方面，都有着重要的影响。

（1）对生长的影响。主要包括树高、枝展、干径、枝类组成、新梢生长等。有些砧木能促使树体生长高大，称为乔化砧，如八棱海棠、山定子等。有些砧木能使树体生长矮小，称为矮化砧，如M9、M26等。河北农业大学郭静（2014）等调查了SH40实生后代9个优系作中间砧对红富士苹果树体生长的影响（表3-3），结果显示不同砧木对树高、枝展、干径、枝类组成等生长指标的影响不同，优系中以178号做中间砧的树体高度最高，达3.38 m，相当于乔砧对照（红富士/八棱海棠）树体高度的92.35%，二者差异不显著，而以6号做中间砧的树体高度最矮，仅为1.96 m，仅相当于乔砧对照树体的53.55%，二者差异显著。

表3-3　SH40实生后代作中间砧对红富士树体生长的影响

砧木编号	树高（m）	枝展（cm）		干径（mm）		枝类	
		东西	南北	砧木	品种	总枝量（个）	长：中：（短＋叶丛）
2	2.09 e	1.39 ab	1.39 c	54.53 bcd	53.89 bcd	153 b	15：28：57
6	1.96 de	1.38 ab	1.46 bc	47.17 cd	45.33d	108 e	19：20：61
24	2.29 e	1.35 ab	1.35 c	43.74d	48.31 cd	120 de	22：29：49
212	2.89 bc	1.57 ab	1.77 bc	52.24 bcd	61.57 abcd	181 ab	16：6：78
28	2.86 bc	1.49 ab	2.21 ab	70.78 ab	63.99 abcd	182 ab	17：6：77
1	2.64 cd	1.48 ab	1.78 bc	59.33 bcd	56.35 abcd	164 b	22：25：53
242	3.15 abc	1.62 ab	2.10 bc	68.66 ab	70.35 ab	215 a	15：8：77
202	3.23 ab	1.61 ab	2.22 ab	67.78 abc	65.87 abcd	185 ab	21：7：72
178	3.38 ab	1.50 ab	2.23 ab	82.30 a	68.41 abc	182 ab	17：6：77
SH40	3.09 b	1.15 b	2.05 ab	53.42 bcd	62.24 abcd	142 bc	18：7：75
八棱海棠	3.66 a	1.95 a	2.92 a	70.20 ab	77.77 a	148 bc	51：9：40

河北农业大学王菲（2013）以SH38实生后代、SH40实生后代、鸡冠后代为试材，

分析了以其作砧木对嫁接红富士苹果生长的影响，认为砧木高度与接后复合体高度、粗度、新梢长度、新梢生长速度、叶片面积和叶片生长速度之间均不存在显著的相关性；砧木粗度与接后复合体的高度、粗度、新梢长度存在显著的正相关；砧木分枝数与接后复合体分枝数之间不存在显著的相关性。

（2）对结果的影响。砧木对树体进入结果期的早晚、成熟期、品质和贮藏性等都有一定影响。

①早果丰产性。早果性是砧木选择和评价的重要指标，在相同管理条件下嫁接在矮化砧和半矮化砧上的苹果开始结果早。始花年龄是评价早果性指标之一。在选择矮化砧木时应以嫁接品种后 3 年是否开花作为选择标准。丰产性也是评价砧木的核心指标之一，杨廷桢等（2012）研究了 SH1 做中间砧对苹果产量的影响，以 SH1 做中间砧嫁接的 3 年生红富士开花结果株率达 90%，5～6 年进入盛果期，每 667 m^2 产量可达 2 000 kg，与 M26 相比以 SH1 做中间砧的红富士表现出良好的早花、早果和丰产性。

②果实着色。河北农业大学研究了不同矮化中间砧 SH38、SH5、B9、M26 对红富士苹果果实着色的影响，结果表明，以 B9 为中间砧的红富士苹果果实着色最浅，按 M26、SH38、SH5 的顺序果实表面颜色逐渐加深，无论是色调级数、着色级数，还是果面光洁度级数，SH5 为中间砧的红富士苹果果实极显著优于其余的几种中间砧。

③果实大小。是评价果实外观品质的重要指标，常以果实纵横径或单果质量衡量。河北农业大学石晓英（2021）研究了冀砧 1 号、冀砧 2 号、SH40 和 2 号 4 个矮化中间砧对鲁丽苹果果实大小的影响（表 3-4），结果表明，冀砧 2 号的单果重显著高于冀砧 1 号和 2 号；2 号的果形指数显著高于冀砧 1 号，与 SH40、冀砧 2 号无显著差异。

④果实内在品质。嫁接在不同砧木上同一品种的果肉硬度、可溶性固形物含量、果实酸度等会有一定的差异。河北农业大学 2001—2002 年的研究结果表明，盛花后 148 d，中间砧为 SH5、SH38、B9、M26 上的红富士苹果果肉硬度分别为 9.11 kg/cm^2、7.87 kg/cm^2、7.58 kg/cm^2、6.82 kg/cm^2。采收时的可滴定酸含量分别为 0.39%、0.33%、0.41%、0.44%。矮化中间砧冀砧 1 号、冀砧 2 号、SH40、2 号对鲁丽苹果果实硬度、可溶性固形物含量、苹果酸含量的影响如表 3-4 所示，2 号果实硬度为 12.43 kg/cm^2，显著高于其他 3 个砧穗组合，而 SH40、冀砧 1 号和冀砧 2 号之间果实硬度差异不显著。冀砧 2 号的可溶性固形物含量和苹果酸含量显著高于 SH40 和冀砧 1 号；SH40 和冀砧 1 号的可溶性固形物含量无显著差异。

表 3-4　不同中间砧对鲁丽苹果果实品质的影响

中间砧	单果重（g）	果形指数	硬度（kg/cm^2）	可溶性固形物（%）	苹果酸（%）
SH40	171.58 ab	0.86 ab	11.50 b	15.21 b	0.27 c
冀砧 1 号	159.36 bc	0.84 b	11.15 b	15.13 b	0.34 b
冀砧 2 号	184.59 a	0.87 ab	11.52 b	15.94 a	0.42 a
2 号	147.32 c	0.90 a	12.43 a	16.11 a	0.33 b

（3）对抗逆性和适应性的影响。果树砧木多为野生或半野生的种类，具有较广泛的适

应性，表现为不同程度的抗寒、抗旱、抗涝、耐盐碱和抗病虫等特性，可提高嫁接果树的抗逆性和适应性，有利于扩大果树栽培区域。山定子原产我国东北，抗寒力极强，有些类型可抗－40 ℃以下低温，苹果嫁接在山定子上，能减轻冻害。但山定子对盐碱的抗性差，而且不耐涝，在黄河故道地区，用山定子作砧木的幼树，易患失绿病，而用海棠果、西府海棠和沙果作砧木则生长正常。用扁棱海棠和小金海棠作苹果砧木，对黄叶病抵抗能力较强，而且抗旱、抗涝。圆叶海棠和君袖苹果作苹果砧木，对苹果绵蚜有较强的抗性。

①抗寒性与抗抽条。河北农业大学马宝焜等（1999）连续多年观察不同矮化中间砧红富士苹果的抽条情况，结果表明，不同砧穗组合抽条状况不同，其中以 75－7－1、M26 抽条最为严重，其次为 75－9－5、B9 和 78－43 等，并且 B9、75－7－1、M26 连续两年发生抽条现象。SH5、SH38、SH40、SH28、Mark、CX3、77－34、CG24 等未表现抽条。植物体内束缚水与自由水比值的大小与抗寒性成正比，河北农业大学骆德新（1998）比较了不同矮化中间砧上红富士苹果幼树枝条含水量、束缚水含量、束缚水与自由水比值，结果表明，SH5、SH38、CG24 为中间砧的 3 项指标均高于 M26。

②抗旱性。河北农业大学王健强（2020）对不同中间砧红富士（天红 2 号/矮化砧木/平邑甜茶）进行抗旱性评价，结果表明，12 个苹果砧穗组合抗旱性存在较大差异，以黄 6 为中间砧的砧穗组合抗旱性强；以 244、冀砧 1 号、M9、53 号、SH40、24－5 为中间砧的砧穗组合抗旱性较强；以 ZC9－3、1 号、冀砧 2 号、181 为中间砧的砧穗组合抗旱性较弱；以 GM256 为中间砧的砧穗组合抗旱性弱。

③耐盐性。苹果的耐盐性在落叶果树中属于中等，苹果的耐盐性问题实质是砧木的耐盐性问题。河北农业大学陈艳莉（2009）对 NaCl 胁迫下苹果砧木组培苗的生理生化指标分析表明，SOD 活性、MDA 含量、叶片细胞膜透性可以作为耐盐性鉴定的指标。据文献报道，耐盐性较强的砧木有小金海棠、珠美海棠、楸子、Luo－2 等。耐盐性中等的有 M 系中的 M9、M16、M26、MM106、毛山定子、八棱海棠等。耐盐性较弱的砧木有丽江山定子、山定子、SH15、M4、M11、M27 等。

④抗病性。郭兴科等（2015）以不同砧木上接红富士苹果为试材，调查了砧木和接穗枝干轮纹病的发生情况，结果表明，随着砧木发病程度的加重，其上嫁接的红富士苹果发病率及病情指数也升高。曹振岭（2009）报道利用山定子做砧木采用低砧嫁接的（砧木高 5～10 cm）品种平均患腐烂病率 40.2%，而采用山定子超高砧木嫁接的（砧木高 100～120 cm），主干和中央领导干腐烂病的患病株树（数）降为 0，大大地延长了果树的经济寿命。

2. 接穗对砧木的影响　苹果实生砧嫁接红魁，砧木须根非常发达而直根发育很少，嫁接初笑或红绞品种，则砧木成为具有 2～3 叉深根性的直根系。用益都林檎砧嫁接祝苹果，其根系分布多，须根密度大，而嫁接青香蕉则次之，嫁接国光又次之。此外，在接穗影响下，砧木根系中的淀粉、总氮、蛋白态氮的含量，以及过氧化氢酶的活性，都有一定变化。

（三）砧木准备

1. 砧木的选择　优良的砧木应具备以下条件：①与接穗有良好的亲和力。②对接穗的生长、结果有良好的影响。③对栽培地区的环境条件适应能力强。④对病虫害的抵抗能力强。⑤易于大量繁殖。⑥具有特殊的性状，如矮化砧木。参考本章第一节砧木部分。

2. 砧木苗的繁育　见本节第二部分，砧木培育。

3. 嫁接前砧木的处理　春、秋季芽接及春季枝接的，应去除砧木近地面 10 cm 以内的分枝。嫁接前 1 周应适度灌水，以保持砧木水分和促使形成层活跃。

（四）接穗的选择、处理与贮藏

1. 采穗母树的选择　从采穗圃中，选择性状典型、生长健壮、无病虫害，尤其是不带检疫病虫和病毒病的优良植株作为采穗母树。

2. 接穗的采集与处理

（1）接穗的采集。宜选用树冠外围中上部生长充实、芽体饱满的一年生枝条（或新梢）。

（2）接穗的处理与贮藏。

①芽接。生长季芽接（或绿枝嫁接）所用接穗应剪去叶片，保留叶柄。经剪叶处理的接穗按一定数量、品种扎捆，系上品种标签，用湿麻袋或湿布包好，暂时存放在阴凉处，随接随取，如需暂时贮藏可置阴凉处，下部插于水中或埋于湿沙中。

②枝接。春季枝接所用接穗于休眠期采集，按品种打捆并系上品种标签后埋于沟内（窖内）的湿沙中（贮藏条件同种子沙藏处理）。也可放入冷库中并用塑料布密封保湿。春季嫁接时取出。

（五）嫁接时期与方法

1. 嫁接时期　只要条件具备，一年四季均可嫁接，在苹果常规育苗中春季和秋季嫁接较多，在快速育苗中可以进行冬季根接和夏季芽接。适宜的嫁接时期因地点不同、嫁接方法不同而不同。河北保定春季枝接在 3 月中下旬，春季单芽切腹接在 3 月 5 日到 3 月 25 日之间（坐地育苗），T 形芽接、嵌芽接、贴芽接在 8 月中旬至 9 月中旬，快速育苗夏季芽接在 6 月上旬至 7 月初进行贴芽接、嵌芽接、T 形芽接。

2. 嫁接方法　按照利用接穗的形式不同可分为芽接和枝接 2 种。

（1）芽接。用一个芽片作接穗的嫁接方法。主要有 T 形芽接、嵌芽接（带木质芽接）、贴芽接等。芽接具有操作方法简便，嫁接速度快，砧木和接穗利用率高，成活率高，成苗快，嫁接时间长等优点，适合于大量繁殖苗木。

①T 形芽接。砧木的切口像一个 T，故名 T 形芽接。由于芽接的芽片形状像盾形，又称盾状芽接。嫁接时期一般在夏秋季枝条离皮时进行。夏秋季节新梢生长旺盛，形成层细胞活跃，接穗皮层容易剥离，T 形芽接一般不带木质部。削取接芽时，留叶柄长 1 cm 左右，用刀从芽的下方 1.5～2 cm 处削入木质部，纵切长约 2.5 cm，再从芽的上方 1 cm 左右处横切一刀，深达木质部，纵横刀口相交，然后用手捏住接芽，取下芽片。在砧木距地面 5～10 cm 处选光滑无疤部位，用芽接刀切一 T 形伤口，深达木质部。用芽接刀刀尖挑开砧木竖刀口，将芽片插入，使芽片上方同 T 形横切口对齐，最后用塑料薄膜将接口缠紧绑严（图 3-1）。

②嵌芽接（带木质芽接）。是带木质部芽接的一种，春季和生长季节都可应用，砧木离皮与否均可进行，用途广泛、效率高、操作方便。削接穗时，选饱满芽，先从芽的上方 1.5 cm 处向下竖削一刀，深入木质部，长约 3 cm，深达木质部 1/4～1/3，然后在芽的下方稍斜横切一刀深入木质部，长约 0.6 cm，与枝条约成 45°角，取下芽片。在砧木距地面

5~10 cm处选光滑无疤部位切砧木，砧木切口的削法与接芽相同，但比接芽稍长。将接芽嵌入砧木切口，形成层一侧对齐，缠紧绑严（图3-2）。春季嫁接时，用塑料条缠绑，露出接芽，接后随即剪砧，以利接芽萌发；用地膜缠绑，接芽上覆单层，接芽萌芽后可自行拱出。秋季嫁接时用塑料条缠绑，不露接芽，20 d后解除绑缚，或第二年春季剪砧前解绑。

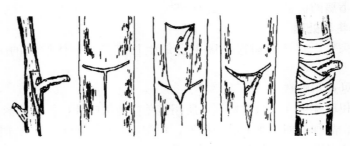

图3-1　T形芽接

图3-2　嵌芽接

（引自马宝焜等编著《图解果树嫁接》）

　　③贴芽接。贴芽接是对嵌芽接的改进，方法更简单，速度更快。该法具有成活率高，嫁接速度快，简单易学等优点。嫁接过程中，一刀削接芽，一刀削砧木，贴芽绑缚，嫁接过程，只需2刀（嵌芽接需要4刀），嫁接效率提高1/3以上。从未进行嫁接操作的人，一般1~2 h即可学会，当天就可熟练掌握。具体方法是在接穗上选饱满芽，在芽上1 cm左右向下削一刀，深0.2~0.3 cm，向前平推，经过芽体后向上挑起，削下接芽。在砧木嫁接部位选一光滑面，用芽接刀由下向上，由深而浅轻削一刀，削到顶端时改变用力方向，向怀里削，削下木质，削成长2.5~3 cm，深2~3 mm的嫁接口，应比芽片略大；并把接芽贴在砧木上，使接芽与砧木的形成层一侧对齐，用塑料条绑严扎紧。春季一般20 d左右、夏季一般12~13 d可剪砧解绑，秋季嫁接后20 d解绑或第2年春季解绑。

　　（2）枝接。是用一段枝条作接穗进行嫁接，包括劈接、腹接、单芽腹接、切接等方法。枝接的优点是成活率高，嫁接苗生长快。但用接穗多，砧木要求粗，嫁接时间受一定限制。

　　①切接。在砧木断面偏一侧垂直切开，插入接穗的嫁接方法。适用于比较细的砧木。接穗长5~8 cm，留2~3个芽削成两个削面，长削面长3 cm左右，在其对面削1个1 cm短削面。先将砧木于近地面树皮平滑处剪断，再在砧木断面的1/4~1/3处，用切接刀垂

直切开长 3～4 cm 的切口，其切口位置随砧木的粗度而定，较细的砧木，切口靠中央，较粗的靠边。切口外边薄一些，对接穗的夹力较小，接穗插入后，与砧木容易接触紧密，有利成活。

　　将接穗大削面向里轻轻插入砧木切口，使接穗与砧木的形成层对齐，如不能两侧对齐，则要一侧对齐。最后用塑料薄膜将接口缠紧绑严（图 3-3）。

　　②劈接。从砧木断面垂直劈开，在劈口处插入接穗的嫁接方法。劈接接穗削面长，与砧木形成层接触面大，成活后愈合牢固。一般嫁接时间在春季萌芽前，生长季也可以进行绿枝劈接。嫁接时将砧木距地面 5～10 cm 顺直无疤处平剪平茬，在砧木中间剪一个垂直剪口，长 3 cm 左右。接穗长 5～10 cm。在接穗下部两侧各削 1 个长 3～4 cm 的削面。将接穗插入砧木剪口，露出接穗伤口 0.5 cm 左右（露白），使接穗的形成层和砧木的形成层对齐，如果砧木和接穗粗度不一致，应使一侧对齐，然后用塑料薄膜将接口缠紧绑严（图 3-4）。

图 3-3　切　接

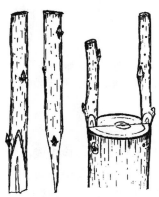

图 3-4　劈　接

（引自马宝焜等编著《图解果树嫁接》）

　　③腹接、单芽腹接。腹接是在砧木一侧向下斜切一刀，将接穗插于接口的嫁接方法。腹接的接口接触面大，接触紧密，操作简便，成活率高，能够嫁接的时间长，粗细砧木都

可嫁接，广泛应用于苗木培育。腹接削接穗和切砧木均可用剪枝剪操作，不仅操作迅速，而且容易掌握。腹接接穗有 2～3 个芽，长 5～10 cm，嫁接时先把接穗下端两侧剪成略不平行的斜面，两斜面一长一短，长斜面一般长 2～3 cm，短斜面 1.5 cm 左右，剪出的接穗一边略厚，一边略薄。然后将砧木斜剪平茬，从断面的顶端斜剪（与砧木呈 30°角）一剪口，深 2～3 cm，将接穗插入剪口，略厚的一侧与砧木形成层对齐，用塑料薄膜将接口缠紧绑严（图 3-5）。

单芽腹接嫁接方法与腹接相同，只是接穗长 3 cm 左右，只有一个饱满芽，缠绑时用 12 cm 宽的地膜，接穗不用蘸蜡。单芽腹接嫁接速度快、节省接穗、成活率高，是我国目前春季枝接广泛应用的嫁接方法。单芽腹接只需要一把剪枝剪，2～3 人 1 组，1～2 人嫁接，1 人绑缚，分工合作，速度非常快。嫁接时在接穗枝条上选一个饱满芽，在芽下用剪枝剪将其两面剪成长 2～3 cm 的斜面，有芽的侧面稍厚，无芽的侧面稍薄，在接芽上部 0.5～1 cm 处剪断，接穗长 3 cm 左右。剪砧木时在砧木距地面 5～10 cm 处斜剪平茬，在斜剪口顶端用修枝剪斜剪一个长 2.5～3 cm 的剪口。然后将接穗插入砧木剪口，接穗稍厚的一面（带有芽的一面）向外，稍薄的一面向内，使砧木与接穗的形成层对齐。用厚 0.006 mm、宽 12 cm 的农用地膜，从上向下盖住接穗和砧木，然后缠紧绑严，在芽眼处只封一层，其他处可以多缠几道。由于接芽单层包扎，接芽萌发后会自行拱破薄膜，幼苗期无须解除绑缚。

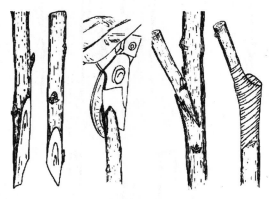

图 3-5　腹　接

（引自马宝焜等编著《图解果树嫁接》）

（六）嫁接后的管理

1. 芽接苗的管理

（1）检查成活和补接。嫁接后 10～15 d，检查成活情况，对未接活的及时补接，补接时期不可过晚，砧穗形成层活动停止，砧穗皮层不易剥离，接后不易成活。

（2）解绑。通常芽接后 2～3 周即可解绑，嫁接时期较晚，可于次年春季与剪砧一同进行。

（3）剪砧及补接。通常在第 2 年春季萌芽前进行剪砧，为培育当年成苗的速生苗，早期夏季芽接的应在接后 7～10 d 剪砧，以促进接芽尽早萌发生长。在接芽上方 0.5 cm 处剪砧，剪口要平滑，并稍向接芽对面倾斜。越冬后接芽未成活的，春季可用枝接法进行补接。

（4）除萌。剪砧后，接芽萌发的同时，砧木上的芽也容易萌发，形成大量的萌蘗，需及时除去，并且要多次、反复进行，以免影响接芽生长。

（5）立支柱。在风大地区要对芽接苗立支柱。一般新梢长到 20～30 cm 时，紧贴砧木立一小支柱，将新梢绑在支柱上，立支柱可使苗木生长直立，并防止被风吹断。

（6）综合管理。主要包括施肥灌水、中耕除草、病虫害防控等内容。

（7）培土防寒。冬季严寒、干旱地区，对抗寒性较差的品种，为防止接芽受冻或抽条，在封冻前应用土对接口进行培埋，培土以超过接芽 6～10 cm 为宜。春季萌芽前及时扒开培土，露出接芽，以免影响接芽的萌发。

2. 枝接苗的管理

（1）除萌抹芽。苗木萌芽后，砧木上会发出萌蘗，应及时抹除，以减少营养消耗，促进接穗生长。一般萌蘗长 3～5 cm 时开始除萌抹芽，每隔 20 d 左右抹芽 1 次，连抹 3～4 次。

（2）补接。发现接穗未成活时尽早补接。

（3）立支柱。接穗进入旺盛生长后，枝叶量大，易遭风折，在风大地区，当新梢长到 30 cm 左右时应立（绑）支柱加以保护。

（4）解绑。枝接苗接穗新梢长 50 cm 以上，嫁接口完全愈合后，应及时去除塑料条。去除过早，砧穗结合不牢固，去除过晚产生缢痕，不利于苗木生长。解绑适宜时间一般在嫁接后 1.5～2 个月。

（5）综合管理。与上述芽接苗管理相同。

四、矮化砧苹果苗的培育

（一）矮化中间砧苹果苗培育

通过播种苹果属植物种子繁育成实生苗，在实生苗上先嫁接矮化砧后再嫁接苹果品种育成的苗木称为矮化中间砧苹果苗。矮化中间砧苗分为 3 段，最基部的实生苗为基砧，基砧上嫁接矮化砧，此段矮化砧即为中间砧，或称矮化中间砧，长度一般为 20～30 cm。中间砧上嫁接苹果品种，苹果品种抽枝成苗即为矮化中间砧苹果苗。培育矮化中间砧苹果苗，主要有以下 3 种方法。

1. 单芽嫁接　第 1 年春播普通砧木种子，得到实生苗，秋季或第 2 年春季在砧苗距地面 5～8 cm 处芽接或单芽腹接矮化砧。第 2 年得到矮化砧苗，秋季或第 3 年春季在中间砧长度 20～35 cm 的地方芽接或单芽腹接苹果品种（图 3-6）。第 3 年秋后育成矮化中间砧苹果苗。

2. 分段芽接　也叫枝、芽结合接法，然后剪下带有品种接芽的矮化砧段，再将其嫁接在基砧上。具体做法通常如下：第 1 年春播普通砧木种子，得到实生苗，秋季芽接矮化砧；第 2 年秋季，在矮化砧苗上每隔 30～40 cm 分段芽接苹果品种芽片；第 3 年春季留最下部一个品种芽剪砧，剪下的枝条从每个品种芽上部分段剪截，每段枝条顶端有一个成活的品种接芽，将其枝接在培育好的普通基砧上，秋季成苗出圃（图 3-7）。如有现成的矮化中间砧苗，按照上述步骤的第 2 年秋季开始操作即可。分段芽接只能在生产圃中进行，不能在砧木扩繁圃或母本保存圃中嫁接。

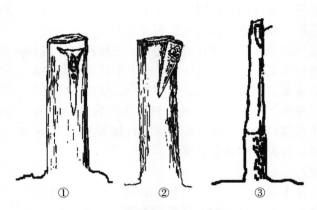

图 3-6　单芽嫁接培育矮化中间砧苗

①第 1 年秋季在实生砧上芽接矮化砧；②或者第 2 年春季在实生砧上枝接矮化砧；③第 2 年秋季在矮化砧上芽接苹果品种

（引自马宝焜等编著《图解果树嫁接》）

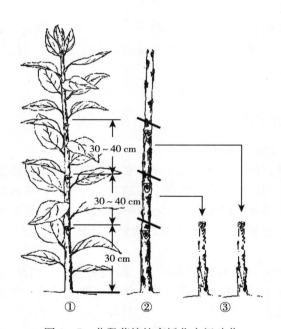

图 3-7　分段芽接培育矮化中间砧苗

①秋季在矮化中间砧苗上，每隔一定距离，芽接 1 个品种芽；②第二年春季，将矮化中间砧苗剪成段，每段有 1 个苹果接芽；③将带有接芽的枝段分别枝接在实生砧木上

（引自马宝焜等编著《图解果树嫁接》）

3. 二重枝接　第 1 年春播普通砧木种子，得到实生苗，第 2 年早春将苹果品种接穗枝接在 20～30 cm 矮化中间砧茎段上，然后将这一茎段枝接在普通砧木上，称之为二重枝接。这种方法在较好的肥水条件下，当年便可获得质量较好的矮化中间砧苹果苗（图 3-8）。采用二重枝接时对中间砧段保湿非常重要，可把带有苹果品种接穗的中间

砧段，在95～100 ℃的石蜡液中浸蘸一下再接，并用塑料薄膜包严接口，基部培土少许；少量繁殖苗木时也可将带有苹果品种接穗的中间砧茎段，事先用塑料薄膜缠严，再嫁接到普通砧木上，品种萌发后，要逐渐去除包扎的薄膜，到新梢长5～10 cm时全部除去。

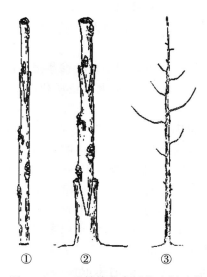

图3-8 二重枝接培育矮化中间砧苗

①将苹果品种枝接在矮化中间砧枝段上；②将接有苹果品种的矮化中间砧枝段嫁接在实生砧上；③秋季出圃

（引自马宝焜等编著《图解果树嫁接》）

嫁接的具体方法和接后管理方法见本节的嫁接繁殖。

（二）矮化自根砧苹果苗培育

在矮化自根砧木上嫁接苹果品种繁育而成的苹果苗就是矮化自根砧苹果苗。矮化自根砧苹果苗个体间差异小，整齐一致，建园园貌整齐，结果早，产量高，品质好。世界苹果生产较为发达的国家（如美国、法国、意大利）广泛应用矮化自根砧苹果苗建园。

1. 砧木的培育 采用压条、扦插和组织培养等营养繁殖方法繁殖矮化自根砧木，方法见本节无性系砧木的培育。

2. 嫁接与接后管理 选择生长健壮、生根良好的矮化自根砧苗，按照一定株行距归圃移栽到苗木生产圃中，栽植密度一般为行距40～50 cm，株距20～25 cm。经培育后在砧苗距地面15～20 cm处进行芽接或枝接苹果品种，嫁接与接后管理见本节第二部分嫁接与接后管理。

五、带分枝大苗培育

带分枝大苗一般是指在苗圃地连续培育2～4年，并按一定的树形要求进行定干、整形，甚至将苗木培育形成花芽后再定植的苗木。美国康奈尔大学提出，带分枝大苗质量要求基部干径在1.6 cm以上，苗高2 m以上，在合适的分枝部位（距地面80 cm以上）有10个以上的分枝，长度在40～50 cm，主根健壮，侧根多，大多数长度超过20 cm，毛细根密集，无病虫害。与普通苗建园相比，使用带分枝大苗建园，更适宜矮化密植，整形修剪更容易，果园整齐度高，结果早，见效快，减少幼龄果园管理费用，可实现栽后第 2 年结果、第 3～4 年丰产。

（一）露地苗培育

选择肥沃土地建立苗圃，加强肥水管理是繁育优质带分枝大苗的基础。培育带分枝大苗，可以利用半成品苗培育 1 年生大苗，也可以利用成品苗培育 2 年生大苗。

1. 利用半成品苗培育

（1）苗木选择。根据苗木需求，可以利用夏秋季芽接的优质矮化自根砧或矮化中间砧半成品苗，也可以利用未嫁接的矮化自根砧木苗或矮化中间砧木苗，栽植后采用枝接法嫁接。

（2）育苗密度。对苗木质量影响很大，育苗密度过大很难繁育出优质大苗，但育苗密度过低，会影响经济效益。美国康奈尔大学研究表明，苗圃中以 M9 做砧木嫁接乔纳金和 Golster 品种培育带分枝大苗，育苗密度以株距 45～60 cm，行距 70～100 cm，每 667 m² 留苗 1 111～2 117 株效果最好。以行株距 70 cm×45 cm，每 667 m² 栽植 2 100 株最经济。在美国，为便于机械操作，一般行距为 1 m，株距为 30～45 cm。

（3）栽植。苗木处理、栽植时期、栽植方法可以参考本章第三节建园部分。

（4）除萌。及时除去砧木芽萌发的萌蘖，并且要多次、反复进行。

（5）促发分枝。苗高达到 80～100 cm 时采取措施促发分枝。促进苗木分枝一般有机械方法（摘叶扭梢）和化学方法（喷施或涂抹生长调节剂）2 种。

①机械方法（摘叶扭梢）。苗高 80～100 cm 时开始摘叶扭梢，摘除新梢顶端 4～5 个叶片，并将新梢顶端扭伤，促进摘叶部位萌芽生枝；以后新梢每长长 25～30 cm 处理 1 次，一直到 7 月下旬处理结束。

②化学方法。常用以下几种方法：

喷施生长调节剂 6-苄基腺嘌呤（6-BA）或普洛马林（6-BA 与赤霉素或 GA$_{4+7}$）。苹果苗木高 80～100 cm 时，对生长点喷施 6-苄基腺嘌呤（6-BA）或普洛马林 500 mg/L 溶液，2 周 1 次，连喷 4～5 次，对大多数苹果品种都能非常有效地促进发枝。第 1 次喷药前，将苗木 80 cm 以下自然发生的分枝从基部疏除，80 cm 以上的侧生枝基部留一芽重短截，使其重新发枝。

涂抹抽枝宝。苗高 100 cm 以上时，自苗木 80 cm 向上用抽枝宝涂抹嫩芽，促进萌发成枝，隔 2 芽涂抹 1 芽，涂抹到新梢顶端 20 cm 处，每 2 周涂 1 次，从 6 月上中旬一直涂到 7 月下旬。

喷施生长调节剂与涂抹抽枝宝或摘叶扭梢相结合。喷施生长调节剂发枝不理想时，用抽枝宝在缺枝部位涂抹嫩芽抽枝补空。

王焱淼等（2014c）进行了不同时期、不同处理促发苗木分枝试验，结果表明（表 3-5），3 个时期的 4 种处理均能显著提高苹果苗的总分枝数、大于 5 cm 分枝数及分枝长度，多数处理提高了苗高、干径，以 7 月 2 日涂抹苹果整形 1 号对促进分枝的总体效果最好，3 个处理时期比较，以 7 月 2 日的处理效果较好。

表 3-5　不同处理对苹果苗分枝的影响

处理编号	处理时间	处理方法	总分枝数（个）	大于 5 cm 分枝数（个）	分枝长度（cm）	苗高（cm）	干径（mm）
1	6月17日	摘心＋摘叶	2.4 cd	2.3 de	50.2 abc	178.3 ab	11.1 bcd
2	6月17日	摘心	1.7 d	1.7 e	42.4 bcd	181.5 ab	10.7 cde
3	6月17日	喷施苹果整形2号	3.4 bc	3.2 bcd	49.4 abc	178.7 ab	12.5 a
4	6月17日	涂抹苹果整形1号	5.2 a	4.3 a	57.6 a	170.8 abc	12.6 a
5	7月2日	摘心＋摘叶	2.4 cd	2.4 de	37.7 cd	154.4 d	9.8 e
6	7月2日	摘心	2.5 cd	2.5 cde	53.5 ab	161.8 cd	12.0 ab
7	7月2日	喷施苹果整形2号	3.9 b	3.8 ab	40.4 cd	171.4 abc	11.7 abc
8	7月2日	涂抹苹果整形1号	5.2 a	3.3 abcd	54.6 ab	184.4 a	12.5 a
9	7月17日	摘心＋摘叶	4.2 ab	4.0 ab	33.4 d	166.1 bcd	11.2 bc
10	7月17日	摘心	2.5 cd	2.5 cde	40.4 cd	174.1 abc	11.7 abc
11	7月17日	喷施苹果整形2号	4.4 ab	3.5 abc	31.3 d	178.0 ab	11.6 abc
12	7月17日	涂抹苹果整形1号	5.3 a	3.7 ab	40.0 cd	167.8 ab	12.0 ab
13		CK	0.4 e	0.4 f	10.7 e	166.0 bcd	10.0 de

注：采用 Duncan 多重比较法，小写英文字母表示在 0.05 水平上差异显著。

（6）综合管理。主要包括施肥灌水、中耕除草、病虫害防控等内容，同常规苗圃管理。

2. 利用成品苗培育

（1）苗木选择。根据苗木需求，选择矮化自根砧成品苗或矮化中间砧成品苗，苗木质量要求苗高 1.5～2 m、苗木干径 1.0～1.5 cm、无病虫害、无机械损伤、嫁接部位愈合良好，整形带有 10 个以上饱满芽、根系发达的一级苗。

（2）育苗密度、栽植。同上述利用半成品苗培育。尽量带土现挖现栽，缩短缓苗期。

（3）定干。在 100～120 cm 饱满芽处定干。

（4）刻芽。栽植后至萌芽前，在剪口第 5 个芽以下、地面 60 cm 以上进行刻芽，每株刻芽 6～10 个。也可用抽枝宝点芽。

（5）抹芽。萌芽后及时抹除 60 cm 以下萌发的芽。去除中央领导干延长枝下的竞争枝。

（6）拉枝。定植当年，新梢长到 20 cm 时，拉枝开角。

（7）促发分枝。中央领导干延长枝达到 60～80 cm 时，采取措施促发分枝。方法同利用半成品苗培育。

（二）容器大苗培育

苹果容器大苗是指在特定容器内精细化培育成的苹果大苗，即采用 1～2 年生裸根苗在容器中培养 1～3 年，培育成符合定植要求的大规格苗木，具备基本树形结构，配备一定数量的分枝，具有苗木质量优、栽植成活率高、缓苗期短、生长快等优点，较常规定植的普通苗木提早进入盛果期，实现早果丰产。

1. 容器材质及规格　目前生产中可采用的苹果育苗容器主要包括陶制容器、无纺布袋和控根容器等。李英娟等（2021）试验认为，直径 35 cm，高 50 cm 的控根容器效果较好。刘畅（2017）研究认为，直径为 60 cm，高度为 40 cm 的容器规格，最适宜苹果大苗的生长。刘淼等（2021）试验认为，直径为 25 cm、高 20 cm 的无纺布容器袋即可满足要求，培育 1 年苗可选择厚度为 25 g/m² 容器袋，培育 2 年苗可选择厚度为 35 g/m² 的容器袋。

2. 育苗地选择与整理　选择地势相对平坦、水肥条件好、交通便利、通风透光的地点作为育苗地，忌重茬地。最好选在有苹果容器大苗需求的种植基地附近，以减少运输成本、提高栽植成活率。按照设计的行距挖种植沟，宽度 40～50 cm，深度 35 cm。育苗土可采用园土：菌棒：腐熟生物有机肥 10：5：1 的比例配置，充分搅拌均匀，备用。

3. 苗木质量要求　苗高 1.5～2 m、苗木干径 1.0～1.5 cm、无病虫害、无机械损伤、嫁接部位愈合良好，整形带有 10 个以上饱满芽、根系发达的一级苗。

4. 栽植时间　一般在春季土壤解冻后苗木发芽前或秋季落叶后至土壤结冻前栽植。

5. 栽植密度　株距 0.5 m，行距 1～1.2 m。

6. 栽植方法　苗木栽植前将苗木根系浸泡 24 h，最好用杀菌剂进行蘸根处理，按照容器袋规格修剪过长或受伤的主根。栽植时将苗木根系植入容器袋后装满营养土并压实，摆放到种植沟内埋土，埋土深度高于容器袋 5 cm 左右。当天不能完成栽植的树苗应注意存放。

7. 栽植后的管理

（1）定干。高度约 1.2 m；对带分枝的苹果苗清干处理，60 cm 以上整形带内抬剪留撅 1～2 cm 成马蹄状剪口，60 cm 以下不需要发枝部位不留撅，剪成平剪口，修剪后涂抹愈合剂。

（2）刻芽。定植后至萌芽前，在剪口第 5 个芽以下、地面 60 cm 以上进行刻芽，每隔 5～6 cm 刻 1 个芽，每株刻芽 6～10 个。也可用抽枝宝点芽。

（3）水分管理。栽植后及时用大水浇透，每隔 5～7 d 浇 1 次水，连浇 3 次透水。苗木发芽后，保水保肥性差的地块每隔 7～10 d 浇水 1 次，保水保肥性较好的地块 10～15 d 浇水 1 次。为了降低浇水用工成本，提高栽植成活率和苗木整齐度，提倡安装水肥一体化灌溉设施，地表铺黑色地膜以节省除草用工、提高地温、保持土壤墒情。

（4）施肥。分枝长度达到 10 cm 左右结合浇水追施速效氮肥，每次每 667 m² 10 kg 左右。每 10～15 d 追施 1 次，连续追肥 5～6 次，到 8 月为止。结合病虫害防治添加叶面肥，8 月前使用 0.3％尿素＋5％氨基酸叶面肥，10～15 d 喷施 1 次，加速苗木生长；8 月后使用 1～2 次 0.3％磷酸二氢钾，促进枝条充实。

（5）病虫害防控。栽植后加强对枝干病害如腐烂病、干腐病、轮纹病等的防治，一旦发病，使用轮纹终结者 1 号、腐轮 4 号涂抹树干，涂抹高度约 60 cm。虫害主要有红蜘蛛、蚜虫、卷叶蛾、舟形毛虫、苹果蠹蛾、苹小食心虫、大青叶蝉等，使用螺螨酯、哒螨灵、吡虫啉、啶虫脒、高效氯氰菊酯、甲维盐、阿维高氯等药剂防治。

（6）树形管理。新梢长度达到 20～25 cm 时，选留顶端优势强、粗壮、直立的新梢作为中央领导干延长枝，疏除竞争枝，保证中央领导干延长枝的生长优势。其余新梢拉枝开角，与中央领导干的基角 90°左右；6—7 月对发枝数量不足、偏冠、缺枝、鸡毛掸子树点抽枝宝，促发新枝，确保分枝分布均匀，足量发枝。培养 1 年后，分枝数量可达 10 条以上，干径 2.5～3 cm。

六、病毒脱除与检测

苹果脱毒苗指经检测脱除国家规定的 6 种病毒即苹果茎痘病毒（ASPV）、苹果茎沟病毒（ASGV）、苹果褪绿叶斑病毒（ACLSV）、苹果锈果类病毒（ASSVd）、苹果花叶病毒（APMV）、苹果绿皱果病毒（ADF）的苹果苗。

（一）繁育脱毒苗的意义

果树病毒是指能够侵染果树发病，导致果树生长结果不良的病毒和类菌原体。近年来新建苹果园病毒病发生较普遍，并且锈果病发病率有逐年上升的趋势，个别重发园花脸型锈果病病株率达到 30％以上，花叶病病株率达到 50％以上。被病毒侵染的苹果树枝条发芽率降低，生长量减少，花芽分化少，产量降低，减产率一般为 20％，严重的减产 70％～90％，果实品质下降，甚至不能食用，树势衰弱，直至树体死亡。河北农业大学郭超（2014）以带锈果类病毒母株上的八棱海棠果实和种子为试材，运用 RT - PCR 技术进行锈果类病毒检测，结果表明，八棱海棠果皮、果肉、种子以及种胚均不同程度携带苹果锈果类病毒，其带毒率分别为 96.0％、96.0％、52.0％和 4.0％。

苹果一旦感染病毒，一般即终身带毒，且病毒量逐年增加，目前尚没有化学药剂能有效预防病毒病的发生。栽植脱毒苗木是防治果树病毒病危害的有效途径。实践表明，繁育脱毒苗木，建立脱毒果园，树势健壮，单位面积产量高，果实品质好，经济效益明显提高。

（二）脱毒方法

病毒脱除是繁育脱毒苗木的基础。采用热处理、茎尖培养等方法，能够成功脱除多种病毒，其中二者结合效果更好。

1. 热处理脱毒法

（1）脱毒材料准备。于 4 月中旬，从待脱毒品种植株上剪取接穗，采用切接法嫁接在盆栽实生砧苗上，每品种 10～15 盆。

（2）热处理。翌年 2 月上中旬将待脱毒盆栽苗移入温室，从地面以上 20 cm 剪截留 3～5 个饱满芽。同时将盆栽砧木移入温室，使其萌动生长。待脱毒苗萌动长出幼叶后，移入恒温热处理箱内，将温度控制在 28～30 ℃。3～5 d 后待盆栽苗长出 3～5 片新叶时，将温度调至（37±1）℃，进行热处理并开始计时。

（3）嫩梢嫁接。热处理 28 d 后，从抽发的新梢顶端，切取 1.0～1.5 cm 的嫩梢，采用劈接或皮下嫁接法嫁接在预先准备好的盆栽实生砧木上，用塑料薄膜包扎，并套上白色透明塑料袋保湿，放阴凉处，2 周后取下塑料袋，约 10 d 后再移入温室内有阳光处，待长出 3～5 片新叶后移到室外锻炼 10～15 d，即可移入苗圃，按正常苗进行管理。

（4）病毒检测。于 6 月上旬采取脱毒苗新叶进行病毒检测，确认无指定病毒后，可作为无病毒原种母树，繁殖无病毒苗木。

试管苗也可用于热处理脱毒。将经转接新培养基后开始生长的试管苗置于 37～40 ℃恒温培养室中，培养 3～4 周后剪取长出的新茎尖，继续培养，有一定生长量后进行病毒检测，选定无病毒原种。

2. 茎尖培养脱毒法 从母株上截取 2～3 cm 生长正常的新梢顶端，消毒灭菌后在解剖镜下切取 0.1～0.2 mm 大小的茎尖，接种在培养基上。茎尖培养脱毒率的高低主要取决于切取茎尖的大小，茎尖大于 0.2 mm 难以脱除病毒，茎尖愈小，脱毒率愈高，但茎尖愈小，愈不易培养成活，并增加了发生变异的可能性。

3. 热处理结合茎尖培养脱毒法 茎尖培养脱毒所取茎尖愈小脱毒效率愈高，但过小又影响成活率，热处理可以将茎尖的无病毒区扩大至 2～5 mm，热处理后茎尖大小可切到 1 mm 左右，易分化出苗，在理论上可减少变异后代的发生率，而且省去了热处理后嫩梢嫁接环节。尤其适用于单独热处理或茎尖培养难以脱除的病毒，如 ASGV 等病毒。

具体做法是：将盆栽苗进行热处理 3～5 周后，剪取在处理中长出的新枝茎尖约 1 mm，接种于培养基上，培养出苗后进行病毒检测。用盆栽苗进行热处理和茎尖培养相结合的方法存在耗工费时等问题，完成一个脱毒过程和检测需 3～4 年。

以试管苗为材料进行热处理，所用设备简单方便，不受季节限制，可在室内进行，并可利用较少的空间处理较多的材料。河北农业大学李玲（2008）、郭超（2014）先后对预培养时间和培养条件（光/暗培养）等进行了优化，具体方法为切取继代苗 1 cm 新梢接种于继代培养基上，在 24 ℃下暗培养 2 d 后，置于 38 ℃光照培养 8 h/32 ℃16 h 变温暗 16 h 条件下培养 30 d，切取长度大于 1 cm 的新梢的 2 mm 左右的茎尖进行继代培养，有一定生长量后进行病毒检测。河北农业大学晏娜（2009）研究认为，不同的苹果品种和砧木组培苗耐热性不同。王林、乔纳金、嘎拉、金冠、珠美海棠、P22 的耐热性最强；GM256、弘前、SH 系耐热性最差；惠民短枝富士、浓红富士、天红 1 号、B9、M9、P59、77‑34、天红 2 号、Jazz 的耐热性居中。在相同处理条件下不同苹果基因型脱毒率存在差异。惠民短枝富士、SH17、M9、GM256、弘前脱毒率最高，77‑34、P59、P22、天红 1 号次之，乔纳金、SH40、SH38、浓红富士的脱毒率最低。另外不同病毒种类脱除的难易程度也存有差异，ACLSV 最容易脱除，ASGV 最难脱除，ASPV 居中。

4. 茎尖嫁接 也称微体嫁接，是在无菌条件下，切取 0.1～0.2 mm 的微小茎尖作接穗（常经过热处理之后采），在解剖镜下嫁接于无病毒幼嫩组培砧木苗上，培养成无病毒植株。目前苹果微体嫁接主要用来快速繁育无毒苗木，多用在一些难生根的品种，通过容易生根的砧木组培后，再以茎尖嫁接。

5. 应用抗病毒剂 抗病毒剂可抑制病毒的复制和扩散，常常与组织培养相结合，即先获得待脱毒样品的组培苗，然后在继代培养基中加入化学抑制物质，培养一定时间后，取茎尖在无化学抑制剂的培养基上培养，经病毒检测，保留无病毒的单株。

现已报道的抗病毒剂有嘌呤或嘧啶类物质、氨基酸、细胞分裂素或植物生长素、抗生素及一些中药材等。据报道，在 MS 培养基中加入病毒醚（10 mg/L），暗培养 40 d 后，取 2 mm 茎尖培养，适用于大多数苹果砧木脱毒。八棱海棠种子，用 2%氢氧化钠浸种 20～30 min，病毒脱除效果好且对种子萌发力影响较小。河北农业大学乔雪华等（2013）采用 80 ℃的热水、10%的磷酸三钠溶液、1%高锰酸钾溶液和 2%的氢氧化钠溶液浸种 30 min，结果表明，热水处理对脱除苹果茎沟病毒无效，高锰酸钾和磷酸三钠脱毒效率为 42%，氢氧化钠脱毒效率为 82%。郭超（2014）用 2%氢氧化钠溶液浸泡八棱海棠种子

10 min、15 min、20 min，种子的病毒检出率均为 0，但后代实生苗的带毒率分别为 2.5%、1.3%和 0。

无论采取哪种脱毒方法获得的脱毒材料，都必须进行病毒检测，确保将病毒脱除后，才可作为脱毒原种母本树，用来繁育苹果脱毒苗木。

（三）苹果病毒的检测方法

病毒的检测是研究和确认苹果树的病毒病害，特别是潜隐性病毒病害，确定和获得脱毒材料的重要技术环节。常用的苹果病毒检测方法主要有以下几种。

1. 指示植物法　绝大多数病毒类病害的病原物具有特定的寄主范围。其中，有的寄主植物对特定的病原物十分敏感，受感染后，很快表现明显、特定的症状，这种寄主植物就被用作该病毒的指示植物，又称鉴别寄主。鉴定和检测苹果褪绿叶斑病毒、苹果茎痘病毒和苹果茎沟病毒可分别采用苏俄苹果（Russia 12740 - 7A）、光辉（R65 - 76 Radiant）和弗吉尼亚小苹果（Virginia crabk - 6）这 3 种木本指示植物。病毒接种到指示植物上的方法有汁液摩擦接种法、嫁接接种法、昆虫传毒鉴定法等。

指示植物法鉴定的优点是鉴定条件简单，不需要仪器，操作方便，结果准确可靠、直观、灵敏度较高，目前仍是国际上通用的一种传统的、经典的检测方法，该方法的缺点是所需时间较长，占用土地较多，费用较高，病毒需要累积到一定量才能表现出症状，检测速度慢。

2. 血清学鉴定法　利用抗原和其在机体内刺激产生的特异性抗体相结合产生的沉淀反应来进行病毒检测鉴定的方法，包括沉淀反应、凝集反应、荧光抗体法、单克隆抗体测定法、酶联免疫吸附测定法、免疫电镜等。

3. 电镜检查法　通过电镜在病毒的超薄切片或部分纯化的病毒悬浮液中，直接观察、检查出有无病毒存在，并可得知有关病毒颗粒的大小、形状和结构。其优点是快速直观、灵敏度很高。但电镜检测法所需设备昂贵；制备样品需选取病毒浓度较高的组织，而果树病毒浓度低且分布不均匀；操作者需要一定的病毒形态结构的基础知识和操作技能；电镜检测工作量相对集中，不适合多个样本处理，因此电镜检查法在苹果病毒检测中应用较少。

4. 分子生物学法　通过检测病毒核酸来证实病毒的存在。由于是从核酸水平检测病毒，所以比血清学方法的灵敏度更高，可检测到 pg 级甚至 fg 级，并且特异性更强，检测病毒的范围更广，对各种病毒、类病毒都可以检测，并且可以进行大批量的样本检测（Vera，et al.，1996）。目前常用聚合酶链式反应（PCR - Polymerase Chain Reaction）进行苹果病毒检测，包括反转录聚合酶链式反应（RT - PCR）、实时荧光定量 PCR（FQ - PCR）技术等。苹果潜隐性病毒的分子生物学检测方法多用 RT - PCR 检测。

河北农业大学陈红霞等（2012）以携带苹果茎沟病毒（ASGV）、苹果褪绿叶斑病毒（ACLSV）和苹果茎痘病毒（ASPV）的成龄苹果树韧皮部为试材，用多重 RT - PCR 体系，快速检测苹果潜隐性病毒，根据基因库中苹果茎痘病毒的外壳蛋白基因序列，设计合成了 2 对特异性引物，分别与合成的苹果茎沟病毒引物和苹果褪绿叶斑病毒的引物组合，筛选出最佳的引物对组合。对 cDNA 的合成所用引物和总 RNA 模板进行遴选和量化，对 PCR 过程中 cDNA 的用量、引物对的终浓度、退火温度等主要影响因素进行优化，建立了快速检测苹果潜隐性病毒的两步多重 RT - PCR 体系，反转录引物为 Oligo（dT）18、总 RNA0.1～3.0 μL；最佳引物组合为 ASPV - FR 与 ASGV - Pch、ACLSV - Pch，cDNA用量为 2.0～4.0 μL、扩增循环数为 35。

秦子禹（2015）根据 ASPV、ACLSV 外壳蛋白基因的保守序列分别设计了特异性引物和 TaqMan 探针，通过制备 cRNA 标准品构建标准曲线，建立了 ASPV、ACLSV 基于 TaqMan 探针的实时荧光定量 RT - PCR 检测方法。整个 PCR 检测过程只需在 Bio - Rad iQ™5 荧光定量 PCR 仪上进行 1 h 左右，检测结果直接由电脑软件得出，无须进行 PCR 后处理和分析，检测灵敏度分别为 131 copies/μL 和 100 copies/μL，比常规 RT - PCR 高 1 000 倍。同样建立的 ASGV 检测方法检测灵敏度为 10 copies/μL，比常规 RT - PCR 高 1 000倍。

5. 酶联免疫与 PCR 结合（PCR - ELISA）　该方法是将 PCR 和 ELISA 结合起来的一种新的检测方法，它是在液态条件下，将已经免疫酶化的 PCR 扩增产物用酶联免疫分析仪进行读数并分析结果，而不需要进行电泳分析。这种高灵敏的鉴定方法已经用于诊断苹果茎沟病毒。

七、苗木出圃

（一）起苗与分级

1. 起苗时期　生产上大致可分为秋季和春季两个起苗时期。

（1）秋季起苗。在苗木开始落叶至土壤结冻前进行。秋季起苗既可避免冬季苗木在田间受冻及鼠兔和家畜危害，又有利于根系伤口的愈合，结合苗圃秋耕作业，还有利于土壤改良和消灭病虫害。在冬季温暖的地区，秋季起苗后可以及时栽植；在冬季严寒地区，需要将起出的苗木先行假植越冬，翌年春季萌芽以前栽植。

（2）春季起苗。在土壤解冻后至苗木萌芽前进行。春季起苗可省去假植或贮藏等工序，但在冬季严寒地区，因存在越冬失水抽条或冻害的风险，不宜春季起苗。

2. 起苗方法　起苗可分为人工起苗和机械起苗两种。目前，生产中小型苗圃主要靠人工起苗，一些大型专业化苗圃已经开始实行机械起苗。

（1）人工起苗。先在行间靠苗木的一侧，距苗木 25 cm 左右处顺行开沟，再在沟壁下侧挖斜槽，并根据起苗的深度切断根系，然后把铁锹插入苗木的另一侧，将苗木推倒在沟中，即可取出苗木。

（2）机械起苗。该方法是实现苗木高标准生产的重要措施之一。机械起苗不但能有效保证起苗的根系质量、规格一致，而且大大提高起苗效率，节省劳力。刘俊峰根据矮化中间砧成品苹果苗出圃的技术要求，设计了 L 形起苗铲的苹果成品苗起苗机，在起苗深度 317.5 mm、工作幅宽 650 mm、作业速度 1.11 m/s 的条件下作业，所起苗木根系完整，苗木皮层无损伤。目前国内使用的多数是悬挂式起苗机。起苗机起苗后的捡苗、分级和包装等工序一般还需要由人工完成。针对现有苹果苗木出圃时遇到的起苗与清土作业不规范及人工参与作业多的问题，河北农业大学霍鹏等（2020）设计了苹果苗木出圃的振摆式起苗清土一体机，可一次性实现起苗、运苗、清土等一系列作业工序，完成起苗作业。

3. 起苗注意事项　为了保证苗木的质量，除了合理选择起苗方法和按操作要求进行起苗外，还应注意以下事项：

（1）起苗前，视土壤墒情适度灌水，以保持土壤潮湿和疏松，不仅起苗省力，而且能避免损伤过多的须根。

（2）在苗木起挖和运输过程中，不要损伤苗干，尤其要注意保护圃内整形苗木上的侧生分枝。

（3）苗木挖起后，不可长时间裸露存放，尤其北方寒冷地区不可裸根过夜，最好随挖随运随栽（假植），如挖起的苗木不能及时运出或假植，必须进行覆盖保温、保湿。

（4）起苗应避开大风天气，使用的工具一定要刃口锋利。

4. 苗木分级

为了保证出圃苗木质量，提高苗木栽植成活率和定植后苗木生长整齐度，便于苗木的包装和运输，苗木起出后，要进行分级。分级时应根据苗木规格要求进行，不合格的苗木应留在苗圃内继续培养。分级总的要求是砧木、品种纯正，地上部健壮充实，根系发达，嫁接部位愈合良好。苹果苗木分级参照 GB 9847—2003 执行（表 3-6）。

表 3-6　苹果苗木等级规格指标（GB 9847—2003）

项目		等级		
		一级	二级	三级
基本要求		品种和砧木类型纯正，无检疫对象和严重病虫害，无冻害和明显的机械损伤，侧根分布均匀舒展、须根多，接合部和砧桩剪口愈合良好，根和茎无干缩皱皮		
粗度≥0.3 cm，长度≥20 cm 的侧根（非矮化自根砧）		≥5	≥4	≥3
粗度≥0.2 cm，长度≥20 cm 的侧根（矮化自根苗砧）		≥10		
根砧长度（cm）	乔化砧苹果苗	≤5		
	矮化中间砧苹果苗	≤5		
	矮化自根砧苹果苗	15～20，但同一批苹果苗木变幅不得超过 5		
中间砧长度（cm）		20～30，但同一批苹果苗木变幅不得超过 5		
苗木高度（cm）		≥120	100～120	80～100
苗木粗度（cm）	乔化砧苹果苗	≥1.2	≥1.0	≥0.8
	矮化中间砧苹果苗	≥1.2	≥1.0	≥0.8
	矮化自根砧苹果苗	≥1.0	≥0.8	≥0.6
倾斜度（°）		≤15		
整形带内饱满芽数（个）		≥10	≥8	≥6

（二）苗木检疫

苗木检疫是在苗木调运中，国家以法律手段和行政措施，禁止或限制危险性病、虫、杂草等有害生物人为传播蔓延的一项国家制度。

1. 检疫对象　是我国对检疫性有害生物的习惯叫法，我国植物检疫法规中所提的检疫对象，是指经国家有关植检部门科学审定、并明文规定，要采取检疫措施禁止传入的某些植物病、虫、杂草。目前列入植物检疫对象的苹果病虫害有：苹果小吉丁虫、苹果绵蚜、苹果蠹蛾、苹果黑星病、苹果锈果病。

2. 苗木检疫的途径

（1）产地检疫。主要是指植检人员对申请检疫的单位或个人的种子、苗木等繁殖材料，在原产地所进行的检查、检验和除害处理，以及根据检查和处理结果作出的评审意见。经产地检疫确认没有检疫对象和应检病虫的种子、苗木或其他繁殖材料，发给产地检疫合格证，在调运时不再进行检疫，而凭产地检疫合格证直接换取植物检疫证书；不合格者，不能作种用外调。

（2）调运检疫。也称为关卡检疫，主要是指对种苗等繁殖材料以及其他应检物品，在调离原产地之前、调运途中以及到达新的种植地之后，根据国家和地方政府颁布的检疫法规，由植检人员对其进行的检疫检验和验后处理。

产地检疫能有效地为调运检疫减少疫情，调运检疫又促使一些生产者主动采取产地检疫。

检疫时如发现检疫对象，应及时划出疫区，封锁苗木，并及时采取措施就地进行消毒、熏蒸、灭菌，以扑灭检疫对象。对未发现检疫对象的苗木，应发放检疫证书，准予运输。

（三）苗木的消毒、包装和运输

1. 苗木的消毒

（1）药剂浸渍或喷洒。苗木消毒常用的药剂可分为杀菌剂和杀虫剂两类。常用杀菌剂有石灰硫黄合剂、波尔多液、代森锌、甲基硫菌灵、多菌灵等。例如，起苗后或栽植前可用 3～5 波美度石硫合剂，或 1：1：100 波尔多液喷洒，或浸苗 5～10 min，进行苗木消毒。杀虫剂的种类较多，主要有硫黄制剂、石油乳剂、除虫菊酯类、有机氯及有机磷杀虫剂等。在使用时，可根据除治对象进行选择。

（2）药剂熏蒸。在密闭的条件下，利用熏蒸药剂汽化后的有毒气体，杀灭病菌和害虫，是当前苗木消毒最常用的方法之一。熏蒸剂的种类很多，常用的有溴甲烷（MB）、氢氰酸（HCN）。此外杀菌烟雾剂可选用 45％百菌清、15％克菌灵等。杀虫烟雾剂可选用 10％异丙威烟雾剂、异丙威等。

2. 苗木的包装和运输

（1）苗木的包装。短距离运输苗木，一般只进行简单包装保湿。苗木根部蘸泥浆，装车后用一层草帘等湿润物覆盖，再用塑料布和苫布密封保湿即可。长距离调运苗木，应进行细致包装。包装材料一般以价廉、质轻、坚韧并能吸水保湿，而又不易迅速霉烂、发热、破散者为好，如草帘、草袋、蒲包、谷草束等。填充物可用碎稻草、锯末、苔藓等。绑缚材料可用草绳、麻绳等。用草帘将根包住，其内加湿润的填充物，包裹之后用湿草绳或麻绳捆绑。每包苗木的株数依苗木大小而定，一般为 20～50 株。包装好后挂上标签，注明树种、品种、砧木、质量等级、数量、苗木质量检验证书编号、产地和生产单位等。

（2）苗木的运输。尽量选用速度快的运输工具以缩短运输时间。运输途中要勤检查包装内的温度和湿度，如温度过高，要把包装打开通风，并更换填充物；如湿度不够，可适当喷水。苗木到达目的地后，要立即将苗木进行假植，并充分浇水；如因运输时间长，苗木过分失水时，应先将苗木根部在清水中浸泡一昼夜后再行假植。

（四）苗木的假植和贮藏

1. 苗木的假植　苗木挖起后定植前，为了防止因过分失水，影响苗木质量，而将其根部及中下部枝干用湿润的土壤或河沙进行暂时的埋植处理称为假植。分为临时假植和越冬假植。因苗木不能及时外运或栽植而进行的短期埋植护根处理，称临时假植。因其时间较短，也称短期假植。苗木挖起后，进行埋植越冬，翌年春季外运或定植的假植，称越冬假植，也称为长期假植。

（1）地点选择。应选择背风庇荫、排水良好、不低洼积水也不过于干燥的地点，尽量接近苗圃干道。

（2）临时假植方法。临时假植可挖浅沟，一般深宽各为 50～60 cm，将苗木成束排列在沟壁上，再用湿润的土壤将其根部及植株下部 1/3～1/4 埋在地面以下即可。

（3）越冬假植方法。假植沟的深度依苗木大小而定，沟深一般为 80～100 cm，沟宽 100～150 cm，沟长视苗木数量而定。最好与主风方向垂直开沟，沟的迎风面一侧削成 45°斜壁，把苗木单株或成小捆排在假植沟内，苗梢向南，根部均以湿润清洁的河沙或沙土填充，覆土到苗高的 2/3 左右，干寒地区最好将苗木全部埋入土中，以免发生冻害和抽条。沟面应覆土高出地面 10～15 cm，并整平以利排水。假植时应分次分层覆土，以便使根系和土壤充分密接。土壤干燥时，还应适量浇水，以免根系受冻或干旱。

（4）假植注意事项。假植苗应按不同品种、砧木、级别等分开假植，严防混乱。苗木假植完成后，对假植沟应编顺序号，并插立标牌，写明树种、品种、砧木、级别、数量、假植日期等，同时还要绘制假植图，以便于标牌遗失时查对。在假植区的周围，应设置排水沟排除雨水及雪水，同时还应注意预防鼠害。

（5）预防冻害和抽条。在严寒地区假植苗木，防冻作业是保护假植苗木安全越冬的一项必备措施。常用的防冻方法有埋土防冻、风障防冻、覆草防冻以及地窖、室内和塑料大棚防冻等。具体操作时，可根据各地气候、苗木特性选择使用。SH 系中间砧抗寒性及抗旱性优于 M7、M9、M26、JM7 等中间砧，越冬能力强。但生产中冬季休眠期假植的 SH40 中间砧苹果苗木春季土壤解冻后也出现中间砧段率先开始失水褶皱，随后整株失水现象。河北农业大学张丹等（2015）研究认为，根系蒸腾是导致中间砧段率先失水褶皱的主要原因，因此 SH40 中间砧苹果苗木应重点对根系做好保护措施，可进行根部沾泥浆或者用接近泥浆的土覆盖根系，保证根系与土壤接触紧实，防止失水。

2. 苗木的贮藏　苗木贮藏是为了更好地保证苗木安全越冬，推迟苗木的发芽期，延长栽植或销售的时间。苗木贮藏的条件，要求控制低温在 0～3 ℃，最高不超过 5 ℃；空气相对湿度为 70%～90%；要有通气设备。可利用冷藏室、冷藏库、冰窖、地下室和地窖等进行贮藏。

目前，国外大型苗圃和种苗批发商，多采用冷藏库贮藏苗木。出售时用冷藏车运输，至零售商时再栽入容器中于露地进行培养，待恢复生机后，带容器销售。

第三节　高标准建园

苹果为多年生植物，栽植后一般要在园地生长、结果多年，因此园地条件及建园规划、建园技术等对苹果生产都有重要影响。本节主要介绍园地选择和规划、栽植技术及栽后管理等内容。

一、园地选择和规划

建立果园须贯彻"以粮为纲，全面发展"的方针，坚持"果树上山、下滩，不与粮棉争地"的原则，向山地、丘陵地和沙荒地发展。园地合理规划不仅可以提高生产效率，而且也有利于果园机械化和防灾减灾。

（一）园地选择

首先要了解土地属性与政策，切不可违规违法种植果树。在土地属性与政策允许的前提下，果树园地的选择常以气候、交通、土壤、水源、社会经济条件为依据。其中首先考虑的是气候条件，对苹果生长发育起主导作用的气候条件是气温，其次是降水、日照及风等。交通条件主要影响果园所需生产资料的运进和所生产果品的运出，从而直接影响果园的经济效益。其他还要考虑到产地的空气、水质、土壤未受到污染、远离污染源等。

1. 地形 适宜栽植苹果的地形包括平地、山地、丘陵地、高原等。山区建园园址应选择在背风向阳、光照充足、地势平坦、能灌能排、坡度在20°以下的区域。

2. 土壤 土层深厚，排水良好，酸碱度适宜，保肥保水能力强，有机质丰富，是栽植苹果的理想土壤。一般要求土层深度1 m以上，地下水位在1～1.5 m以下，土壤有机质含量1.5%以上，土壤氧气浓度为10%～15%，酸碱度（pH）5.4～6.8，总盐量低于0.28%，土壤质地以沙壤土为最佳。

3. 温度 气温是影响苹果生长发育的重要生态条件之一，我国苹果适宜区年平均气温在8.0～14 ℃之间，最佳适宜区为8.5～12 ℃之间。冬季最冷月（1月）平均气温一般不低于−14 ℃，也不高于7 ℃，极端低温不低于−27 ℃。生长期一般平均气温应达到13.5～18.5 ℃。在生长期内，不同时期对温度的要求有所不同：如开花期适温为15～25 ℃，气温过低，易使苹果花果受冻；芽萌动期−8 ℃持续6 h以上，花芽受冻；花蕾期遇−4～−2.8 ℃低温，花蕾受冻；开花期−1.7～2.2 ℃时，雌蕊受冻；幼果期−1.1～2.5 ℃时，幼果受冻。近年来，生长季高温热害时有发生，河北农业大学田佳（2021）在夏季高温时期对苹果叶片进行了热害症状实时调查，并通过模拟高温的方法，确定和验证了不同苹果品种叶片耐热阈值，中秋王和鲁丽苹果叶片的热害指数较低，表现出了较好的耐热性，王林、富士、嘎拉苹果叶片的耐热阈值温度分别为41 ℃、43 ℃、44 ℃。

4. 光照 苹果是喜光性较强的树种，一般要求年日照时数不低于2 000～2 500 h，8—9月不能少于300 h，树冠内自然光入射率应在50%以上，透光率20%左右。日照时数多、光照强、光质好，苹果树长势缓，易成花，坐果多，果实发育、着色好，含糖量高，风味浓，硬度大，耐贮运。

5. 水分 苹果喜欢较干燥气候，适宜年降水量在560～800 mm，土壤水分达到田间最大持水量的60%～80%较为适宜。我国主要苹果产区降水量年中各月分布不均，特别是华北地区，降水量主要集中在7—9月，易出现早春干旱和秋涝现象。因此，选择园地时要做到涝能排，旱能灌。

6. 风　2～3级微风，有利于果园空气流通，增强光合作用，减轻病害发生，同时也有利于有益昆虫活动，提高授粉效果。但花期遇大风、风沙天气，影响授粉、受精。果实套袋后和成熟前遇大风、风沙天气，常会导致大量落果。建园时，尽量选择大风和风沙小的地块，或建设防护林带。矮化苹果树特别是自根砧苹果树，由于根系固地性较差，在地形选择时应注意不要选在风口区，以防受损。

7. 生物　调查园地生物组成，包括植物种类、群落类型以及病虫害状况等，特别是园地周边与苹果病虫危害共生的侧柏等植物，防止建园后病虫交叉危害。

（二）园地规划

园地规划的主要内容包括小区规划、道路系统、排灌系统、防护林的营造、附属建筑的规划等。

1. 小区规划　为了便于生产管理，果园常划分为若干个生产小区，小区的划分要根据园地实际情况来确定。

（1）小区面积。因立地条件而不同。平原果园或气候、土壤条件较为一致的园地，每个小区面积可设置为 $8～12\ hm^2$，山区与丘陵地形复杂，气候、土壤差异较大，小区面积应小，可缩小到 $1～2\ hm^2$。

（2）栽植行向。苹果园适宜长方形定植，以南北行向为好。山坡地可采用等高线栽植或与地块长边平行确定行向，尽量使同一行果树定植点保持水平一致。

（3）株行距。主要考虑立地条件、砧穗组合、树形、机械化程度和管理水平等因素。与平地果园相比，山地果园株行距可适当小些，密度稍大；不同树形所适应的株行距也有差异，自由纺锤形比细长纺锤形和高纺锤形要求株行距大；机械化程度高的果园行距要大。为实现早果早丰，采用矮化苗木细长纺锤形整形，株行距 $(1.5～2)\ m×4\ m$，每 $667\ m^2$ 定植 83～111株。采用矮化苗木高纺锤形整形，株行距 $(1～1.5)\ m×(3.5～4)\ m$，每 $667\ m^2$ 定植 111～190株。

（4）品种选择。优良的品种是生产优质苹果的基础。建园应做到良种化，应选用品质优良、抗逆性强、早果、丰产的品种，充分考虑当地的气候和立地条件、面向的消费群体和饮食习惯、市场情况等，确定最优的栽培品种或品种组合。未经区域试验、生产试验的一些新品种应慎重选用。品种与砧木特点详见本章第一节品种与砧木部分。

（5）授粉树配置。苹果为异花授粉植物，需配置授粉树。适宜的授粉品种应具备的条件为：适应当地的气候条件，经济价值高，与主栽品种结果年龄、开花期、树体寿命等方面相近，花期长，花粉量大，萌发率高，与主栽品种能相互授粉。如栽植乔纳金、陆奥等三倍体品种时，需配置2个既能给三倍体品种授粉，又能相互授粉的品种。授粉树的配置方式一般在平地果园以不等行配置为主，每3～4行配置1行授粉树；在山地果园可采取中心式配置，即在1株授粉树周围栽植8株主栽品种。

近些年，中国引进多种苹果专用授粉品种（*Malus* sp.），其中包括：

凯尔斯海棠（*M. Kelsy*）：北美品种，树冠如苹果树大小，圆而开张，干棕红色，新叶红色，密生茸毛，老叶绿色；在山东花期为4月中下旬，花深粉红色，半重瓣，美丽异常；抗病，抗旱，耐瘠薄。

火焰海棠（*M. Flame*）：小乔木，高 4.5～6 m，冠幅 4.5 m，树皮黄绿色，叶椭圆形，叶片先端渐尖，叶缘有细锯齿；花蕾粉红色，花瓣白色，花期为 4 月中下旬（山东），每序 4 花；该品种由美国明尼苏达大学培育，适合在中国北方推广。

绚丽海棠（*M. Radiant*）：北美品种，观花落叶小乔木，树冠如苹果树大小，树冠紧密，干棕红色，小枝暗紫；花期为 4 月下旬（山东），花深粉红色，繁而艳，果亮红色，鲜艳夺目，6 月就红艳如火，直到隆冬；抗病，抗旱，耐瘠薄。

红丽海棠（*M. Red splender*）：树势强，树姿直立半开张，主干黄绿色，树皮呈块状剥落，枝条密；萌芽率高，成枝力强，腋花芽多；新梢停长期晚，落叶晚，营养生长期长；初花期为 4 月 7 日，盛花期为 4 月 17 日，终花期为 4 月 24 日（山东）。自花结实率较高，连续结实力强。花朵坐果率 85.4％，大小年程度轻。抗逆性强，果实着色早且鲜艳，花萼宿存，综合观赏价值较高。

钻石海棠（*M. Sparkler*）：树姿开展，干红色，树高 4.5 m，冠幅 6 m，新叶紫红色，长椭圆形，锯齿浅，先端急尖；花期为 4 月中下旬（山东），玫瑰红色，着花繁密，开花极为繁茂，花色艳丽，且非常适应中国干燥的北方环境。

红绣球海棠（*M. Red hydrangea*）：从美国引进的海棠类新品种，树体健壮，紧凑；叶片长椭圆形，浅绿色，4 月上旬进入初花期，盛花期在 4 月 20 日前后（山东莱州），花期持续 2 周以上，盛花期基本与红富士、嘎拉、新红星和王林等栽培品种相一致。

雪球海棠（*M. Snowdrift*）：北美品种，系观花落叶小乔木，树冠如苹果树大小；花期为 4 月下旬（山东），花蕾粉色，繁而亮丽，花开为白色，状如雪片，姿态优美；抗病，抗旱，耐瘠薄。

经山东省果树研究所应用研究，早熟品种珊夏、嘎拉、藤木 1 号等，可选择凯尔斯海棠、火焰海棠做授粉树；中熟品种红星、乔纳金、金冠、红将军等，可选择绚丽海棠、红丽海棠、钻石海棠做授粉树；晚熟品种富士、粉红女士、澳洲青苹等，可选择雪球海棠、红绣球海棠做授粉树。专用授粉树的配置一般采用中心式，与主栽品种可按（15～20）：1 的比例配置。

2. 道路和附属建筑规划

（1）道路系统。道路的规划要适应果园机械化管理、农资和果品运输的要求，观光采摘园还要考虑观光采摘路线规划。道路系统包括主路、干路和支路。主路位置适中，要连接园内各条干路并与公路相连，宽度 4～5 m，干路宽 2～4 m，干路多设为小区的边界线。支路宽 1.5～2 m，为小区内作业道路。

（2）附属建筑物。果园附属建筑物包括办公室、财务室、车辆库、工具室、肥料农药库、包装场、配药场、果品贮藏库及加工厂等，应设在交通便利和有利于作业的地方。在干路旁，每两个相邻的小区建一处管理用房，兼顾农具、农资、包装场地等用途，并设配药池。

3. 排灌系统规划 果园要有良好的排灌系统，做到旱能灌、涝能排。

（1）灌溉系统。果园附近一定要有水源，如水库、河流、堰塘等，没有水源要修建足够的蓄水池并采取节水栽培技术。干渠和支渠是果园两大输水、配水系统。丘陵、山地选在分水岭地带设置干渠，一般干渠的适宜比降在 0.1％左右，支渠的比降在 0.2％左右。根据果园划分小区的布局和方向，结合道路规划，以渠与路平行为好。山地果园设计灌溉渠应考虑结合灌溉系统，排灌兼用。建议采用滴灌系统灌溉。滴灌干管直径 80 mm 左右，埋入地下 60～70 cm，支管直径一般为 40 mm 左右，埋 50～60 cm。滴灌管带直径约 10 mm。

（2）排水系统。排水系统包括明沟排水与暗沟排水。明沟排水是在地表间隔一定距离顺行挖一定深、宽的沟进行排水。由小区内行间集水沟、小区间支沟和果园干沟 3 个部分组成，比降一般为 0.1%～0.3%。在地下水位高的低洼地或盐碱地可采用深沟高畦的方法，使集水沟与灌水沟的位置、方向一致。暗沟排水是通过地下排水管道排水，具有不占用果园行间土地、且不影响机械化作业等优点，但暗沟排水系统的修筑需要较多的人力、物力和财力。暗管埋设深度一般为地面下 0.8～1.5 m，间距 10～30 m。铺设的比降为 0.3%～0.6%，注意在排水干管的出口处设立保护设施，保证排水畅通。

4. 防护林规划　中、大型苹果园设置防护林是提高苹果产量和品质的一个重要措施。防风林栽植在果园四周、沟谷两边或分水岭上，由高大的乔木和灌木树种组成，要求生长迅速、寿命长、适应当地环境、根蘖少、与苹果树没有共同的病虫害、材质好的乔木树种。大型果园要设主林带和副林带，主林带与当地风向垂直或成 20°～30° 的偏角，采用半透风林带，栽植 4～8 行，主林带的距离 200～400 m。副林带是辅助主林带阻拦来自其他方向的风，与主林带垂直，副林带的距离 500～800 m。

二、栽植技术

（一）整地

1. 土壤改良　栽前要做好土壤改良，调整好土壤酸碱度，改善土壤理化性质。

（1）瘠薄土壤。通过秸秆粉碎还田、增施有机肥，达到疏松土壤、改善土壤理化性质、提高土壤有机质含量的目的。对坡度较大、水土流失严重、土层较薄、土壤较贫瘠的山地采用水平沟或水平阶的方法，并进行客土，土层厚度达到 60 cm 以上，然后再通过秸秆粉碎还田、增施有机肥，达到疏松土壤、改善土壤理化性质、提高土壤肥力，一般每 667 m² 施有机肥 15～20 t。坡度小、土层厚的山地不要坡改梯，提高土壤肥力后即可栽植，可比坡改梯提高土地利用率 30%。

（2）黏土、沙土。对于重黏土、重沙土和沙砾土应进行黏土掺沙，沙土、沙砾土掺塘泥、河泥或重黏土，以改良土壤结构，在有条件的情况下，每 667 m² 黏土掺沙 20～30 t，每 667 m² 沙土、沙砾土施用河泥、塘泥 4～10 t，再通过秸秆粉碎还田、增施有机肥，达到疏松土壤、改善土壤理化性质、提高土壤肥力的目的。

（3）盐碱土。含盐量及 pH 较高土壤，会使苹果树发生生理性障碍，出现叶片黄化和缺素症，需加以改良。通常采用以下办法：① 多施有机肥和酸性肥料（过磷酸钙、硫酸钾等），对碱性土壤进行调节；② 建立排灌系统，定期引淡水灌溉，进行灌水洗盐，以降低盐碱含量；③ 地面铺沙、盖草或腐殖质土，以防止盐碱上升；④ 营造防护林，种植绿肥植物，降低风速，减少水分蒸发，防止返碱。

2. 整地方式　主要有沟状整地、穴状整地两种方式，密植园建议采用沟状整地。春季栽植时以上一年的秋季整地为宜，秋季栽植时以雨季整地为宜。

（1）沟状整地。沟深 60～80 cm，宽 60 cm 左右。挖沟时将地表熟土与下层的底土分开堆放。沟挖好后，回填时在沟底部填充厚 20 cm 左右粉碎的秸秆、稻草等有机物，增加土壤有机质，并混入少量氮肥促进秸秆腐烂。在秸秆上填压底土与有机肥的混合物。再在其上添加有机肥与表层熟土的混合物直至填平，后灌透水沉实，以备栽植。要求每 667 m² 施入 4～6 m³ 腐熟的羊粪、牛粪等有机肥。还可采用简便的定植沟整地方法，挖沟前每 667 m² 施入 6～10 m³ 腐熟的羊粪、牛粪等有机肥。将有机肥覆在欲挖的定植沟上，然后用机械进行开沟，随开沟随填埋，并将有机肥与土壤混匀，整平，灌透水沉实，以备栽植。

（2）穴状整地。穴深 60～80 cm，直径 60 cm 左右。其他操作方法同沟状整地。

无论采用哪种整地方式，有机肥与土壤要混合均匀，避免栽树时根系与有机肥直接接触。

（二）栽植时期

1. 春季栽植　在土壤解冻后到萌芽前进行。栽植时间不宜过早，以当地苹果芽萌动前最为适宜。与秋栽苗相比，春栽苗缓苗期长，发芽迟，生长慢。但冬季寒冷易抽条地区宜采用春栽。

2. 秋季栽植　秋季气温低而地温高，有利于根系愈合。冬季寒冷地区，采用秋栽方法，注意冬季对苗木保护，特别要防止冻害、抽条以及兔害等。

（1）早秋带叶栽植。一般在 9 月上旬至 10 月上旬进行。自育苗木或苗圃地距离很近或果园缺株补植，可采用此方式。注意挖苗时少伤根、多带土，随挖随栽。选阴雨天或雨前定植为好，否则会影响成活率。

（2）落叶后到土壤冻结前栽植。这时由于土壤温度较高，墒情较好，栽后根系伤口容易愈合，有利于根系恢复和发生新根。一般栽植成活率高，缓苗期短，萌芽早，生长快。

河北农业大学王涛等（2017）以天红 2 号/SH40/八棱海棠为试材，研究了不同栽植时期对苗木成活及生长的影响，结果显示（表 3-7），秋季尤其是 11 月 15 日前栽植，苗木萌芽较早，中央领导干延长枝生长量大、新梢数多。

表 3-7　不同栽植时期对苗木生长的影响

栽植时间（年-月-日）	成活率（%）	萌芽时间（月-日）	品种干径增长量（mm）	分枝数（个）	中央领导干延长枝长度（cm）
2015-10-31	100 a	4-3	9.89 a	13.0	140.6 a
2015-11-15	100 a	4-3	8.60 a	12.2	128.4 b
2015-12-5	98.85 ab	4-5	9.25 a	11.8	117.8 c
2016-3-12	100 a	4-5	9.00 a	10.5	106.3 d
2016-3-27	100 a	4-8	9.25 a	10.0	118.8 c
2016-4-7	93.30 b	4-12	5.98 b	5.9	109.1 cd

（三）苗木选择与处理

1. 苗木选择

苗木类型。苹果苗木依砧木不同可分为乔化砧苗木、矮化自根砧苗木和矮化中间砧苗木。为实现早期丰产，应采用矮化砧苗木。生产中应用的矮化砧木主要有 M26、M9T337、SH40、SH6、GM256 等。各地在选择矮化砧木时，要结合当地气候条件、土壤类型及以往矮砧适应性表现，合理选择适宜当地条件的矮化砧木及砧穗组合。应该对砧木的耐旱性、耐寒性、易成花性等进行全面评价，冬季极端最低气温、早春风寒情况、年降水量及灌溉条件等是必须考虑的因素。选择砧穗组合应在充分考虑适应性的基础上，树体容易成花、较早结果是重点指标。国家苹果产业技术体系 2014 年建议，选择 M 系砧木地区极端气温应在−25～−23 ℃以内；延安、太原、邢台以北地区，可以选用容易成花的 SH 系砧木；东北寒冷地区可以选用 GM256 与寒富的砧穗组合。

选择一级苗木建园，栽植前，按苗木品种、粗度、高度进行分级。栽植时将同级苗木按行或小区定植，以提高果园整齐度，便于生产管理。

除此之外，还可选择带分枝大苗建园，大苗建园可实现当年栽树翌年结果、成活率高、抗逆性强、园相整齐，比传统建园提早结果 1～2 年，为苹果早果丰产高标准建园打好基础。

2. 苗木处理

（1）苗木假植。苗木购回后，首先应进行假植，防止苗木风干。具体假植方法详见本章第二节苗木出圃部分。

（2）清水浸泡。栽前须将苗木根部置于清水中浸泡 24～48 h，同时梢部喷水以促进苗木充分吸水，保证苗木成活率。为促进根系生长及发育，水中可加入生根粉或发根素，具体量或浓度参考其使用说明即可。

（3）根系处理。将苗木骨干根剪留 20～25 cm，疏除伤残根，伤口剪到健康部位。栽植前用生根粉蘸根，及时栽植，减少根系暴露时间。

（4）嫁接口处理。剪除嫁接口处的干桩，并用杀菌药剂及时涂抹处理；若嫁接时的绑缚材料未去除的此时应去除。

（5）分枝处理。对于普通苗，剪除全部分枝。对于带分枝大苗，剪除粗度大于中央领导干 1/3 的分枝以及劈伤枝。剪除时注意剪口抬剪。

（四）栽植方法

1. 挖定植穴　按照规划的株行距挖好定植穴，做到横平竖直，栽树不必挖大坑。乔砧和矮化自根砧苗木，定植穴深度 20 cm 左右。矮化中间砧苗木，不起垄栽培的果园定植穴深度 40 cm 左右，起垄栽培的果园定植穴深度 20 cm 左右。

2. 栽植　先拉好定植线，确定定植点。将苗放入定植穴内，舒展根系，扶正苗干，使其纵横成行，边填土、边提苗，并用脚踏实，使根系与土壤密切接触。

3. 栽植深度　矮化自根砧苗木，以在地面上保留 5～10 cm 矮化砧为宜。对于矮化中间砧苗木，不起垄栽培的果园栽植深度埋到中间砧 1/2～2/3 处，起垄栽培的果园定植时苗木基砧与中间砧嫁接口与地表相平，以后起垄埋到中间砧 1/2～2/3 处。矮化砧苗木的品种部分不能埋入地下，否则品种段生根，失去矮化砧的作用。矮化砧木地上留的过高，不利于果树前期生长，树冠成形慢，果园产量上升慢，抗性减弱；地上留的过低，矮化作用小，果树营养生长旺盛，推迟挂果，后期树冠控制较难。

三、栽后管理

（一）树体管理

1. 定干 定干高度依苗木质量和所采用树形而定，一般在 100~120 cm 饱满芽处定干，若苗木质量高，定干高度可以提高到 150~180 cm。同一块果园尽量定干高度一致，以增加果园整齐度。对高度不足或者是整形带内没有饱满芽的苗木，在饱满芽处短截，等长到目标高度时，于次年春季萌芽前二次定干。

河北农业大学李中勇等（2019）研究了定干高度对天红 2 号/SH40/八棱海棠幼树生长发育的影响，提出当苗木干径＞1.4 cm 时，建议立地条件好、管理水平比较高的地区可采用 121~140 cm 高度定干，而立地条件稍差、管理水平一般的地区可采用 101~120 cm 高度定干。

2. 刻芽 定植后至萌芽前，在剪口第 5 个芽以下、地面 60 cm 以上进行刻芽，每株刻芽 6~10 个。有条件的可用抽枝宝点芽。

3. 套塑料筒套 半成品地上部剪砧后、成品苗定干后用塑料筒套将苗木整株套严，塑料筒套中部和基部缚 2 条细绳或胶带，防苗木失水和病虫危害。根据发芽情况，新梢长至 3~5 cm 时，先把筒套顶端剪开，再在筒套下端剪一开口，使筒套内空气上下及内外流通。2~3 d 后，在无风或微风的傍晚去袋。

4. 抹芽 萌芽后及时抹除 60 cm 以下萌发的芽。去除中央领导干延长枝下的竞争枝。

5. 拉枝 定植当年，新梢长到 20~30 cm 时，拉枝开角。矮砧密植园枝条角度保持在 90°~120°。

6. 立支架 利用矮化砧苗木建立的果园，树体易出现偏斜和吹劈现象，须立支架保护。一般 10~15 m 间距设立一个镀锌钢管（直径 6~8 cm）或水泥桩（10 cm×12 cm），地下埋 70 cm，架高 3.5~4.0 m，均匀设 4~5 道直径 2.2 mm 钢丝，最低一道丝距地面 0.8 m。每行架端部安装地锚固定和拉直钢丝（向外斜 15°左右）。选用高度在 4.0 m、直径 2.0 cm 左右的竹竿作为支柱，埋入地下 50 cm，每株立 1 个竹竿，定植苗绑缚在竹竿上。中央领导干随生长随绑缚，保持中央领导干通直强壮。

（二）土肥水管理

1. 地膜覆盖 栽植后纵横斜成行，并立即灌水，待水渗后用少量土盖住苗基部缝隙。新栽幼树树盘覆膜，经济实惠效果好，覆膜可提高树盘表层土壤温度 2~4 ℃，提高土壤水分 5%左右。

2. 行间生草 果园建立后，行间间作农作物将对树体造成不利影响，建议采用生草制。当杂草高度达到 40 cm 左右时进行刈割。1 年刈割 4~5 次。浇冻水前，行间用旋耕机中耕，避免冬季火灾的发生。

3. 灌水与追肥 及时充足的水分对果树苗木成活、生长发育至关重要，栽后必须立即浇透定植水，保证开始灌溉时间不超过栽植后 4 h，定植水后要随时监测土壤水分状况，及时灌水，以保证成活率。在 5 月中旬，以氮肥为主进行追肥，每 667 m² 施尿素 5 kg，施肥后浇水。6 月中旬，每 667 m² 施尿素 10 kg，施肥后浇水。10 月中旬，每 667 m² 施磷酸二铵 30 kg，施肥后浇水。11 月下旬，浇封冻水。在防治病虫害的同时进行叶面喷肥，前期以氮肥为主，后期以磷钾肥为主。

4. 起垄与平沟　起垄可以改善土壤物理性状，干旱时减少果园水分蒸发，降雨时有利于排水，减少内涝危害。起垄栽培的果园定植时苗木基砧与中间砧的嫁接口与地表相平，起垄时沿苹果树行向，以树干为中心，中间高，两边低，呈梯形或弧形，起垄宽度100～150 cm，高度15～20 cm。不起垄栽培的果园定植时苗木基砧与中间砧的嫁接口低于地表10 cm左右，秋季需要将沟填平，正好将苗木矮化中间砧埋入地下10～15 cm。

（三）树体保护

1. 病虫害防控　以防治蚜虫、卷叶蛾、红蜘蛛、潜叶蛾等害虫和苹果早期落叶病等为主，喷施吡虫啉、甲维盐、阿维螺螨酯、代森锰锌等药剂。

2. 树干涂白　越接近地表温度变化幅度越大，易出现冻害或日灼，而造成树干损伤。树干涂（喷）白，能保护树体安全越冬。建议晚秋、早春用防冻液或自制涂白剂分两次喷白、涂白。配方：生石灰∶石硫合剂∶食盐∶油脂∶水＝6∶1∶1∶少许∶20。

◆ **主要参考文献**

白海霞，史大卫，高彦，2006. 苹果 M26、M7 自根苗的繁育技术 [J]. 山西果树（2）：20-21.

曹振岭，2009. 山丁子超高砧木嫁接苹果抗寒抗腐烂病研究 [J]. 北方园艺（9）：142-143.

陈海江，2010. 果树苗木繁育 [M]. 北京：金盾出版社.

陈红霞，邵建柱，孙建设，等，2012. 两步多重 RT-PCR 快速检测苹果潜隐性病毒 [J]. 果树学报，29（4）：695-701.

陈艳莉，2009. 几种苹果砧木杂交后代耐盐抗缺铁筛选 [D]. 保定：河北农业大学.

杜学梅，杨廷桢，高敬东，等，2019. 苹果扦插繁殖生根机理研究进展 [J]. 农学学报，9（12）：17-22.

高华，赵政阳，王雷存，等，2016. 苹果新品种瑞雪的选育 [J]. 果树学报，33（3）：374-377.

郭超，2014. 组培条件下苹果潜隐性病毒的分布特征及传播途径研究 [D]. 保定：河北农业大学.

郭静，2014. SH40 实生后代作中间砧对红富士苹果生长结果的影响 [D]. 保定：河北农业大学.

郭兴科，2015. 不同苹果砧木对枝干轮纹病的抗性及对红富士苹果防御酶活性的影响 [D]. 保定：河北农业大学.

韩秀清，梁建军，梁彬，2020. M9-T337 苹果自根砧培育技术 [J]. 西北园艺（综合）（5）：30-33.

韩振海，2011. 苹果矮化密植栽培理论与实践 [M]. 北京：科学出版社.

霍鹏，李建平，杨欣，等，2020. 振摆式起苗清土一体机结构设计与田间试验证 [J]. 浙江大学学报（农业与生命科学版），46（5）：618-624.

姜淑荣，王际轩，谢秀华，1999. 苹果抗寒矮化砧木 77-34 快速繁殖 [J]. 烟台果树（3）：44.

李玲，2008. 苹果潜隐性病毒脱除及 RT-PCR 技术研究 [D]. 保定：河北农业大学.

李民吉，张强，李兴亮，等，2020. 4 种矮化砧木对再植苹果幼树生长、产量和品质的影响 [J]. 中国农业科学，53（11）：2264-2271.

李英娟，高华，2021. 浅谈苹果容器大苗培育技术 [J]. 果树资源学报，2（2）：48-50.

李中勇，韩龙慧，郭静，等，2019. 定干高度对矮化中间砧苹果幼树生长发育的影响 [J]. 中国果树（5）：18-21.

刘畅，2017. 苹果容器大苗培育技术体系初步研发 [D]. 泰安：山东农业大学.

刘国荣，2003. 不同矮化中间砧红富士苹果果实生长及内含物含量变化的研究 [D]. 保定：河北农业大学.

刘俊峰，2009. 苹果成品苗起苗机的设计与试验//纪念中国农业工程学会成立 30 周年暨中国农业工程学会 2009 年学术年会（CSAE 2009）论文集 [C]. 北京：中国农业工程学会，282 - 284.

刘淼，李开，张丽娜，等，2021. 苹果容器大苗培育技术探讨 [J]. 河北果树（3）：29 - 30.

骆德新，1998. 不同矮化中间砧对红富士苹果幼树越冬生理指标的影响 [D]. 保定：河北农业大学.

马宝焜，徐继忠，骆德新，1999. 不同矮化中间砧红富士苹果越冬期间枝条内水分变化与抽条的关系 [J]. 河北农业大学学报，22（4）：34 - 37.

马宝焜，高仪，赵书岗，2010. 图解果树嫁接 [M]. 北京：中国农业出版社.

马宝焜，徐继忠，2012. 苹果精细管理十二个月 [M]. 北京：中国农业出版社.

马宝焜，徐继忠，孙建设，2017. 果树嫁接 16 法 [M].2 版. 北京：中国农业出版社.

乔雪华，郭超，邵建柱，等，2013. 八棱海棠种子潜带病毒检测及理化处理对其带毒状况的影响 [J]. 果树学报，30（3）：489 - 492.

秦子禹，2015. 苹果内参基因的筛选及三种潜隐性病毒 TaqMan 探针实时荧光定量 RT - PCR 检测方法的建立 [D]. 保定：河北农业大学.

宋金耀，刘永军，宋刚，等，2007. 几个常见树种扦插生根过程中 POD、IAAO 活性及酚含量的变化 [J]. 江苏农业科学（6）：115 - 118.

孙清荣，孙洪雁，李林光，等，2014. 苹果矮化砧 GM256（*Malus domestica* Borkh）高效快繁技术体系的建立 [J]. 中国农学通报，30（7）：95 - 99.

唐岩，姜中武，宋来庆，等，2010. 优良早熟苹果新品种——信浓红 [J]. 烟台果树（4）：20.

田佳，李佳，孟清波，等，2021. 不同苹果品种叶片耐热阈值及高温下生理生化响应 [J]. 河南农业科学，50（1）：121 - 128.

王菲，2013. 苹果砧木性状及其与接后复合体的对应关系 [D]. 保定：河北农业大学.

王国平，刘福昌，2002. 果树无病毒苗木繁育与栽培 [M]. 北京：金盾出版社.

王甲威，张道辉，魏海蓉，等，2012. 苹果矮化砧木的硬枝扦插繁殖试验 [J]. 落叶果树，44（4）：4 - 6.

王健强，2020. 苹果矮化中间砧抗旱性评价 [D]. 保定：河北农业大学.

王丽，2015.SH40 苹果矮化砧木扦插繁殖技术及生根机理初探 [D]. 保定：河北农业大学.

王淼淼，马晓月，张学英，等，2014（a）. 苹果矮化砧木新品系矮砧 6 号茎尖组培快繁研究 [J]. 北方园艺（22）：102 - 104.

王淼淼，马晓月，张学英，等，2014（b）. 苹果抗寒矮化砧木 71 - 3 - 150 茎尖培养快繁体系建立 [J]. 西部林业科学，43（6）：44 - 47.

王淼淼，邵建柱，张学英，等，2014（c）. 苹果苗木促发分枝技术的研究 [J]. 中国果树（6）：28 - 31.

王涛，李世军，李孟雅，等，2017. 不同栽植时期对矮砧苹果苗成活及生长发育的影响 [J]. 北方园艺（22）：19 - 24.

徐继忠，2016. 苹果矮化砧木选育与栽培技术研究 [M]. 北京：中国农业出版社.

徐继忠，2018. 苹果"三优"栽培技术详解 [M]. 北京：中国农业出版社.

徐继忠，2018. 苹果园生产与经营致富一本通 [M]. 北京：中国农业出版社.

晏娜，2009. 化学处理和热处理脱除苹果潜隐性病毒的研究 [D]. 保定：河北农业大学.

阎振立，张恒涛，过国南，等，2010. 苹果新品种—华硕的选育 [J]. 果树学报，27（4）：655 - 656，480.

杨利粉，孟红志，马宏，等，2017. 绞缢对苹果矮砧压条新梢激素含量及生根相关基因表达的影响 [J]. 园艺学报，44（4）：613－621.

杨蕊，2013. 几种苹果矮化砧自根砧苗繁殖技术的研究 [D]. 杨凌：西北农林科技大学.

杨廷桢，田建保，高敬东，等，2012. 新型苹果矮化砧木—SH1 的选育 [J]. 果树学报，29（2）：308－309.

余亮，2013. 苹果砧木 M9 和 M26 快繁体系的建立及移栽生理的研究 [D]. 杨凌：西北农林科技大学.

张丹，张鹤，邵建柱，等，2015. SH40 中间砧苹果苗木休眠期假植失水原因分析及防护措施 [J]. 北方园艺（16）：17－21.

张广仁，李广旭，张秀美，2015. 苹果砧木辽砧 2 号和 SH40 扦插技术研究 [J]. 北方果树（6）：7－9.

张庆田，2007. 几种苹果砧木组织培养技术的研究 [D]. 泰安：山东农业大学.

张玉珺，2021. 3－45 中间砧与天红 2 号嫁接亲和性鉴定及早期预测指标研究 [D]. 保定：河北农业大学.

张玉星，2011. 果树栽培学总论 [M]. 4 版. 北京：中国农业出版社.

张新忠，章德明，张建阁，等，1995. 矮砧及乔砧苹果树嫁接口的解剖观察 [J]. 园艺学报，22（2）：117－122.

赵亮明，王飞，韩明玉，等，2011. 苹果砧木组织培养与快繁技术研究 [J]. 西北农业学报，20（7）：118－122.

Amiri M E，Fallahi E，Safi-Songhorabad M，2014. Influence of rootstock on mineral uptake and scion growth of 'Golden Delicious' and 'Royal Gala' apples [J]. Journal of Plant Nutrition，（1）：16－29.

Kundu J K，2003. The occurrence of apple stem pitting virus and apple stem grooving virus within field-grown apple cultivars evaluated by RT-PCR [J]. Plant Protect Science，39（3）：88－92.

Menzel W，Zahn V，Maiss E. 2003. Multiplex RT－PCR－ELISA compared with bioassay for the detection of four apple viruses and time during the certification of plant material [J]. Journal Virological Methods，110（2）：153－157.

Svoboda J，Polák J. 2010. Relative concentration of Apple mosaic virus coat protein in different parts of apple tree [J]. Hort. Sci.，37（1）：22－26.

第四章

苹果枝梢生长与幼树快速成形

枝条是构成苹果树体结构的重要器官之一,其上着生叶片、芽、花、果实,是树冠的主要组成部分,亦是扩大树冠的基本器官。枝条不仅将根系吸收的水分和无机盐类以及根系合成的有机物质、激素类物质运送到地上部,同时还将叶片合成的有机物运送到根系、果实等器官中,从而把树体各器官的生理活动联为一体,因此,枝条在树体生命活动中发挥着重要功能。苹果幼树期新梢的快速生长为树冠扩大、树体早期成形创造了有利条件。然而枝条(新梢)量的扩大仅是苹果幼树早果丰产的基础之一,苹果幼树早期丰产还需枝梢在生长发育过程中有质的转变,即在扩大营养面积的同时,还要通过人为调控新梢的生长发育节奏,形成有利于开花结果的中短枝,并积累更多的营养物质,完成由营养生长向生殖生长的转化,最终实现苹果幼树快速成形及早花早果的生产目的。

因此,在生产中,关于苹果幼树的管理,我们应依据果园的立地条件、生产管理水平以及苹果砧穗组合的新梢生长特性,合理运用先进的栽培技术,对新梢的生长发育进行综合调控,使之达到苹果幼树早果丰产的要求。

第一节 苹果枝梢生长与调控

苹果枝梢的生长决定树冠的扩大和叶幕的形成,并对树体的花芽分化、果实产量及品质的形成具有重要的影响,因此,了解并掌握苹果枝梢类型、生长规律及影响枝梢生长的因素,对于在苹果幼树快速成形及早花早果栽培中采取相关合理措施调控枝梢生长尤为必要。

一、苹果枝梢类型

枝梢即植物学上所谓的茎,是从叶芽或混合芽萌发伸长而来。在苹果生产中,因枝梢性质、枝龄或着生位置不同,其类别和名称不同。

(一)依据枝条的性质分

1. 营养枝 其上只着生叶芽,芽萌发后仅抽生梢和叶的枝条称为营养枝,又称生长枝。根据营养枝的生长状况,可分为发育枝、徒长枝、叶丛枝、细弱枝。

（1）发育枝。枝条生长健壮、组织充实，叶片肥厚，芽体充实饱满。发育枝根据长度不同又可分为超长枝、长枝、中枝和短枝。长度大于 30 cm 的为超长枝，长度在 15～30 cm 之间的发育枝为长枝，长度在 5～15 cm 的发育枝为中枝，长度小于 5 cm 的发育枝为短枝。

（2）徒长枝。一般由潜伏芽或背上芽萌发形成，表现为枝条粗长，节间长，组织不充实，芽体瘦瘪。

（3）叶丛枝。枝短缩，叶为轮状簇生，几乎无节间，无明显腋芽，顶芽短瘦且尖。

（4）细弱枝。多生长在冠内光照不足的部位或树势衰弱的树体上，枝细且弱、叶片小而薄、芽瘪且瘦。

2. 结果枝　其上着生花芽的枝条称为结果枝。依据结果枝的长度可分为长、中、短结果枝。

（1）长结果枝。长度大于 15 cm，顶芽为花芽，侧位有明显的腋芽并有部分腋芽能萌发。

（2）中结果枝。长度为 5～15 cm，顶芽为花芽，侧位有腋芽但大多不萌发。

（3）短结果枝。长度小于 5 cm，顶芽为花芽，腋芽不明显。

（二）依据枝龄分

1. 新梢　指叶芽萌发后至秋冬季落叶前生长的枝条。苹果上根据叶芽萌发后生长的时期又分为春梢、夏梢和秋梢。也可以根据当年生长季萌发新梢的次序分为一次梢、二次梢等。

（1）春梢。一般指春季萌芽后，新梢生长至 5 月底、6 月初停止生长形成顶芽，该期间形成的新梢为春梢。

（2）夏梢。春梢形成顶芽或暂时停止生长后，在 6 月上旬至 8 月上旬期间再次萌发生长的新梢称为夏梢。

（3）秋梢。春梢或夏梢形成顶芽或暂时停止生长后，于 8 月中下旬之后再次萌发生长形成的新梢称为秋梢。

（4）一次梢。春季由叶芽萌发后第 1 次抽生的新梢。

（5）二次梢。当年生长季，由着生在一次梢上叶片基部的腋芽萌发抽生的新梢称为二次梢。依次类推，有三次、四次梢等。二次梢以上统称为副梢。

2. 一年生枝　新梢秋冬季落叶后至第 2 年其上的叶芽萌发前，称为一年生枝。

3. 二年生枝与多年生枝　一年生枝春季萌芽后至第 2 年春季萌芽前称为二年生枝，自后依次类推，每增 1 年即称三年生枝、四年生枝等。3 年生及其以上称为多年生枝。

（三）依据位置分

1. 主干　从地面到近地面第一主枝着生处之间的部分，其高度称为干高。

2. 中央领导干　主干的延长部分，从近地面第一主枝着生处到中央领导干延长枝基部之间的部分。

3. 主枝　着生在中央领导干上的永久性分枝。现代苹果栽培树形多采用细长纺锤形或高纺锤形，中央领导干上直接着生的侧生分枝可称为主枝，但该主枝并不是永久性的，进入结果盛期后，如结果年限长、结果能力下降需予以更新，这与传统苹果栽培中的主枝概念有一定的区别。

4. 侧枝　着生在主枝上的永久性分枝。在苹果细长纺锤形或高纺锤形中，因主枝上直接着生结果枝或结果枝组，且结果枝更新时限短，因此在这两种树形中基本不留侧枝。

5. 延长枝　指着生在中央领导干或主枝先端，用于继续伸展的一年生枝条，可称为中央领导干延长枝或主枝延长枝。

6. 竞争枝　延长枝下部抽生的与延长枝长势相近或长势超过延长枝，与延长枝争夺养分或空间的旺长枝条。

7. 辅养枝　在整形阶段，着生在中央领导干上各主枝之间，主要起临时辅养树体、增加前期产量，而不用扩大树冠的枝条。该类枝一般在进入盛果期后要疏除。

8. 果台　着生苹果果实部位膨大的一年生枝。当年由果台上抽生的新梢称为果台副梢。

二、枝梢生长规律

苹果叶芽萌芽后，新梢即开始进行加长生长和加粗生长，由于停长时期的早晚及营养积累的不同，新梢停长后形成了不同类型的枝条。

（一）加长生长

新梢的加长生长主要是通过顶端分生组织分裂和节间细胞的伸长实现的。新梢的加长生长可明显分为以下几个时期。

1. 叶簇期　叶芽萌动后，芽内雏梢开始生长，大约在展叶后一周，丛生叶片逐渐增大，但此期新梢没有明显的加长，节间较短，芽内分化的叶片发生、展开。此期主要依靠树体上一年的贮藏营养。一年生枝中下部萌发的苹果短梢或叶丛梢就此停止生长，是苹果新梢中停止生长最早的，多形成叶丛枝、短枝或短果枝。叶簇期一般从3月下旬开始，至4月下旬结束，大约持续1个月的时间。该时期的长短主要依赖于树体内的贮藏养分多少及气温的高低，温度高时，持续的时间短，阴雨低温天气，持续时间相对较长。

2. 迅速生长期　叶簇期之后（北方地区大约在5月），随着外界气温的升高，新梢生长点细胞迅速分裂并增大体积，加快了新梢的加长生长，节间较长，叶片迅速增多。当日平均气温达到20℃左右时，即5月中下旬，新梢日生长量最大，每天新梢增长长度约为1 cm，新梢出现第一次生长高峰，但该期加粗生长相对缓慢。迅速生长期的长短，因新梢的类型而有差异，形成中长枝的新梢停止加长生长相对较早，而徒长枝则较晚。此外，因树龄、肥水供应条件、立地条件不同，新梢加长生长时期的长短也各不相同。如土壤水分充足、氮素营养丰富，新梢旺长期可相应延长，持续30～45 d；气候温暖湿润的地区新梢可一直生长，无明显停止生长。

3. 缓慢生长及封顶期　北方苹果产区在5月底至6月初，气候高温干旱，新梢内部生长抑制类物质积累增多，此期表现为新梢顶端细胞分裂与体积增大的速度减缓，新梢先端节间变短，叶片由大变小，加长生长停止，新梢顶端的叶片全部展开，随后形成顶芽。但生长势强的新梢只是生长缓慢而不形成顶芽，另外此期新梢的加粗生长相对加快。此时停止生长的中梢、短梢均可以形成良好的顶芽，中、短枝上的叶片发育完全，光合作用增强，积累营养物质增多，开始进入花芽的生理分化期。

4. 夏秋梢形成期　生长强旺的新梢，加长生长并没有停止，只是暂时生长减缓，生长点仍然在进行着缓慢的分生生长，并没有形成定形的鳞片。6 月下旬到 7 月上旬，随着降雨增多，土壤湿度适宜，新梢又开始第二次加速生长，重复春梢生长的过程，一直持续到 8 月下旬至 9 月上中旬，形成夏梢或秋梢。秋梢生长后期，随着外界气温的逐渐下降，有的新梢能形成顶芽，有的一直不停止生长，最后顶端幼叶被冻死并干枯。如营养条件良好时，秋梢可形成顶花芽或腋花芽。

综上，新梢开始加长生长时，是利用树体的贮藏营养，叶丛枝、短枝的生长和叶片的扩大，均是依靠树体内的贮藏营养完成形态建成；萌芽后 6 周左右，新梢生长才开始不再依赖树体贮存的碳水化合物等营养，因此生产中要保证上一年树体贮藏营养的充足，以有利于春梢的生长。新梢的及时停止生长并形成顶芽是幼树早花早果的关键，因此在新梢停止生长前，实施科学的管理措施促进春梢的健壮生长和及时停止生长，特别是控制夏梢的生长是非常有必要的，这也有利于后期的花芽分化。秋梢的形成可产生生长素、赤霉素等激素类物质，延缓叶片的衰老，增强树体生长后期的光合效能，对于增加树体营养贮备有利。但秋梢过多，形态建造会消耗大量养分，且秋梢停止生长晚，影响养分回流，枝条生长发育不充实，花芽质量差，在相对寒冷地区会影响树体的越冬抗寒能力，易于遭受冻害。河北农业大学苹果课题组研究了一年生红富士抽条树与正常树的新梢晚秋生长特性，结果表明，抽条树新梢晚秋净增长量（49.4 cm）明显大于正常树的晚秋净增长量（39.5 cm）；该研究调查结果显示，在河北保定地区，进入结果期的红富士树体，8 月之后树冠外围新梢即开始进入缓慢营养生长期，而红富士苹果幼树新梢在 9 月中旬之后仍处在旺盛生长期，至 10 月底只有 54.6% 的新梢停止生长；综合研究结果表明，红富士幼树晚秋生长量大、枝条发育不充实，是发生越冬抽条的主要原因之一。因此，生产中运用综合栽培技术措施调控秋梢生长的量与度，对于保障幼树安全越冬、维持结果期树体的生长和结果相对平衡以及保障丰产稳产的树势至关重要。

（二）加粗生长

新梢的加粗生长是枝条侧生分生组织形成层细胞分裂、分化、增大的结果，多与加长生长同时进行，但加粗生长开始时活动较弱，后逐渐加强，且停止较晚。一年生枝顶端、最接近正在萌芽处的形成层活动最早，然后向枝的基部发展。多年生枝干形成层开始分裂活动时期较新梢生长晚。形成层的活动有赖于新梢的生长，因为萌动的芽和加长生长所形成的幼叶，能产生生长素，激发形成层细胞的分裂；当加长生长停止时，生长素的来源断绝，形成层的活动也随之停止。此外叶片制造的碳水化合物也是枝梢加粗所必需的物质来源。生长素的输导方向主要是向基的，所以保留侧枝多的枝干，其加粗生长也快。

（三）新梢的年生长变化规律

就加长生长而言，苹果新梢一般年生长周期内有 2～3 次生长高峰，一般表现为 4 月中、下旬开始生长，至 5 月底、6 月上旬为第一次迅速生长期，6 月上、中旬，大部分枝条生长停顿，中、短枝形成顶芽，不再生长，发育枝因外部环境或内部因素的影响，大约半个月以后顶芽再次萌发，继续生长。河北农业大学苹果课题组在石家庄天户峪调查了嫁接在 SH38 中间砧上的 2 年生红富士重剪后的新梢生长动态，结果表明，2 年生幼树的新梢生长节奏明显，春梢生长集中在 5 月底之前，6 月中下旬为新梢停长期，新梢日生长量仅为 0.3 cm 左右，至 6 月 26 日，新梢生长总长度为 73.3 cm，占全年总生长量的

68.3%。秋梢生长期集中在 7 月和 8 月初，8 月底新梢已接近停止生长，9 月 4 日以后新梢仅有 1.2 cm 的生长量。据于亚芹（1995）在秋富苹果幼树上的观测结果，在河北昌黎地区，秋富苹果新梢生长有两个明显高峰，5 月下旬为第一次高峰，是春梢生长高峰，平均日生长量为 1.15 cm；至 6 月下旬出现第二次生长高峰，是秋梢生长高峰，平均日生长量为 1.12 cm，以后增长逐渐缓慢。李怀梅（1997）在辽宁研究了首红和新红星苹果新梢的加长和加粗生长规律，结果表明，首红和新红星苹果新梢的加长和加粗生长均为"双 S"形曲线，第一时期为新梢快速生长期，自幼叶分离后持续到 6 月 20 日（约 40 天）；第二时期为缓慢生长期，此期出现在 6 月下旬到 7 月初（约 10 天）。第三时期为新梢快速生长期，此期出现在 7 月上旬到 8 月中旬（约 50 天），新梢生长加速，平均日增长量为 0.6 cm。

由以上研究结果可以看出，不同区域、不同品种的苹果新梢生长发育规律有所差异，生产中，应结合实际情况对新梢生长进行相应管理。

三、影响新梢生长的因素

苹果新梢的生长发育受多种因素的制约，内部因素如品种的遗传特性等，外部因素包括生态条件、栽培技术等。

（一）品种对新梢生长的影响

不同品种，因其遗传特性不同，其萌芽率、成枝力有差异，因此其新梢生长也呈现不同发育规律。河北农业大学苹果课题组（2020）以嫁接在 SH40 中间砧上的不同苹果品种为试材，调查了信浓红、鲁丽、中秋王、凯密欧、王林等 7 个品种的树冠外围新梢生长指标，结果表明，春季萌芽至 6 月 16 日新梢停止生长期间，信浓红、凯密欧生长量较大，新梢长度分别为 34.6 cm 和 31.5 cm，鲁丽、王林新梢生长量均较小，在 18.5 cm 左右，中秋王、国光、大嘎拉新梢生长量在 20～27 cm 之间。自 6 月 16 日春梢停长至 9 月 16 日秋梢停长，信浓红、凯密欧生长量均低于 5 cm，王林生长量较大，为 14.1 cm。陈海江等（1993）比较了一年生红富士、红星的秋梢生长差异，结果表明，红富士新梢年度总生长量为 780.9 cm，红星的年度新梢总生长量为 664.4 cm，前者显著大于后者。红富士、红星的平均单枝生长量分别为 97.2 cm 和 89.7 cm，红富士新梢的晚秋停长率为 54.6%，而红星新梢的晚秋停长率为 64.5%。综合研究结果认为，幼树期的红富士比红星生长势强，生长量大，越冬前新梢停长率低，这也是造成在河北地区红富士比红星在越冬期间更容易抽条的原因之一。李智平等（2014）调查了陕西洛川 3 个苹果品种的新梢生长发育规律，结果表明，嘎拉、红富士和秦冠苹果新梢一年内均有两次生长高峰，但每一快速生长期内的生长时间及生长量因品种不同而有所差异。

（二）砧木对新梢生长的影响

1. 砧木类型　苹果砧木一般分为乔化砧木、半矮化砧木、矮化砧木和极矮化砧木，不同砧木致矮能力不同，对接穗新梢的生长发育影响也不同。孟建朝（1999）比较了嫁接在不同矮化中间砧上长富 2 号的新梢生长差异，结果表明，嫁接在 SH38、SH28 和 SH40 中间砧上的红富士苹果新梢生长节奏明显，春梢和秋梢均能及时停止生长；嫁接在 M26、CX3、77 - 34、78 - 48、75 - 9 - 35、Mark、75 - 7 - 1、75 - 9 - 5 中间砧上的红富士春秋梢生长时间长，且停止生长时间晚。不同中间砧处理的红富士新梢停长率差异显著。其中，SH38 中间砧处理的新梢停长率最高，春、秋梢停长率分别达到 86.2% 和 91.2%，均显著高于其他中间砧处理；其次为 SH28 和 SH40 中间砧处理，春、秋梢停长率显著高于 M26 中间砧处理，Mark 和 B9 中间砧处理的新梢停长率稍高于 M26 中间砧处理。郑伶杰等（2016）以致矮程度不同的 Y 系砧木上嫁接的红富士苹果为试材，以山定子上嫁接的红富士苹果为对照，探讨了不同砧木对树体新梢生长的影响，结果表明矮化性能最强的 Y-1 作中间砧的树体外围一年生枝长度为 39.2 cm，而山定子乔砧上嫁接的红富士树体外围一年生枝长度为 75.5 cm，二者差异显著。郭静（2014）于 2012—2013 年连续 2 年调查了不同砧木对红富士苹果新梢生长的影响，结果表明，不同 SH40 实生后代作中间砧对树体新梢生长量有显著影响。2012 年综合分析各试材新梢生长量，可以将砧木分为三类。第一类为以 178 号、242 号、202 号作中间砧的，新梢生长量最大，与 SH40 中间砧对照差异显著（$p < 0.05$）；第三类为以 6 号作中间砧的，新梢生长量最小，与中间砧对照差异显著（$p < 0.05$）；第二类以 2 号、24 号、28 号等其他实生后代作中间砧的，新梢生长量介于第一类与第三类之间。2013 年根据新梢生长情况将砧木分为三类。第一类为以 178 号、242 号、202 号作中间砧的，新梢生长量最大，与 SH40 中间砧对照差异显著（$p < 0.05$）；第三类为以 2 号、6 号、24 号作中间砧的，新梢生长量最小，与 SH40 中间砧对照无显著差异（$p < 0.05$）；第二类以 1 号、28 号、212 号等其他实生后代作中间砧的，新梢生长量介于第一类与第三类之间。

河北农业大学苹果课题组于 2020 年调查了不同中间砧上天红 2 号红富士（4 年生）树冠外围新梢的长度（表 4-1），结果表明，6—9 月，黄 6 和 244 中间砧处理的天红 2 号红富士树体新梢长度和新梢增长量均显著高于 53 和 SH40。9 月，黄 6 和 244 中间砧处理的天红 2 号红富士新梢长度在 76 cm 以上，而 53 和 SH40 中间砧处理的天红 2 号红富士新梢长度不足 46 cm。6—9 月，黄 6 和 244 中间砧处理的天红 2 号红富士新梢增长量分别为 27.10 cm 和 26.83 cm，而 53 和 SH40 处理的天红 2 号红富士新梢增长量仅为 4.30 cm 和 2.26 cm。

表 4-1　不同矮化中间砧对天红 2 号红富士新梢生长的影响

单位：cm

砧穗组合	6 月	7 月	8 月	9 月
天 2/黄 6/八棱海棠	49.14±5.06 b	66.52±2.91 a	74.48±3.97 b	76.24±4.49 b
天 2/244/八棱海棠	55.90±5.62 a	70.03±3.09 a	79.53±2.96 a	82.73±3.90 a
天 2/SH40/八棱海棠	41.68±2.40 c	43.73±2.10 b	44.90±2.17 c	45.98±3.28 c
天 2/53/八棱海棠	30.36±3.28 d	31.24±3.01 c	31.90±3.31 d	32.72±2.57 d

何平等（2018）以沂水红富士/M26、SH6、辽砧 2 号、青砧 2 号、M9T337/平邑甜茶为试材，比较了不同类型砧木对树体新梢生长的影响，综合 2015—2017 年的调查数据，SH6 作中间砧的树体的新梢年生长量始终处在较高水平，M26 作中间砧的树体的新梢生长量基本保持最低，辽砧 2 号与青砧 2 号作中间砧的树体的新梢生长量相接近。

综合以上研究可知，不同砧木对新梢的生长发育影响不同，生产中应根据砧木的控制新梢生长能力，采取不同的生产管理措施进行新梢生长合理调控，以达到平衡新梢营养生长与促进树体生殖生长的目的。

2. 砧木利用方式 生产中，苹果矮化砧木的利用方式主要有自根砧和中间砧两种方式，不同的砧木利用方式下的树体长势不同，对苹果新梢的生长影响也不同。孟红志等（2018）以嫁接在 SH40 自根砧和中间砧上的天红 2 号为试材，比较了不同砧木利用方式下新梢生长差异，结果表明，SH40 中间砧处理的树冠外围新梢年生长量为 25.3 cm，自根砧处理的树冠外围新梢年生长量为 18.5 cm；SH40 作中间砧的单株总枝量达到 128.20 个，超长枝及长枝数量分别为 26.20 和 12.80 个，显著多于自根砧处理（$p < 0.05$）。自根砧处理的中短枝比例（81.21%）比中间砧处理中的比例高 11.63%。陈汝（2020）等研究表明，与作中间砧相比，M9T337 作自根砧嫁接的金矮生和嘎拉树体冠幅缩小，单位面积枝量减少；中短枝比例增大，长枝和发育枝比例均降低。张晨光等（2016）的研究结果也证实了 M9T337 中间砧上嫁接的富士苹果幼树生长势明显强于 M9T337 自根砧处理，年周期内新梢生物量积累 M9T337 中间砧处理大于 M9T337 自根砧处理。

3. 中间砧长度 矮化中间砧对接穗树体的控制能力与其长度有关。河北农业大学苹果课题组（2020）以嫁接在不同长度（10 cm、20 cm、30 cm、40 cm、50 cm）冀砧 1 号中间砧上的天红 2 号为试材，比较了不同处理下的新梢生长发育规律，结果表明，随中间砧长度的增加新梢长度呈递减趋势。7 月，冀砧 1 号-10 处理（中间砧长度为 10 cm）的新梢长度最高，为 23.23 cm，显著高于其他四组处理，冀砧 1 号-50 处理（中间砧长度为 50 cm）的新梢长度最低，为 12.89 cm，显著低于冀砧 1 号-10、冀砧 1 号-20 处理；9 月，冀砧 1 号-10 处理的新梢长度最高，为 26.46 cm，显著高于其他 4 个处理，冀砧 1 号-40 处理的新梢长度最低，为 17.17 cm，显著低于冀砧 1 号-10、冀砧 1 号-20 处理（表 4-2）。

表 4-2　不同中间砧长度对天红 2 号/冀砧 1 号/八棱海棠砧穗组合新梢生长的影响

单位：cm

处理	7 月	8 月	9 月	10 月
冀砧 1 号-10	23.23 a	23.78 a	26.46 a	30.42 a
冀砧 1 号-20	18.88 b	19.37 b	22.15 b	25.14 b
冀砧 1 号-30	15.64 c	17.03 b	19.02 b c	19.15 c
冀砧 1 号-40	15.49 c	15.30 c	17.17 c	18.08 c
冀砧 1 号-50	12.89 c	16.33 c	17.56 c	18.25 c

4. 砧穗组合 由于砧穗互作的影响，不同砧穗组合的新梢生长表现不同。孟红志（2017）等以嫁接在 SH38、SH40 中间砧和自根砧上的天红 1 号、天红 2 号为试材，比较了不同砧穗组合对新梢生长及枝类组成的影响，结果表明，不同砧穗组合的苹果树的新梢长存在明显差异，天红 1 号/SH40/八棱海棠的新梢长度最大（41.63 cm），明显大于天红 2 号与 SH38、SH40 的各组合（$p < 0.05$）；天红 2 号/SH40 的新梢长最小（18.5 cm），明显小于天红 1 号与 SH38、SH40 的各组合（$p < 0.05$）。同一砧木不同品种间新梢长存

在差异，表现为天红 1 号新梢长明显大于天红 2 号的新梢长 （$p<0.05$），如天红 1
号/SH38/八棱海棠新梢长为 36.25 cm，而天红 2 号/SH38/八棱海棠的仅为 25.17 cm，
二者差异达显著水平（$p<0.05$）。白旭亮（2015）等调查了嫁接在 SH38、SH40 中间砧
上的天红 1 号、天红 2 号、斗南等砧穗组合的长中短枝数量，结果显示，短枝数量以
SH40 与天红 2 号组合最多，达到 210.0 个/株，SH40 与斗南组合最少，为 95.0 个/株；
长枝、超长枝、叶丛枝数量均以 SH40 与天红 1 号组合最多，以 SH38 与天红 2 号组合最
少；总枝量以 SH40 与天红 1 号组合最多，SH38 与天红 2 号组合最少；短枝率最高的是
SH38 与天红 2 号组合，最低的是 SH40 与天红 1 号组合。

（三）果园生态条件对新梢生长的影响

1. 光照 光照通过影响光合作用、气孔开张、叶绿素含量及激素平衡等影响新梢生
长。光照对新梢生长的影响主要体现在光照强度、光质组成及光照时长等方面。

（1）光照强度。果园郁闭条件下，冠层内光照强度较低，苹果叶片一般表现为大而
薄，色淡叶绿素含量少，新梢细长而干重低，光照充足则相反。袁景军等（2003）对密植
苹果园树体进行改造，由多主枝分层形改造为细长纺锤形，树冠下光合有效辐射平均比对
照提高 126%以上，显著改善了果园的光照条件，同时枝类组成向有利于结果的方向转
化，短枝率逐年提高，第 3 年比对照高 25.4%，长枝率降低到 12.1%。陈汝等（2019）
通过隔行去行对郁闭园进行改造后，冠层透光率较对照提高 82.38%，短枝和叶丛枝占比
较对照提高了 17.13%，长枝比例则比对照降低了 24.47%。以上研究结果均说明光照充
足，有利于苹果中短枝的形成，对苹果新梢的生长产生了重要影响。

（2）光质组成。光质是指太阳辐射成分及其各波段所含能量，其特征光谱包括紫外线
（波长短于 380 nm）、可见光（光谱波长范围为 380～780 nm）和红外线（波长大于
780 nm）。相关研究表明，光质对植物的生长发育、形态建成均有调控作用。可见光中的
蓝、紫、青光对细胞分化有重要支配作用，可抑制伸长生长，控制营养生长，使树体矮
小。因此，在蓝、紫光较多的西南高海拔山地栽培苹果，常表现为树体矮化，短枝增多，
结果枝率增高，枝粗芽壮，成花结果好。谢红江（2016）比较了川藏高原不同海拔高度、
不同生态环境苹果产区的金冠苹果新梢发育情况，结果表明，在中等海拔高度的盐源冷凉
苹果产区，金冠苹果的中枝和长枝节间长度最长，在较低海拔高度的小金、茂县干暖河谷
产区，金冠苹果的中枝和长枝节间长度居中，在高海拔的青藏高原苹果产区（林芝），金
冠苹果的中枝和长枝节间长度最短。进一步调查显示，青藏高原苹果产区（林芝）枝梢成
花比例达到 51.29%，显著高于其他两个生态产区。由以上结果可以看出，青藏高原的高
紫外线辐射也是造成新梢生长缓慢的主要原因之一。

（3）光照时数。光照长短对苹果新梢营养生长的影响，目前的研究尚无定论。Hoyle
（1955）报道，光照长短对苹果的营养生长无影响。Visser（1956）认为，长日照促进苹
果生长。H. W. B. Barlow（1979）的试验表明，苹果新梢生长速率与温度和光照时间的长
短均呈正相关。一般认为，在短日照下，新梢生长受到抑制，顶端生长停止早，节数和节
间长度减少，并可诱导芽及早进入休眠。由于形成层活动需要顶端生长点活动产生的生长
素（IAA）来刺激，所以，短日照条件下，形成层活动停止也早。Piringer. Downs
（1959）用不同光时处理红玉苹果（只利用 8 h 自然光，其余以白炽灯和荧光灯补充），结

果表明，以 16 h 长光照处理的枝叶生长量最大。当用白炽灯作补充光源时，枝条生长旺而不分枝。用荧光灯和白炽灯处理 8～14 h 时，枝条生长几乎相同，但荧光灯处理的树体产生大量分枝，枝条总生长量大，这表明除了光照时长外，还有光质的影响。

2. 温度 温度通过影响苹果树体各个器官的生理生化过程而影响枝梢的生长，不同树种具有最适生长温度范围。在适宜生长温度范围内，温度越高，新梢生长越迅速，且表现为温度越高，节数越多，新梢越长。荷兰果树站（1993）于 1991—1992 年利用 1 年生苹果苗研究了不同温度处理对新梢生长发育的影响，结果表明，在气温为 16 ℃时，Boskoop 新梢生长不良，Elstar 新梢几乎停止生长；在气温为 26 ℃时，两个品种新梢生长良好，该试验最终结果表明，苹果新梢生长最适宜的气温为 21 ℃。聂佩显等（2018）研究表明，苹果新梢生长速度日变化与温度日变化相关性较密切。在 15：30 之前和 19：30 之后 2 个时间段内，新梢生长速度与平均气温的变化呈正相关。15：30 之前随着平均气温的升高，生长速度逐渐加快，19：30 之后随平均气温的降低，生长速度逐渐减慢。

（四）栽植方式对新梢生长的影响

1. 栽植密度 栽植密度不同，土地利用率不同，树体内的冠层光照分布及地下的根系分布也不同，进而造成地上部新梢生长发育规律有差异。河北农业大学苹果课题组（2020）以 5 年生天红 2 号/SH40/八棱海棠砧穗组合为试材，研究了 1 m、1.5 m、2 m 株距下新梢的生长发育规律，结果表明，不同栽植密度对树体新梢生长量影响不同。5 月调查结果表明，SH40 中间砧 2 m 株距处理下的新梢长度最大，为 11.78 cm，显著高于SH40-1（株距为 1 m）与 SH40-1.5（株距为 1.5 m）处理；7 月 SH40-2 处理新梢生长量达到了 25.50 cm，且显著高于 SH40-1、SH40-1.5 处理，而 SH40-1 处理与SH40-1.5 处理间差异不显著（表 4-3）。

表 4-3 不同栽植密度对天红 2 号/SH40/八棱海棠砧穗组合新梢生长的影响

单位：cm

处理	5 月 9 日	6 月 9 日	7 月 9 日
SH40-1	7.20±0.87 c	14.47±1.33 c	18.29±1.82 b
SH40-1.5	9.53±0.84 b	17.50±1.50 b	20.52±1.95 b
SH40-2	11.78±0.84 a	20.97±0.81 a	24.50±0.90 a

李民吉等（2020）以宫藤富士/SH6/平邑甜茶砧穗组合为试材，比较了不同栽植密度对树体生长发育的影响，结果表明，4 m 行距树体短枝比例明显高于 3 m 行距，长枝比例略低。1.5 m×3 m 和 2 m×3 m 的树体短枝比例显著小于其他栽植密度。

2. 中间砧入土深度 我国苹果矮砧密植栽培多以中间砧栽培模式为主，前人研究结果表明，中间砧长度在固定的前提下，中间砧段入土深度对树体生长及新梢发育具有明显影响。王海波等（2013）以泰山嘎拉/M26/八棱海棠为试材，研究了 M26 矮化中间砧不同埋土深度对泰山嘎拉树体生长发育的影响。结果表明，当增加中间砧入土深度时，树体新梢生长量呈增加趋势，中间砧露土 15～20 cm 时，测得其新梢枝量较多，当中间砧全埋入土时，其株高及冠径较大；以泰山嘎拉品种为接穗，以 M26 作为中间砧，选择10～20 cm 中间砧露土长度最为适宜。杜俊兰（2015）以 4 年生的长富 2 号/M26/八棱海棠为试材，研究了不同中间砧入土深度对苹果新梢生长发育的影响，结果表明，M26 矮化中间砧不同入土深度对苹果新梢粗长比影响差异显著。随着中间砧入土深度的增加，新梢粗长比增加。河北农业大学苹果课题组（2020）以 SH40 中间砧上嫁接的天红 2 号为试材，研究了中间砧不同入土深度对新梢生长的影响，结果表明，随着中间砧入土深度增加，新梢生长量逐渐增加，当中间砧段（30 cm）全部露出在地面以上时，新梢年生长量为 22.9 cm，当中间砧段（30 cm）全部埋入地下时，新梢年生长量为 28.7 cm，二者差异显著；当中间砧段（30 cm）埋土 10 cm、20 cm 时，新梢年生长量分别为 24.4 cm、27.8 cm，介于中间砧段全露出和全埋土处理之间。

3. 起垄栽培　起垄栽培是现代苹果矮砧密植栽培中应用的栽培形式，起垄栽培可加厚根区的有效活土层，提高土壤孔隙度，可避免因降雨或灌溉而造成的积水内涝，增加土壤蓄肥、保水和排水能力，有利于团粒结构的形成和根系对养分的吸收。与平地栽培相比，起垄栽培改变了苹果根系生长的环境，因此对苹果新梢生长发育有一定影响。河北农业大学苹果课题组（2020）以天红 2 号/SH40/八棱海棠为试验材料，比较了起垄栽培与平地栽培下的苹果新梢生长差异，结果表明，起垄栽培下的苹果新梢年生长量达到 27.8 cm，平地栽培下的苹果新梢年生长量为 24.6 cm，前者大于后者。周恩达等（2013）研究了过量灌溉条件下起垄栽培苹果根系生长指标，结果表明，与平地栽培相比，在春梢停长期和秋梢停长期，起垄栽培的苹果根系活力和根系生长量分别提高 1.44 倍和 1.68 倍，这也从侧面说明起垄栽培下良好的根系发育对地上部新梢的生长具有一定的促进作用。

（五）修剪对新梢生长的影响

修剪可增加或减少苹果枝梢的数量，改变树体的枝类组成，调节树体的枝叶数量，调控营养分配的方向和强度，从而达到促进或控制枝梢生长的目的。

1. 定干高度　定干是苹果幼树整形的第一步修剪工作，对于栽植后苹果幼树生长发育及成形有着重要影响。根据不同立地条件、不同苗木质量进行适宜的定干高度修剪是保证幼树成形的技术关键。河北农业大学苹果课题组（2013）以嫁接在 SH40 中间砧上的天红 2 号为试材，研究了定干高度对苹果幼树生长发育的影响。结果表明，不同定干高度处理下中央领导干延长枝生长长度不同。至秋季落叶后，80～100 cm 和 100～120 cm 处理下中央领导干延长枝生长长度均显著高于 120～140 cm 处理，但 80～100 cm 和 100～120 cm 处理之间差异不显著。分析不同时期中央领导干延长枝生长长度可知，定干高度对中央领导干延长枝的生长长度的影响主要表现在春梢生长期，而对中央领导干延长枝秋梢生长影响不明显。定干高度处理对中央领导干侧生分枝生长的影响主要表现在秋梢生长期。

2. 中央领导干延长枝剪留长度　对于 2～3 年生的苹果幼树，为达到幼树快速成形的目的，一般在春季萌芽前需对中央领导干延长枝进行短截处理，其目的一是为促进剪留部分延长枝能够萌发出足够量的侧生分枝，二是保证中央领导干在树体结构中具有强健的优势。河北农业大学苹果课题组（2013）以 2 年生天红 2 号/SH40/八棱海棠矮砧幼树为试材，设计了中央领导干延长枝剪留长度为 40～60 cm，60～80 cm，80～100 cm 的 3 个处理，探讨了中央领导干延长枝剪留长度对树体成形的影响，结果表明，60～80 cm 剪留长度处理后的顶端新梢年生长量为 80 cm，延长枝剪留部分上形成长梢 10 个，10 个新梢的年平均生长量为 58 cm，形成中短枝 15 个，留枝枝干比为 45%，树体干径达 55.3 cm，树高 2.75 m，树形结构合理，而其他处理综合评价树形结构不合理。

3. 侧生分枝留枝数量 在苹果幼树整形中，对第一年栽植的幼树，翌年春季萌芽前如何进行侧生分枝的修剪是实现苹果幼树快速成形及早花早果的关键。河北农业大学苹果课题组（2013）以 2 年生的矮砧幼树为试材，进行了侧生分枝留枝数量研究，试验设计留侧生分枝量为 0、4、5、6、7、8 个，中央领导干延长枝剪留 60～80 cm。调查结果表明，留枝量为 0 的处理，中央领导干延长枝顶端新梢年生长量为 1.1 m，新萌发的侧生分枝平均长度为 68 cm，平均新分枝数量 21 个，枝干比为 38%，干径 4.2 cm，树形结构合理。留枝量为 5、6 的处理，树体干径为 3.9 cm，中央领导干延长枝顶端新梢年生长量为 90 cm，新萌发的侧生分枝平均长度为 56 cm，平均新增分枝数量 11 个，留枝的延长梢年生长量为 8 cm，留枝枝干比 48%，树体较合理。其他留枝量处理综合评价不符合树形整形要求。

4. 修剪量 Grochoweka 等（1984）以嫁接在 A2 砧木上的旭苹果幼树为试材，从 1 年生开始，连续 4 年，进行了修剪新梢的 2/3 试验研究，与对照（不修剪处理）相比，修剪树新梢表现旺长，叶面积大，修剪树的 CTK、IAA、GA 激素含量分别比对照高 90%、60%、190%，同时研究结果证实，休眠期修剪增加了春季由根系向上供应的 CTK 含量，使芽萌发量增加，CTK 随后刺激萌发新梢内的 IAA 和 GA 含量的增加，进一步促进了新梢的营养生长。河北农业大学课题组（2019）比较了休眠期不同修剪量对苹果新梢生长及枝类组成的影响，结果表明，随着修剪量的增加，枝组的短枝比例减少，长枝数量和比例增加。修剪量大于 60% 处理的枝量最小，达 81.83 条，与 CK（不修剪）处理相比下降了 23%。外围新梢长度随修剪比例的增大而增长，CK 处理的外围新梢长度最短，为 4.53 cm，修剪量大于 60% 处理的外围新梢长度最长，达 25.75 cm，是对照的 5.7 倍，修剪量大于 60% 处理的外围新梢长度显著大于 CK 及修剪量小于 50% 的其他 4 个处理的外围新梢长度，说明修剪可以促进外围新梢生长，扩大树冠，并在修剪比例大于 60% 时效果明显。

5. 缓放 河北农业大学苹果课题组（1993）对红富士一年生枝的缓放修剪反应做了调查，结果表明，不同枝条的长势及姿势，其缓放修剪反应不同。对于斜生较强枝进行缓放，第 2 年萌芽率较低，仅为 27.7%，但中短枝比例较高，占比达 72%。对于水平中庸枝进行缓放，第 2 年萌芽率为 27%～58%，中短枝比例可达 85% 左右。对于直立枝进行缓放，第 2 年萌芽率较低，在 20% 以下，且被缓放枝条生长势健壮，增粗快。因此生产中，对苹果幼树一年生枝进行缓放时，要结合拉枝开角进行，才有利于实现枝量的增加及枝类的转化。

6. 拉枝时期与角度 河北农业大学苹果课题组（2014）针对 2 年生矮砧苹果树中央领导干新生分枝进行了拉枝角度与拉枝时期研究，结果表明：6 月初拉枝 120° 控制分枝长度效果最好，秋季落叶后分枝长度为 68.7 cm，比 7、8 月拉枝分别减少 6.8 cm 和 12.5 cm，但与 6 月初拉枝 90° 控制分枝长度差异不显著；6 月初拉枝 90° 处理的中央领导干延长枝年度生长量达 149.2 cm，比 6 月初拉枝 120° 和 7、8 月拉枝 90°、120° 处理效果均好。孙源蔚等（2018）研究了拉枝时期及固形时间对寒富苹果枝条生长的影响，结果表明，7 月 14 日、7 月 21 日、7 月 28 日 3 个时期拉枝对寒富新梢拉枝解绑后的角度影响不大，拉枝解绑后，3 个时期处理的基角在 101°～110° 的枝条比例均在 90% 左右，且其余基角均在 90°～100°。3 个拉枝时期处理寒富新梢拉枝解绑后均有翘头现象，梢角均大于 60°，上翘部位距基部的距离均超过枝条长度的 2/3；但随着拉枝时期的后延，枝条解绑后翘头现象逐渐减少。7 月 14 日拉枝，解绑后 60 d 有 14.37% 的枝条上翘；7 月 21 日拉枝有 10.33% 的枝条上翘；7 月 28 日拉枝，上翘枝条仅为 6.49%。综合以上分析结果，该研究认为冀北山区苹果最适宜的拉枝时间为 7 月底，固形时间为 20 d 比较合适。李敏等（2016）以 3 年生的乔砧富士苹果幼树为试材，对中央领导干上着生的 2 年生枝进行拉枝 90°、120° 和 150° 处理，以不拉枝为对照，研究了拉枝与树体生长发育的关系。结果表明，拉枝能促进富士苹果中央领导干延长枝的伸长生长，增加侧枝数量、抑制侧枝伸长生长，同时增加了树体中短枝比例，减少了长枝比例，综合研究结果认为，春季对 2 年生枝以拉枝 90° 和 120° 效果较为理想。

7. 摘心　河北农业大学苹果课题组（2014）以嫁接在 SH40 中间砧上的天红 2 号为试材，在当年新栽植的 1 年生成品苗上开展新梢摘心试验，结果表明：生长季内，连续 2～3 次摘心效果较好，可促发 14 个以上的短枝和 4.7 个以上的中长枝；同时摘心有效控制了侧生分枝的伸长生长，1、2、3 次摘心处理分枝长度达到 59.1 cm、58.7 cm 和 50.2 cm，比不摘心处理减少 5.7 cm、6.1 cm 和 14.6 cm。

8. 环剥（割）　孙建设等（1996）在苹果主枝上进行环剥的研究结果表明，在主枝角度较小的情况下，环剥 2 次能极显著改善树体的枝类组成，使长枝比例减少 8.02%，短枝及叶丛枝比例增加 14.94%，与不环剥处理相比差异达极显著水平；在主枝角度逐渐增大的情况下，枝条自身的顶端优势被削弱，环剥的作用更加突出，在仅进行 1 次环剥的处理下，即可明显改善树体的枝类组成，使长枝比例减少 4.69%，短枝比例增加 6.53%；但当将主枝角度开张至 90° 时，环剥使短枝及叶丛枝的变化不明显，但可使长枝率降低，而且可适当提高中枝比例。

9. 刻芽　王海芬等（2020）以 3 年生中秋王苹果树上的一年生枝条为试材，比较了刻芽与不刻芽处理下的萌芽率与成枝力，结果表明，与对照不刻芽相比，刻芽处理可显著提高苹果枝条萌芽率、成枝力（$p < 0.05$），枝条萌芽率与成枝力呈极显著正相关关系（$p < 0.01$），与短枝率呈显著负相关关系（$p < 0.05$）。从改善苹果萌芽成枝、整形效果以及省工省力等方面综合分析认为，最适刻芽方式为中部刻芽。生产中萌芽前的环割有类似刻芽的效果，但需要注意的是，环割造成的萌芽率提高，萌发的芽数量增多，反而会造成背上枝数量偏多，如此无效背上枝生长会导致消耗大量养分，且影响树冠内通风透光，因此，生产中环割后还需配合夏剪措施如摘心、扭梢、疏除等，以控制背上新梢的旺长。

（六）负载量对新梢生长的影响

合理的负载量是保证苹果树体健壮生长及连年丰产稳产的基础。负载量不仅影响当年苹果的产量与品质，也会影响当年及翌年新梢的生长。河北农业大学苹果课题组于 2017—2019 年，以嫁接在 SH40 中间砧上的天红 2 号为试材，比较了不同负载量对新梢生长发育的影响，结果表明，不同负载量处理的树体在不同年份中均有 2 次新梢生长高峰，在两次生长高峰期，不同年份间各处理新梢增长量均随当年负载量的提高而降低，高负载量处理在秋季新梢生长高峰期的生长量较低或无明显高峰。变产试验中，2018 年各负载量处理的新梢生长量在盛花后 30 d 时差异较大，且随当年负载量的提高而降低，而 2019 年各处理新梢生长量在此时期的差异较小。李宏建（2020）研究了留果量对高纺锤形丽嘎拉/平邑甜茶砧穗组合苹果枝类组成的影响，结果表明，随留果量的增加，树高、新梢长和总枝条数量逐渐减少，枝类组成中的短枝数量增幅明显，中枝（15～30 cm）和长枝数量（30～60 cm 和≥60 cm）下降加快，导致总枝条数量显著降低；留果量可以影响不同冠层高度内的枝类组成数量和比例。由以上可知，过高的负载量会严重影响新梢的生长，对于苹果幼树而言，新梢生长是快速成形的首要条件，因此，在幼树期确定合理的负载量，对保证早果丰产亦具有重要的实践意义。

（七）水肥条件对新梢生长的影响

1. 水分　树体内水分的充足与否严重影响苹果新梢的生长。刘伟（2012）以 3 年生盆栽矮化自根砧幼树为试材，比较了不同土壤含水量下矮砧幼树的新梢生长差异，结果表明，对照（土壤相对含水量 75%）处理下，3 种砧木苹果幼树的新梢生长量从高到低依次为 JM7、SH40、SH28，但 3 种砧木苹果幼树间新梢生长量差异不显著。在土壤相对含水量为 60% 的处理下，3 种砧木苹果幼树新梢生长动态与对照相似，但生长量显著低于对照。JM7 砧木苹果幼树新梢生长量最大，为对照的 50%，SH40 与 SH28 砧木苹果幼树的新梢生长量分别为对照的 38% 和 44%。在土壤相对含水量为 45% 的处理下，3 种砧木苹果幼树新梢生长量显著低于对照与 60% 处理，新梢只在 6 月下旬前极缓慢生长，此后一直停长。由此可见，土壤含水量可以调控苹果的生长节奏。李绍华（1993）研究表明，一年生的盆栽苹果幼树进行水分胁迫处理，直至气孔关闭才进行灌水，结果其枝干的加粗生长完全受到抑制，但是枝干延长枝的生长并没有完全停止，生长量可达到对照树的 60%，水分胁迫解除后，延长枝的生长基本可以恢复。另外，该研究还发现，枝干的加粗生长对水分胁迫的反应还存在滞后效应，即在水分胁迫解除后，前期水分胁迫对枝干加粗生长的抑制还会延迟 1～3 个月的时间。

2. 营养水平　营养水平是影响苹果新梢生长发育的重要因子之一。从萌芽开始，新梢的最初生长是利用树体的贮藏营养，后期逐步过渡到利用当季营养为主。河北农业大学苹果课题组（2021）以不同矮化中间砧上嫁接的天红 2 号为试材，比较了不同营养水平下盆栽苹果幼树的新梢生长差异，结果表明，不同浓度营养液处理的苹果新梢生长量存在差异，嫁接在冀砧 1 号、SH40、181 和 53 中间砧上的天红 2 号在处理后 30 d 前具有较高水平的新梢生长量，且均表现为 1/2 Hoagland 营养液处理新梢生长量最大，1/8 Hoagland 营养液处理新梢生长量居中，1/32 Hoagland 营养液处理的新梢生长量最小，在不同砧穗组合上，均体现了新梢对营养液浓度水平高低的生长响应。

氮素作为果树生长发育中不可缺少的大量营养元素之一，对促进苹果新梢的生长发育亦具有重要的影响。河北农业大学苹果课题组（2021）以嫁接在 SH40、冀砧 1 号、冀砧 2 号中间砧上的天红 2 号为试材，比较了不同氮素水平下盆栽幼树的新梢生长差异，结果表明，在正常供氮水平下，处理 60 d 后，SH40、冀砧 1 号、冀砧 2 号中间砧上的天红 2 号新梢的总净生长量为 39.92 cm，33.98 cm 和 27.52 cm；而在低氮浓度下，处理 60 d 后，SH40、冀砧 1 号、冀砧 2 号中间砧上的天红 2 号新梢的总净生长量为 32.95 cm、26.37 cm、19.23 cm，低氮浓度处理的苹果新梢生长量显著低于正常供氮水平。

四、苹果新梢生长调控措施

在苹果生产中，为实现苹果早果丰产，在对幼树的整形修剪管理中，既要促进新梢的生长，使树体尽快成形并具备一定的枝量，也要在适当时期控制新梢的生长，使树体由营养生长向生殖生长转化，以有利于花芽的形成，为早花早果打下基础。徐继忠等（1995）对初果期红富士苹果的枝条生长与花芽形成的相关性进行了深入研究，提出了河北省中南部地区红富士苹果幼树早果丰产的枝梢生长指标，即树冠外围一年生枝长度为 45～50 cm，长枝比例为 18％～20％，超长枝比例为 8％左右，秋梢比例为 40％～45％，即可达到 30％的成花枝率，可满足早果丰产的枝类组成需要。

（一）促长措施

1. 加强肥水管理　新梢的生长发育与水肥供应关系密切，为保证苹果新梢生长，生产中应重视苹果水肥管理。新梢在春季萌芽后的生长主要依靠树体的贮藏营养，因此应重视新栽幼树前的底肥施入、栽植后的营养及时供应。

（1）基肥。为保障新栽幼树及后期生长的需要，建园之初，应结合开挖定植沟，每 667 m^2 施入 6～8 m^3 充分腐熟的有机肥作为底肥，并与回填土充分混匀。栽植后 2～4 年，于每年 9 月上旬至 10 月初进行秋施基肥，每株树施入 30～50 kg 的充分腐熟有机肥，同时辅以氮磷钾等无机肥，氮肥可按年周期施肥总量的 60％施入，一般每株秋季施入纯氮 40～50 g，磷肥（P$_2$O$_5$）20～25 g，钾肥（K$_2$O）40～50 g。秋季基肥的充分施入，可有效提高树体的贮藏营养，对第 2 年萌芽及春梢的前期生长具有明显的促进效果。

（2）追肥。对于 1～3 年生的幼树而言，开花坐果量较少，因此该类树体器官类型比较简单，一般只有根系、新梢、叶片等几种类型。叶片展叶后基本可以依靠光合作用实现自养，因此，一年中大部分时间内，新梢生长和根系建造是生长和营养的分配中心。在新梢器官的建造中，长梢具有营养分配优势，如营养供应不足，中、短梢会首先出现缺肥现象。只有当长梢生长缓慢或停止生长的时期，养分向各类新梢分配的差异才有所减小。因此，生产中，对于旺长幼树，为控制长梢的生长，促进中、短梢营养的积累，生产中追肥一般在春梢停长期和秋梢停长期进行追肥，这是控制长梢徒长、促进分化、减少消耗、扩大积累、加强贮备的有利时机。此外，追肥与灌水、修剪相配合，可有效调节树体的各类新梢的组成比例，在不影响树体成形的基础上，可有效提升中、短梢的质量，解决营养生长与生殖生长的矛盾，做到既快速成形又能早期结果。追肥实践中，建议要因树因地追肥，一般以追施速效化肥为主，施肥量以占全年施肥量的 20％为宜。此外，生产中还可根据树体的生长表现，及时进行根外追肥，如萌芽前可喷施 2％～3％的尿素以促进萌芽和新梢的生长，对于上一年有缺锌症状的幼树，萌芽前喷施 1％～2％的硫酸锌可矫正小叶病，新梢旺长期可喷施铁肥以矫正黄叶病（详见第五章相关内容）。

（3）灌水。在苹果树体生长发育的年周期中，水分管理应贯彻"前灌后控"的原则。在萌芽前和春梢旺长期保证土壤水分供应。在我国北方苹果产区，苹果萌芽前至 6 月底前一般表现为少雨干旱气候，因此，春季萌芽前至雨季来临之前，要及时给予浇水，以满足新梢生长发育的需要，此期土壤相对水分含量以 65％～75％为宜（详见第五章相关内容）。

2. 整形修剪 1～3 年生幼树的地上管理目标主要是快速成形，因此，运用合理的整形修剪方法调控新梢生长尤为必要。在促进新梢生长方面，由于芽的异质性和芽梢顶端优势的存在，刻芽和疏除是常用的修剪方法。

（1）刻芽。春季萌芽前刻芽可促进叶芽萌发的整齐性并有利于后期新梢的生长，刻芽一般应在萌芽前 7～10 d 进行，主要是对中央领导干和侧生分枝整形带内的叶芽进行刻芽，刻芽部位为叶芽上部 0.5 cm 处，刻芽宽度以超过芽体的宽度为宜，刻芽要深达木质部。需要注意的是，并不是对整形带内所有的芽体均进行刻芽，对于新栽幼树而言，是在距地面 60 cm 以上、距定干剪口 20 cm 以下的部位进行刻芽，每隔 2～3 芽刻 1 个；对于 2～3 年幼树，主要是对中央领导干上缺枝部位以及侧生分枝中后部位进行刻芽，侧生分枝刻芽时，只刻两侧的芽体，每隔 15～20 cm 刻 1 个即可。

（2）疏除。树体萌芽后，常在主干上及剪锯口附近萌发整形中非必需的新梢，此类新梢如放任生长，会消耗大量的养分，造成营养的竞争，一是不利于其他应予保留新梢的生长，二是不利于树体整形。因此，生产实践中，要及时疏除主干上萌发的新梢、中央领导干延长枝下部的竞争梢、剪锯口附近的并生梢以及树冠内的密生梢等，以减少树体养分的无谓消耗。

3. 应用生长调节剂 苹果新梢生长发育与激素密切相关，外源生长调节剂可明显改善内源激素的平衡关系，因此生产中可以利用外源生长调节剂对新梢生长进行调控。生产中，已有研究证明应用生长调节剂可促使叶芽萌发及促进新梢生长。孟云等（2012）以嫁接在 SH40 中间砧上的 2 年生红富士为试材，从萌芽前到 7 月，对中央领导干延长枝上的缺枝部位涂抹 100 mg/kg 的 KT30 乳液，进行了不同时期促萌试验，结果表明，5 月 25 日之后处理的萌芽率最高，达 100%，显著高于其他时期处理。5 月 25 日、6 月 10 日处理促萌的芽体成枝力最高，分别为 66.0%、57.6%，超长枝长度平均为 66.7 cm、91.1 cm，枝条生长健壮，成熟度好。河北农业大学苹果课题组（2018）应用"抽枝宝"，在促进腋芽萌发抽生二次梢、三次梢方面进行了相关研究，取得了良好的实验效果，并基于该研究结果建立了苹果矮砧密植幼树快速成形技术。

（二）控长措施

在苹果幼树快速成形及早果丰产实践中，对新梢的生长既需要前期促进生长，迅速扩大枝叶量，充分利用空间和光能，也需要在适宜时期对新梢生长进行相关控制，减少无效枝叶的消耗，促使向生殖方面转化，尽早实现早花早果的生产目的。

1. 合理整形修剪 在树体的整形中，对新梢的生长量有一定的要求，因此当新梢达到整形的技术参数要求后，应及时对新梢采取相关整形修剪技术措施，以控制新梢的旺长，达到整形的要求。对新梢控制生长的主要思路是消除顶端优势，使之缓和生长。

（1）拉枝开角。幼树拉枝开角的对象主要是着生在中央领导干上的侧生分枝。河北农业大学苹果课题组多年的实践研究表明，对于树形为细长纺锤形或高纺锤形的树体，当侧生分枝长度达到 25～30 cm 时，即需要对侧生分枝基部进行软化开角，开张角度至 120°，之后随着新梢的生长，及时进行拉枝。此项措施可有效控制新梢的旺长。

（2）扭梢。扭梢的对象主要是着生在侧生分枝上的背上直立新梢。扭梢一般于 5 月上中旬，新梢基部处于半木质化时，在新梢基部扭动，使新梢基部和韧皮部受伤而不折断，新梢扭伤后呈平斜或下垂状态，可控制背上新梢旺长，促进生长点停止生长且有利于成花。

（3）摘心。夏季摘除长梢幼嫩的梢尖，可削弱新梢的顶端优势，促进侧芽萌发并形成副梢，增加树体早期枝量。苹果幼树期，可对着生在中央领导干上的侧生分枝、着生在侧生分枝上的平斜长梢进行摘心，一般新梢长到 20 cm 左右时即可进行第一次摘心，之后新梢每生长 15 cm 左右摘心 1 次，生长季可连续摘心 2～3 次。秋季对幼树上旺长的新梢进行摘心，可促进枝芽充实，有利于幼树安全越冬。

2. 调控水肥施入 苹果新梢的生长离不开水肥供应，但过多水肥易造成新梢的徒长。周珊珊等（2011）利用热扩散茎流测定系统（TDP）对渭北高原矮化红富士树干液流进行长期定点定位观测，结果表明，在生长季节中的 7—9 月，降水量与充分灌水条件下的蒸腾量之比、以及降水量与不灌水条件下的蒸腾量之比均大于 1，降水基本上可以满足蒸腾量之需，同时也说明此期有大量的降水浪费，应该加强水分管理，采取径流集水措施将这部分水分存储起来用于缺水期。但是 3—6 月的这两个比值为 0.18～0.95，即该时期苹果树的水分供求关系矛盾比较突出，应该加强水分补给。田歌等（2020）以 6 年生的烟富3/SH6/平邑甜茶为试材，研究了萌芽期至果实成熟期 7 个时期下的树体生长和氮素积累动态。结果表明，萌芽后 30～90 d 是叶梢干物质积累的关键时期，萌芽后 30～60 d 叶片和新梢对肥料氮的吸收征调能力显著提高且达到生长期最高水平，为 38.4%，之后随着物候期的推移，叶梢对肥料氮的吸收征调能力逐渐下降，以上结果表明萌芽后 30～60 d是苹果幼树氮肥施入的关键期，而后期需要控制氮肥的施入，以防止树体营养生长过盛。综上，实际生产中应根据土壤含水量及叶片营养分析，适时调控水肥施入，特别是在雨季，要严格控制水和氮肥的施入，以避免苹果秋梢的旺长。苹果新梢生长后期，可适当追施磷钾肥，以提高叶片的生理机能，增加有机营养的产出与积累，促使新梢发育充实。

3. 喷施生长调节剂 生产中为控制新梢的旺长，可喷施 PBO、调环酸钙等生长调节类物质控制新梢的旺长。河北农业大学苹果课题组（2020）以 2 年生的天红 1 号/SH40/八棱海棠砧穗组合为试材，研究了不同生长调节物质（多效唑、PBO、氨基酸）不同浓度处理对矮砧密植苹果幼树的控梢效果及成花的影响。结果表明，与对照喷清水相比，喷施100 倍 PBO 和 500 倍多效唑处理的控梢和成花效果最好；氨基酸处理对控制新梢生长效果不佳，但有利于当年花芽形成，60 倍氨基酸处理成花效果最好。马宝焜等（1990）对3～4 年生红富士苹果幼树进行了喷施多效唑调控新梢生长研究，连续 2 年的研究结果表明，多效唑对红富士苹果幼树新梢生长具有明显的抑制作用。其中，1 000 mg/L 多效唑喷施处理控制新梢生长效果显著，新梢增长量为对照的 33.4%，250 mg/L 的多效唑喷施效果最差，新梢增长量为对照的 79.4%，500 mg/L 的喷施效果居中，据此提出控制苹果新梢生长的多效唑适宜浓度为 500～1 000 mg/L。同时该研究还发现，喷施多效唑可使秋梢节数减少，节间长度缩短，枝条发育充实，提高了树体越冬能力并促进了花芽形成，有利于幼树早花早果。高登涛等（2020）以嫁接在 M9T337 矮化自根砧上的阿珍富士为试材，通过喷施不同浓度的 PBO 和调环酸钙，比较了不同生长调节剂对新梢控长的影响，结果表明，处理 1 个月后，喷施不同浓度 PBO 和调环酸钙的新梢和对照喷清水相比，生长明显受到不同程度抑制，其中喷施调环酸钙的整体控梢生长效果要优于喷施 PBO 的效果。秋季停长后调查结果显示，调环酸钙各处理新梢生长长度要低于 PBO 处理，与喷施前相比，500 mg/L 调环酸钙处理的新梢生长量最小，为 3.61 cm，与对照相比，生长量降低了 62.67%；300 mg/L 调环酸钙处理次之，为 4.75 cm，与对照相比，生长量降低了 50.88%；调环酸钙各处理的新梢生长直径均高于 PBO 处理，其中 300 mg/L 和 500 mg/L 处理新梢生长直径最高，为 0.15 cm，与对照相比，生长直径均增加了 400%。

4. 合理负载　新梢与果实均是苹果树体营养生长的中心，二者存在营养竞争的关系。对于 2~3 年生苹果幼树，生产的目标既要促进树体的枝量增加以有利于尽快成形，又要进行合理调控，使营养生长在适宜时期向生殖生长转化，以达到促进花芽分化，实现早花早果。生产中，对于树势健壮、树体接近成形的幼树，可适当留花留果，以花果的生长调控新梢生长。因此，对于幼树的开花及坐果的管理，我们需要在合理整形的基础上，可以采取适当留，2 年生树体中央领导干着生的中下部侧生分枝可留果 1~2 个，3 年生树体中央领导干上着生的中下部侧生分枝可留果 2~4 个，上部侧生分枝留果 1 个，达到以果压冠的目的。

第二节　苹果叶芽促萌及幼树快速成形技术

现代苹果栽培中，由于建园水平越来越高、苗木培育质量越来越好，加之基本均采用矮砧密植栽培模式，因此在新栽幼树整形修剪管理上，可以采用先进的管理技术措施对幼树实施快速成形技术，使新栽幼树在 2~3 年内达到整形要求，以利于尽快实现早花早果生产的目的。

一、苹果叶芽萌发及机理

（一）叶芽形成

苹果的叶芽外面有鳞片包被着，芽鳞内有一个具有中轴的雏梢，是芽内生的枝叶原始体。发育正常的叶芽生长点是由方形、5~20 μm、充满原生质的胚状细胞构成，整个生长点呈半圆球状。叶芽生长点被叶原基、过渡性叶和鳞片覆盖着。春季萌芽前，休眠芽中就已经形成新梢雏形，因此称为"雏梢"。在雏梢叶腋内新的腋芽原基，可以形成腋芽或副梢。叶芽萌发生长，芽鳞脱落，留有芽鳞痕。中、长营养枝的形成除由芽内分化的枝、叶原始体生成外，还有芽外分化的枝、叶部分。芽鳞片的多少、内生雏梢的节数，常常标志着芽的充实饱满程度。一般充实饱满的苹果芽常有鳞片 6~7 片，内生叶原始体 7~8 个。苹果侧芽鳞片内有 3 个生长点，中间者最大的为主芽，两侧的为副芽，正常生长的为主芽，两个副芽呈潜伏状。叶芽发育的质量关系到新梢长短、叶片的数量和质量。叶芽发育包括芽原始体的出现、鳞片分化和叶原基分化 3 个时期。

1. 芽原始体的出现期　苹果休眠期的叶芽多半只有中心生长点，随着芽的萌发在叶原基叶腋中，自下而上发生新的腋芽生长点，苹果侧芽原始体发生的盛期为 4 月中旬至 6 月中旬。

2. 鳞片分化期　生长点生成后由外向内分化鳞片原基，并逐渐发育成固定的鳞片，苹果的鳞片分化从萌动一直延续至该芽所在节位的叶片停止增大时，所以叶片增大期也是该节腋芽的鳞片分化期。

3. 叶原基分化期　生长点进一步分化即出现叶原基。苹果的短枝一般在 6 月中下旬完成叶原基分化，进入夏季前休眠。春季解除休眠后，短枝只增加 1～2 片叶原基甚至不增加；形成中长梢的芽体此时期可以增加 3～10 片叶原基。芽萌动后叶原基的数目基本不再增加，所以萌芽前叶原基的多少决定新梢的长短。

（二）叶芽促萌及机理

叶芽是枝、叶生长的基础，由于叶芽的顶端优势和异质性，因此处在不同部位的休眠芽其萌发力有差异；同时，苹果叶芽萌发力的强弱，也常因品种不同而存在差异。芽的萌发力不同，对萌发后新梢的长势也有一定影响。另外，果树新梢上的芽如当年形成当年萌发，抽生二次枝或三次枝，这种芽称为早熟性芽。而苹果的腋芽具有晚熟性，一般当年形成当年不萌发，且一直处于休眠状态，直至翌年春季萌发。苹果不同部位叶芽的萌发力差异及当年生叶芽的晚熟特性，均不利于幼树期的枝量快速增加及成形，因此生产中应根据叶芽的生长特性进行促萌，以促使叶芽萌发整齐或诱导产生副梢。

1. 叶芽促萌措施　苹果叶芽的促萌主要包括萌芽前促萌和生长季促萌。

（1）萌芽前促萌。由于芽的异质性，春季苹果枝干上叶芽萌发时，不同部位的叶芽萌发存在差异。为促进叶芽萌发的一致性和后期新梢的生长发育，生产中常采用刻芽、涂抹或喷施促萌生长调节剂进行春季叶芽促萌。

（2）生长季促萌。在苹果生长季节，叶芽促萌的措施主要有摘心、涂抹或喷施促萌生长调节剂等。王森森等（2014）以当年春季单芽腹接在 SH40 矮化中间砧红富士苹果苗为试材，于 3 个时期分别进行摘心、摘心＋摘叶、涂抹苹果整形 1 号、喷施苹果整形 2 号处理。结果表明：3 个时期的 4 种措施均能显著提高苹果苗的总分枝数及大于 5 cm 分枝数及分枝平均长度；涂抹苹果整形 1 号和喷施苹果整形 2 号 2 种措施的效果明显好于摘心和摘心＋摘叶。程方（2020）以 1 年生的长富 2 号/M9T337/八棱海棠砧穗组合为试材，研究了摘心处理对苹果新梢腋芽萌发的影响，结果表明，摘心处理能明显促进苹果腋芽萌发，萌芽率高达 85％以上，而对照的腋芽不萌发。河北农业大学苹果课题组（2017）以 1 年生矮砧红富士半成品苗为试材，研究了涂抹抽枝宝对幼树腋芽萌发及成形的影响，结果表明，当中央领导干延长枝长度长至 70～80 cm 开始涂抹抽枝宝，其形成总枝量最多且中长枝比例较低，二次枝短枝数量是长度长至 90～100 cm 开始涂抹抽枝宝的处理的 4.75 倍，二者差异显著。侧生分枝长至 40～50 cm 开始涂抹抽枝宝的试验树长势最好，其休眠期树高为 183 cm，干径 22.32 mm，枝干比 0.61，二次枝、三次枝的长枝长度及中、长枝比例均优于另外 2 个处理。孟云等（2012）研究了喷施 6 - BA 对天红 2 号苹果苗腋芽萌发的影响，结果表明，喷施 6 - BA 后 10 d 内单芽质量变化表现为，前期增长缓慢，4 d 后快速增长，8 d 后增长变缓。4～8 d 为腋芽膨大至萌发阶段，5 d 时腋芽明显膨大，7 d 萌发，9～10 d 长约 1 cm，在处理苗木顶端以下 5～45 cm，平均萌发 15 个腋芽，450 株苗萌发率 100％。从处理到萌发，单芽质量增加了约 38.82 mg。而对照腋芽质量没有明显变化，也未萌发。

2. 叶芽的促萌机理　目前关于苹果叶芽的促萌机理研究，主要集中在促萌期间芽内内含物变化规律的生理机制及相关基因表达的分子调控机理方面。

（1）生理变化。叶芽萌发过程中，其内部营养物质含量、内源激素含量均发生不同变化。河北农业大学苹果课题组于 2021 年春季研究了红富士和王林两个品种叶芽萌发过程中的可溶性糖、淀粉及内源激素含量的变化规律。结果表明，在萌芽期，红富士和王林叶芽的可溶性糖和淀粉的含量表现为先升高再下降的趋势，两个品种的可溶性糖含量均在 3 月 12 日达到最大值，分别为 19.13％和 19.59％，红富士叶芽内的淀粉含量在 3 月 21 日达到最大值为 10.71％，王林叶芽内的淀粉含量则在 3 月 16 日达到最大值为 10.27％；两个品种萌芽期叶芽内的可溶性糖与淀粉含量均明显低于休眠期。在叶芽萌发期，红富士和王林叶芽内的玉米素核苷（ZR）、二氢玉米素（DHZR）、赤霉素（GA$_3$）含量均呈先上升后下降的变化趋势，三者均在 3 月 12 日达到最大值，只是两个品种的玉米素核苷（ZR）、二氢玉米素（DHZR）含量在 3 月 12 日之后大幅下降，而赤霉素（GA$_3$）含量在 3 月 12 日至 3 月 31 日之间呈缓慢下降趋势，一直保持较高含量。

姜璇（2020）研究了生长季涂抹"抽枝宝"对苹果新梢腋芽萌发过程中内源激素含量变化的影响，结果表明，经抽枝宝处理后的苹果腋芽 3～48 h 内源 IAA 含量缓慢上升，显著低于同期对照水平；内源 IAA 含量在处理后 96 h 上升至最高，与对照无显著性差异。内源 iP（异戊烯基腺嘌呤）含量在 0～12 h 呈上升趋势，至 12 h 到达顶峰，显著高于同期对照。"抽枝宝"处理和对照的内源 DHZ 含量在苹果腋芽促萌过程中无显著性差异。"抽枝宝"处理的内源 ZT 含量在 0～48 h 略有波动，但与同期对照相比无显著性差异；涂抹"抽枝宝"的腋芽 ZT 含量在 48～96 h 显著上升，至 96 h 到达最高值，与对照差异显著。涂抹"抽枝宝"处理的苹果腋芽 IAA/ZT 的比值在 12～96 h 显著下降，且在腋芽促萌过程中抽枝宝处理的苹果腋芽 IAA/ZT 比值始终低于对照。孟云等（2012）以嫁接在 SH40 中间砧上的天红 2 号苹果苗为试材，对 6 - BA 处理后幼苗腋芽萌发生长和萌发过程中内源激素含量的变化和平衡关系进行了研究，结果表明，6 - BA 处理后腋芽内 IAA 含量初期（大约 2 d）明显降低，随后开始缓慢升高，ZRs 和 GAs 含量迅速升高，6～8 d 后二者均开始降低；枝皮内 IAA 含量显著持续降低，ZRs 含量略有降低，6 d 后二者均开始缓慢升高，GAs 含量变化趋势相反，先升后降；腋芽和枝皮内 ABA 含量均降低。6 - BA 处理后打破了顶端优势，枝皮内 IAA 降低有利于腋芽内 IAA 向主茎输出，同期调动枝皮中 ZRs 向腋芽运输，腋芽内 ZRs 升高，腋芽激活萌发，芽内开始合成大量 IAA。随着 6 - BA 作用减弱，4 种内源激素含量变化曲线大都在 6～8 d 开始回落，同时腋芽萌发，内源激素又开始达到新的平衡。

（2）基因表达。苹果腋芽的萌发是由多基因控制的数量性状，并且易受环境条件的影响。大量研究发现，生长素、细胞分裂素、独脚金内酯、赤霉素和蔗糖等途径均能调控植物分枝，但这些调控途径在不同物种上的作用存在差异性。河北农业大学苹果课题组（2020）对涂抹"抽枝宝"后 2 d 和 6 d 的苹果腋芽进行了转录组测序，共获得 463 165 116 对 clean reads。涂抹"抽枝宝"后 2 d 的苹果腋芽中高丰度表达基因数量最多，涂抹"抽枝宝"后 6 d 的特异表达基因数量最多，为 656 个。COG 数据库比对结果显示，差异基因部分富集到信号转导机制和碳水化合物的运输及代谢等条目。GO 分析表明代谢过程和细胞过程在苹果腋芽响应"抽枝宝"刺激萌发的过程中发挥重要作用。KEGG 分类结果显示苹果腋芽促萌过程中差异基因多涉及植物激素信号转导通路、苯丙烷类生物合成通路、淀粉和蔗糖代谢通路和碳代谢通路等通路。进一步对苹果腋芽促萌过程中的生长素信号转导相关基因（*IAA4*、*GH3.1-1*、*GH3.1-2*）和细胞分裂素信号转导相关基因（*ARR5*、*ARR17*、*ORR9*、*ORR10*）进行了相对表达量测定，结果表明，苹果腋芽中生长素信号转导相关基因（*IAA4*、*GH3.1-1*、*GH3.1-2*）在腋芽萌发过程中具有重要作用，苹果腋芽萌发与细胞分裂素信号转导基因（*ARR5*、*ARR17*、*ORR9*、*ORR10*）的上调表达有关。李国防（2018）利用苹果属中一种山定子多分枝突变体（MB）及其野生型（WT）为材料，构建了 WT 和 MB 建成腋芽的 RNA-seq 文库，差异表达基因分析显示，388 个基因上调表达，728 个基因下调表达。GO 富集分析，发现差异基因显著富集到转录调控、信号转导、蛋白结合、ATP 代谢和磷酸化途径。KEGG 分析显著富集到 RNA 代谢和植物激素信号转导，其中与激素信号转导和细胞活力相关的基因约 70% 出现下调。激素信号转导途径和不同萌发阶段腋芽中相关基因的表达显示，腋芽萌发与 auxin 极性运输、CTK 信号、糖代谢与运输活力等正相关；SL（独脚金内酯）相关基因先上调后下降表达规律，可能与其自身途径存在的反馈调节机制有关。参考模式植物中 SL 相关的突变体的表型特征，认为 *MbMAX2* 基因与 MB 表型的产生可能密切相关。基于转录组和分枝表型分析发现，苹果 *MAX2* 基因（*MDP0000305017*）和 *D14* 基因（*MDP0000529739*）的表达水平在腋芽萌发过程显著变化。苹果 *MAX2* 和 *D14* 基因表达水平无明显组织特异性，且在腋芽萌发过程中 *MAX2* 和 *D14* 基因的表达水平与腋芽萌发状态无显著的相关性。经外源 GR24（人工合成的独脚金内酯类似物）处理后，*MbMAX2* 和 *MbD14* 基因表达会降低；*MbMAX2* 和 *MbD14* 启动子活性分析发现，GR24 处理后 GUS 活性显著降低，说明 SL 会抑制 *MbMAX2* 和 *MbD14* 基因的表达。刘小杰等（2017）以长富 2 号为材料，从其腋芽中克隆得到一个候选基因 *MdPIN15*，其开放阅读框为 1 869 bp，编码 622 个氨基酸。实时定量 PCR 表明，*MdPIN15* 梢尖部位表达量最高，其次是腋芽，在花芽中表达量最低；外源 GR24 和 LVS（细胞分裂素合成抑制剂）处理降低 *MdPIN15* 的表达量；6-BA 和去茎尖处理提高了 *MdPIN15* 的表达量。*MdPIN15* 在介导细胞分裂素（CTK）、生长素（IAA）和独脚金内酯（SL）等激素调控腋芽萌发有重要作用。

二、树形选择

1. 细长纺锤形　主干高 60～70 cm，树高 3.5 m 左右，冠径 2～2.5 m。中央领导干直立强健，中央领导干上均匀着生 20 个左右分枝（或称小主枝），小主枝不分层，呈螺旋上升状排列，同侧主枝上下间距 40 cm 左右；主枝开张角度 90°～120°，主枝单轴延伸，不留侧枝，主枝上直接着生结果枝或小型结果枝组；主枝与中央领导干从属关系明显，枝干比小于 1∶3，下层主枝较大，向上依次减小，树冠呈细长纺锤状（图 4-1）。该树形适于株行距（1.5～2）m×4 m 的苹果矮砧密植栽培。

2. 高纺锤形　主干高 80 cm 左右，树高 3.5 m 左右，冠径 1.5 m 左右。中央领导干直立强健，中央领导干上直接着

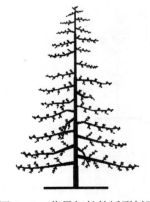

图 4-1　苹果细长纺锤形树形

生35～45个小主枝，在中央领导干呈螺旋上升状均匀排列，同侧主枝上下间距30 cm左右；主枝开张角度110°～120°，单轴延伸，主枝上直接着生结果枝；小主枝与中央领导干从属关系明显，枝干比小于1：5；小主枝平均长度不超过75 cm，在树冠上下长度基本一致，树冠狭长、树形紧凑，呈高纺锤形（图4-2）。该树形适于株行距（0.8～1.5）m×（3～4）m的苹果矮砧密植栽培。

三、快速成形技术

（一）半成品苗

1. 第1年

（1）中央领导干扶壮。当嫁接芽萌发的新梢长至40～50 cm时，应及时在苗木旁插立杆并对新梢进行绑缚，之后每生长30 cm左右继续进行绑缚，以保持中央领导干的直立生长优势（图4-3）。

（2）疏梢除萌。生长季及时疏除砧木上萌发的新梢及基部萌蘖。

（3）促发副梢。当嫁接芽萌发的新梢长至90 cm左右时，在距地面60 cm以上、距新梢顶端15 cm以下的部位涂抹"抽枝宝"或喷施6-BA，以促使腋芽萌发。涂抹"抽枝宝"以每隔2～3芽涂抹1个为宜。之后中央领导干延长梢每生长30～40 cm进行涂抹或喷施1次，直至8月上旬。当中央领导干上促萌的副梢长至35 cm左右时，对萌发的副梢摘心、涂抹抽枝宝或喷施6-BA促发3次梢，涂抹抽枝宝时，仅处理距基部15 cm和距新梢顶端10 cm之间的两侧腋芽，每隔2～3个涂抹1次，随生长随处理，直至8月上旬。

（4）拉枝开角。当中央领导干上促发的副梢长至25 cm左右时，及时对副梢进行拉枝开角，要求开张角度为120°左右，可采用开角器、线绳或细铁丝进行拉枝开角。副梢生长后期要注意对梢头角度的控制。

图4-2 苹果高纺锤形树形

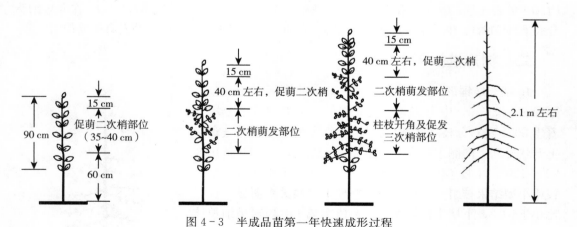

图4-3 半成品苗第一年快速成形过程

2. 第2年

（1）疏除枝梢。春季萌芽前，疏除着生在中央领导干上的过粗枝（枝干比大于整形标准）、过密枝、重叠枝、竞争枝，保留枝干比适宜、位置适当的侧生分枝。生长季，及时疏除距地面 60 cm 内的萌芽和基部砧木萌蘖，疏除中央领导干延长梢的竞争梢以及侧生分枝延长梢的竞争梢、疏除距侧生分枝基部 15 cm 内萌发的新梢及侧生分枝背上萌发的无处理空间的背上梢。

（2）短截中央领导干延长枝。春季萌芽前，对疏除分枝后，中央领导干上最上端保留的第一个分枝处，如其上的中央领导干延长枝长度小于 60 cm，基部粗度小于 0.6 cm，进行短截，剪截部位距保留的第一个分枝处 30～40 cm；若其上的中央领导干延长枝长度大于 60 cm，粗度大于 0.6 cm，则不进行短截。

（3）疏除花序。为达到以果压冠的目的，对树冠中下部主枝上的花序要适当保留。一般每主枝留果 1～2 个为宜，以选留着生在主枝中间部位的侧生花序为好，其余疏除。

（4）促萌新梢。萌芽前 10～14 d，对中央领导干延长枝及保留的侧生分枝进行刻芽或涂抹、喷施促萌发类物质，促进叶芽萌发。刻芽或涂抹抽枝宝以每隔 2～3 个芽处理 1 芽为宜，侧生分枝上只促萌枝条两侧芽，且距枝条基部和顶端 15 cm 内的部分不进行促萌处理。生长季对中央领导干延长梢按第 1 年处理方法进行 2 次梢和 3 次梢促萌。

（5）拉枝开角。生长季，当中央领导干上促萌的新梢长至 25 cm 左右时，及时进行拉枝开角，开张角度为 120° 左右，生长后期要注意对梢头角度的控制。对侧生分枝两侧萌发的新梢要及时进行拉平或下垂处理。

（6）扶壮中央领导干。生长季继续对中央领导干延长梢进行绑缚，保持其直立生长优势。

3. 第 3 年

（1）中央领导干延长枝修剪。第 3 年，树高达到 3.0 m 以上，符合树体整形要求，则对中央领导干延长枝不短截。如树高低于 3 m，则继续短截处理，留枝长度以 30 cm 左右为宜。

（2）侧生分枝修剪。疏除过密枝、重叠枝、病虫枝、梢头竞争枝，使着生在中央领导干上的侧生分枝同侧间保持 30 cm 以上的间距，使着生在侧生分枝上中短枝间距在 15 cm 以上，疏除着生在侧生分枝上的背上直立徒长枝。

（3）疏除花序。对树冠中下部主枝上的花要适当保留。一般根据主枝长势、花量进行疏花，疏除后以每主枝留果 2～4 个为宜，选留部位以主枝中部为宜。

（4）生长季促发新梢。生长季对中央领导干延长枝新萌发的一次梢按上年处理方法继续促发 2 次梢和 3 次梢，直至 8 月中旬；对着生在中央领导干的上一年抽生的 2 次枝涂抹或喷施发枝素促发新梢。生长季继续拉枝开角，同时对着生在侧生分枝上的背上枝进行拉枝或扭梢，使其下垂生长。

4. 第 4 年

（1）中央领导干延长枝修剪。对树高达到树形要求的树体，对中央领导干延长枝不再短截，只是疏除中央领导干延长枝下方的 2～3 个竞争枝，对中央领导干延长枝缓放；对树高超过树形要求的树体，可采取弱枝换头的修剪方法，选取中央领导干延长枝下方一个较弱的、直立生长的 1 年生枝做延长枝，疏除原有的强旺延长枝，以控制树体长势；对树高不符合树形要求的树体，则继续对中央领导干延长枝进行短截处理，一般剪留 60～80 cm，剪口处留饱满芽并涂抹愈合剂。

（2）主枝修剪。第 4 年对主枝的修剪分为两种情况。一是对中央领导干上着生的 1 年生主枝按第 3 年的修剪方法进行。二是对中央领导干上着生的 2～3 年生主枝修剪，基本方法是疏除主枝上的徒长枝、背上枝、过密枝、竞争枝，距主枝基部 10 cm 内不留结果枝；修剪后主枝两侧均匀着生长、中、短枝，间距 20 cm 左右。

（3）疏除花序。第 4 年树体已可形成一定的产量。可根据树体长势、花量进行疏花，疏除后以每主枝留果 4～6 个为宜。

（4）疏梢除萌。生长季应注意保持树冠内通风透光，以促进花芽分化和果实生长。生长季要注意疏梢除萌，即继续疏除中央领导干上剪锯口处的并生梢、中央领导干上同侧着生的过密梢；继续疏除中央领导干上距地面 60 cm 内的新梢和基部砧木萌蘖；疏 2～3 年生主枝上的背上旺长梢、延长头的竞争梢。

（5）拉枝开角。生长季对中央领导干上萌发的新梢 5 月及时进行软化开角，6 月进行拉枝，一直持续到秋梢停止生长，期间防止梢头上翘。

（6）摘心。生长季对中央领导干或主枝上萌发的粗壮新梢及时进行摘心去叶，抑制其长势，并促进其上腋芽萌发形成中短枝。

（7）转枝扭梢。生长季对主枝上萌发的直立生长新梢进行低位扭梢，对斜向上生长的新梢及时进行转枝或用开角器、铁丝进行软化拉平，防止徒长。

5. 5 年以后修剪

5 年以后，树体进入盛果期，此期的整形修剪工作主要是每年疏除枝干比不符合整形标准的过粗侧生分枝 2～3 个，维持树体结构上下平衡；疏除过密枝或背上直立枝，保证树冠内、行间通风透光；回缩结果年限长、生长衰弱的枝条，以维持中庸树势，延长结果年限。

（二）成品苗

1. 第 1 年

（1）定干。定干高度依苗木质量、立地条件等而定，定干选择在饱满芽上方 0.5～0.8 cm 处进行（图 4-4）。一般情况下，1 年生成品壮苗（干径＞1.4 cm）定干高度为 100～120 cm，疏除中央领导干上所有分枝；1 年生成品弱苗（干径＜1.4 cm）则在 80～100 cm 处定干，且保证剪口下有 8～10 个饱满芽。如果为带分枝大苗，高度在 180 cm 以上、且生长健壮，可不定干，疏除粗度超过主干 1/3 的分枝。剪口处涂抹愈合剂。

（2）促发分枝。于春季定干后、萌芽前进行刻芽或涂抹或喷施发枝素促发分枝，促发分枝部位为距定干剪口 10 cm 以下与距地面 60 cm 以上的中间部分，每隔 2～3 芽螺旋状进行刻芽或涂抹发枝素处理，处理后套筒状塑膜袋。萌芽后 10 d 内对不发枝部位进行 2 次刻芽或选择其他适宜发枝部位进行刻芽或涂抹发枝素。

（3）扶壮中央领导干延长枝。当定干剪口下的新梢长至 5～10 cm 时，选留长势直立健壮的新梢为延长枝，疏除其下 2～3 个竞争性新梢，当选留的新梢长至 30～40 cm 时，将其绑缚在立杆上，之后边生长边绑缚，以保证中央领导干直立生长优势。

（4）拉枝开角。当中央领导干上萌发的新梢长到 20 cm 左右时，进行新梢基部拿枝软化，开张角度，使其角度在 90°～100°，当新梢长至 35～40 cm 时，进行拉枝开角，拉枝角度 120°，后期注意对新梢延长头进行角度控制，直至秋梢停长。

（5）促萌副梢。当中央领导干延长梢长至50 cm左右时，在延长梢顶端15 cm以下至延长梢基部的中间部位涂抹"抽枝宝"或喷施6-BA，以促使腋芽萌发。涂抹抽枝宝以每隔2~3芽涂抹1个为宜。之后中央领导干延长梢每生长30~40 cm进行涂抹或喷施1次，直至8月上旬。当中央领导干上萌发的侧生新梢长至35 cm左右时，对萌发的新梢涂抹抽枝宝或摘心或喷施6-BA促发3次梢，涂抹"抽枝宝"时，仅涂抹距基部15 cm和距新梢顶端10 cm之间的两侧腋芽，每隔2~3个涂抹1芽，随生长随处理。

（6）疏梢除萌。春季萌芽后，疏除距地面60 cm以下的新梢及基部砧木萌蘖；生长季及时疏除中央领导干延长枝上的竞争性新梢，疏除主枝上的竞争性新梢或因拉枝开角造成的主枝基部萌发的新梢。疏枝除萌后应及时涂抹伤口愈合剂。

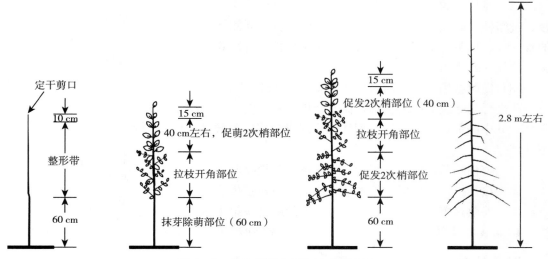

图4-4 成品苗第1年快速成形过程

2. 第2年

（1）短截中央领导干延长枝。对中央领导干延长枝依据其长势进行短截，一般中央领导干延长枝剪留长度为60~80 cm，剪口处留饱满芽；剪口处涂抹愈合剂。

（2）疏除侧生分枝。如中央领导干上侧生分枝数量≤5个且有分枝枝干比>1/3，疏除中央领导干上所有分枝，疏除时留马蹄形斜剪口（距地面50 cm内留平剪口）。如中央领导干上分枝数量≥6个，选择合适部位留4~5个分枝（枝干比<1/3，长度<80 cm），疏除枝干比>1/3、长度>80 cm和距地面60 cm以内的分枝，疏除时留马蹄形斜剪口。疏除侧生分枝上的梢头竞争枝、背上直立徒长枝，保持主枝单轴延伸。

（3）促萌新梢。萌芽前对剪留中央领导干延长枝进行刻芽或涂抹或喷施发枝素进行促萌，对中央领导干延长枝基部至距剪口处15 cm的中间部分，每隔2~3芽进行刻芽或涂抹或喷施发枝素，促发新梢。如中央领导干上的侧生分枝春季萌芽前全部疏除，从距地面60 cm处向上至剪口下15 cm之间部位进行刻芽或涂抹或喷施发枝素，方法同上。

（4）疏梢除萌。当中央领导干延长枝顶端新梢长至5~10 cm时，选留长势直立健壮的新梢为中央领导干延长梢，疏除其下2~3个竞争性新梢。萌芽后及时疏除中央领导干上剪口处的并生梢、过密梢，疏除中央领导干上距地面 60 cm 内的新梢或基部砧木萌蘖。

（5）拉枝扭梢。对中央领导干上萌发的新梢按第 1 年管理方法进行拉枝开角。当侧生分枝上的背上新梢长至 15～20 cm 时（半木质化程度）在基部进行低位扭梢，斜上生长新梢长至 15 cm 时进行转枝或软化拉平，控制其长势。

（6）促萌副梢。对中央领导干上萌发的新梢按第 1 年管理方法进行促萌副梢。

3. 第 3 年

（1）短截中央领导干延长枝。第 3 年，树高达到 3.0 m 以上，符合树体整形要求，则对中央领导干延长枝不短截。如树高低于 3.0 m，则继续短截处理，留枝长度以 60 cm 左右为宜。

（2）疏枝缓放。对着生在中央领导干上的、枝干比不符合整形标准的粗壮枝、重叠枝、过密枝及病虫枝进行疏除，疏除后侧生分枝同侧间距 30 cm 左右；疏除 2 年生分枝上的直立枝、梢头竞争枝；对保留的一年生分枝进行缓放不短截，并对开张角度不够的枝条进行拉枝，开张角度至 120°。

（3）促萌新梢。萌芽前对中央领导干延长枝基部至距剪口处 15 cm 中间部分，每隔 2～3 芽进行刻芽或涂抹发枝素，促发新梢。对长度＞60 cm 的分枝在距基部 15 cm 和距枝头 20 cm 中间部位的侧芽进行刻芽或涂抹发枝素，每隔 2～3 芽进行处理，背上、背下芽不处理。

（4）疏梢除萌。按第 2 年管理方法进行疏梢除萌。

（5）拉枝扭梢。按第 2 年管理方法进行拉枝扭梢。

（6）促萌副梢。对中央领导干上萌发的新梢按第 1 年管理方法进行促萌副梢。

4. 第 4 年及以后修剪 参照半成品苗树体整形修剪方法进行。

四、修剪技术的综合运用

苹果修剪的方法很多，在实际应用中，根据修剪的目的，综合应用一种或几种方法。

（一）调节枝条生长势

1. 增强枝条生长势 主要措施有：中度短截，剪口留饱满芽；保持枝干直线延伸，少弯曲；保持较直立的开张角度；中度回缩，去弱留强，去平留直；疏除弱枝、过密枝，少留果枝，顶端不留果枝等。

2. 减缓枝梢生长势 主要措施有：轻短截，少短截，剪口留不饱满芽、瘪芽，在春秋梢交界的盲节处短截；长放；疏剪时，去强枝，留弱枝，去直立枝留平斜枝，多留结果枝。拉枝开角，保持枝干有较大的开张角度，甚至下垂；保持枝干弯曲生长，通过扭梢、拿枝、环割等措施损伤枝梢局部组织等。

（二）调节枝量

在比较好的肥水条件下，修剪时尽量保留已抽生的枝梢，夏季摘心，芽上环割，刻伤，曲枝扭枝等措施，可以提高萌芽率，增加发枝数量。短截虽减少了芽数，不能直接增加枝量，但可以促发长枝，增加了新梢上的芽数，翌年缓放，可以增加更多的枝量。疏枝、疏梢则减少枝量。

（三）调节花芽量

修剪调节花芽形成的途径主要在于调节枝梢停止生长期、改善光照和增加营养积累，花芽形成后，通过剪留结果枝和花芽来调节。幼树要在保证健壮生长和必要的枝叶量的基础上采取轻剪、长放、疏剪、拉枝、扭梢、应用生长调节剂等措施，以缓和生长势和及时停止生长，促进花芽分化。必要时也可采用环剥、环割、扭梢、摘心等措施，使所处理的枝梢在花芽分化期增加有机营养积累，促进花芽形成。郁闭果园和枝梢过密树，要通过改形、疏枝、开张角度，以改善光照，增加营养积累，促进花芽分化。

◆ 主要参考文献

白旭亮，2015. 保定地区不同砧穗组合苹果树生长结果及效益评价 [D]．保定：河北农业大学．

陈海江，马宝焜，陈四维，1993. 红富士苹果幼树越冬抽条的生理学研究 [J]．河北农业大学学报，16（1）：41-45.

陈汝，刘全全，许丽，等，2020. 矮化自根砧和中间砧苹果在滨海盐碱地的栽培特性 [J]．河北农业科学，24（3）：55-58.

程方，2020. 苹果独脚金内酯合成基因 MdMAX1 调控腋芽萌发的功能研究 [D]．杨凌：西北农林科技大学．

杜俊兰，2015. 苹果中间砧长度及入土深度对树体生长与结果的影响 [D]．杨凌：西北农林科技大学．

郭静，2014. SH40 实生后代作中间砧对红富士苹果生长结果的影响 [D]．保定：河北农业大学．

何平，李林光，王海波，等，2018. 不同砧穗组合对沂水红富士苹果生长、产量和花芽分化期侧芽激素水平的影响 [J]．山东农业科学，50（2）：50-55.

姜璇，2020. 苹果矮砧幼树快速成形及腋芽促萌研究 [D]．保定：河北农业大学．

姜璇，尹宝颖，缪国印，等，2018. 涂抹抽枝宝对矮砧红富士半成品苗快速成形的影响 [J]．中国果树（4）：15-18.

李国防，2018. 苹果 MAX2 基因介导独脚金内酯信号调控腋芽萌发的功能研究 [D]．杨凌：西北农林科技大学．

李宏建，王宏，刘志，等，2020. 嘎拉苹果不同留果量对枝类组成、果实品质和产量的影响 [J]．果树学报，37（12）：1856-1864.

李怀梅，1997. 首红、新红星苹果新梢和果实生长规律的研究 [J]．烟台果树（3）：27-28.

李民吉，张强，李兴亮，等，2020. 矮化中间砧宫藤富士苹果栽植密度对树体生长、冠层光照和果实产量的影响 [J]．园艺学报，47（3）：421-431.

李敏，厉恩茂，安秀红，等，2016. 拉枝对富士苹果幼树生长发育的影响 [J]．中国果树（6）：8-11.

李绍华，1993. 果树生长发育、产量和果实品质对水分胁迫反应的敏感期及节水灌溉 [J]．植物生理学通讯，29（1）：10-16.

李智平，韩玉侠，党志明，等，2014. 3 个品种苹果新梢和果实生长发育规律调查 [J]．落叶果树，46（5）：51-53.

李中勇，韩龙慧，郭静，等，2013. 定干高度对矮化中间砧苹果幼树生长发育的影响 [J]．中国果树（5）：18-21.

刘伟，2012. 根域水分调控与苹果生长节律相关研究 [D]．保定：河北农业大学．

刘小杰，樊胜，李国防，等，2017. 苹果全基因组 PIN 成员鉴定及 MdPIN15 的克隆和在腋芽萌发中的表达分析 [J]．园艺学报，44（11）：2041-2054.

马宝焜，徐继忠，孙建议，等，1990. 多效唑调节红富士苹果幼树生长势的研究 [J]. 北方果树（4）：11-13，16.

马宝焜，1993. 红富士苹果——优质果品生产技术 [M]. 北京：农业出版社.

孟红志，2017. SH40 砧木不同利用方式下的苹果根系生长特性研究 [D]. 保定：河北农业大学.

孟红志，姜璇，陈修德，等，2018. SH40 中间砧和自根砧对苹果根系生长和内源激素含量的影响 [J]. 园艺学报，45（6）：1193-1203.

孟云，马少锋，邵建柱，等，2012. 不同时期涂抹 KT-30 乳液对苹果幼树发枝的影响 [J]. 北方园艺（12）：9-12.

孟云，马少锋，邵建柱，等，2012. 喷施 6-BA 对天红 2 号苹果苗腋芽萌发及其内源激素的影响 [J]. 园艺学报，39（5）：837-844.

孟云，2012. 植物生长调节剂对苹果苗木与幼树发枝的调控作用研究 [D]. 保定：河北农业大学.

聂佩显，王兆顺，叶炯亮，等，2018. 苹果新梢生长速度日变化与温湿度·比叶重和净光合速率关系的研究 [J]. 安徽农业科学，46（26）：54-56.

时怡，2021. 低氮、干旱条件下不同矮化中间砧苹果幼树氮利用效率差异研究 [D]. 保定：河北农业大学.

孙建设，玉宝清，马宝焜，等，1996. 红富士苹果结果枝评价与培养 [J]. 河北果树（1）：11-12，14.

孙源蔚，王东晨，付文平，2018. 冀北山区拉枝时期及固形时间对寒富苹果枝条生长的影响 [J]. 中国果树（4）：21-23.

田歌，李慧峰，田蒙，等，2020. 不同水肥一体化方式对苹果氮素吸收利用特性及产量和品质的影响 [J]. 应用生态学报，31（6）：1867-1874.

王海波，李慧峰，杨建明，等，2013. M_{26} 中间砧露土长度对泰山嘎拉苹果树体特征和果实品质的影响 [J]. 山东农业科学，45（8）：67-69.

王海芬，张京政，齐永顺，2020. 不同刻芽处理对中秋王苹果枝条萌芽成枝的影响 [J]. 北方园艺（7）：60-64.

王淼淼，邵建柱，张学英，等，2014. 苹果苗木促发分枝技术的研究 [J]. 中国果树（6）：28-31.

谢红江，2016. 川藏高原金冠苹果生态适应性研究 [D]. 成都：四川农业大学.

于亚芹，王登坤，1995. 秋富——苹果幼树新梢、果实生长动态研究 [J]. 北方园艺（2）：23-24.

袁景军，张林森，赵政阳，等，2003. 大改形对富士苹果密植树生长结果和效益的影响 [J]. 西北林学院学报（4）：60-62.

张晨光，赵德英，袁继存，等，2016. 富士苹果 T_{337} 自根砧和中间砧幼树生长和钾累积研究 [J]. 中国南方果树，45（5）：88-92.

郑伶杰，李方方，杨利粉，等，2016. 不同矮化砧木对苹果树体生长及矮化相关基因表达的影响 [J]. 河北农业大学学报，39（2）：64-69.

周恩达，门永阁，周乐，等，2013. 过量灌溉条件下起垄栽培对富士苹果生长和 15N 尿素利用、分配的影响 [J]. 植物营养与肥料学报，19（3）：650-655.

周珊珊，吴发启，张琛，2011. 渭北高原矮化红富士苹果树蒸腾规律及水分供求关系 [J]. 水土保持研究，18（2）：180-183.

Grochowska, M. J., 1984. Dormant pruning influence on auxin, gibberellin, and cytokinin level in apple trees [J]. JASHS, 109 (3): 312-218.

第五章

果园土、肥、水管理

土、肥、水是果树生长、结果的基础，果园良好的土、肥、水状况是实现早果、丰产、优质的前提。因此，对苹果园进行科学合理的土、肥、水管理能够满足根系的各项生命活动需求，为果树提供良好的生长发育环境，有利于苹果早果、丰产、稳产、优质。本章主要介绍苹果园土壤改良以及肥水管理措施。

第一节 土壤改良与管理

我国苹果园多建在山地、丘陵等土层瘠薄、有机质含量低、偏酸或偏碱等土壤条件较差的区域，如不加改良则不利于苹果树的生长及产量的形成。因此，应对土壤进行改良，改善土壤理化性状，协调土壤水、肥、气、热等条件，从而提高土壤肥力。

一、土壤改良

土壤是果树生长和结果的基础，是水分和养分供给的源泉。土层深厚、土质疏松、通气良好，则土壤中有益微生物活跃，就能提高土壤肥力，从而有利于根系生长和吸收，对提高果实产量和品质有重要意义。苹果园土壤改良的主要作用是：①土壤结构更加合理；②土壤有机质含量升高；③土壤矿质元素含量丰富、均衡；④土壤水肥气热等条件协调、优越，有利于果树根系生长发育，从而促进果树健壮生长，丰产、稳产、优质。

（一）山地土壤改良

山地果园土壤容易受到冲刷和径流，造成有机质含量降低，土壤有效养分缺乏，土壤板结，保水保肥能力差，不利于果树生长发育。

1. 深翻熟化土层 多数山地果园土壤土层浅薄，有的活土层甚至仅 20～30 cm，土壤质地粗，土质贫瘠，保肥蓄水能力差，活土层以下是半风化母岩，苹果树根系很难向深层生长。土壤深翻后，可显著加厚活土层，促进土壤熟化，同时能使难溶矿质营养转化为可溶性养分，有利于提高土壤肥力。

深翻原则上全年均可进行，但以 4—10 月较好，如遇花期或高温干旱，应停止深翻，有冻害的地区，等冻害过后进行。深翻方式可采用深翻扩穴、隔行深翻、全园深翻等方式进行，深翻深度一般要达到 60～100 cm。深翻可配合施用堆肥、绿肥等有机肥，可达到改土的目的。深翻过程中不可避免会切断一些根系，细根伤口愈合快，新根发生多，但对于 1.5 cm 以上的粗根，伤口愈合及生长慢，影响植株生长，因此要少伤大根，剪平伤口，以利发根。根系不能在外暴露太久，以免被晒死，旱季深翻后应注意灌水，排水不良的地区，深翻沟应留有出水口，以免积水烂根，影响植株生长。

2. 隔年客土，改善根系生长环境 苹果属于多年生果树，山地果园水土流失较严重，应在熟化深层土壤的基础上加梯田、梯壁，减少水土流失，适当客土可明显促进果树根系发育，对提高果树产量和品质具有显著效果。客土可结合绿肥压青进行，客土前，先将绿肥压下，再撒施基肥，然后客土覆盖 3～5 cm，增厚土层，客土可每隔 3 年进行一次。

3. 间作套种与地面覆盖 对于新建果园，可在行间进行间作套种，一般以大豆、花生等矮秆作物间作套种为好。幼龄果园和成龄果园都可进行地面覆盖，幼树只做树盘覆盖，成年树进行全园覆盖。覆盖物可以选用杂草、稻草、树叶和木屑等。覆盖厚度为 5～15 cm，主要在 6—9 月进行。

（二）重茬土壤改良

有条件的地区可采用换土的方法克服连作障碍，没条件的地区也可采用深翻的方式减轻连作障碍的影响。但无论是换土还是深翻都需要花费大量的人力物力，尤其对于换土，大部分地区不适用，因此主要通过合理轮作、土壤消毒和生物防治等措施来进行防治。

1. 合理间、套、轮作 合理间作、套作与轮作能有效缓解因长期种植同种植物所引起的连作障碍现象，是用来减轻连作障碍的常用措施，可以减轻土壤单一养分的消耗或过剩，维持土壤养分平衡，改善土壤微生物群落结构，减少病虫害的发生。通过与病原菌非寄主植物的轮作，土壤中的病原菌数量可得到显著降低。轮作不仅局限于粮食作物和蔬菜作物的轮作，也包括同对抗植物和净化植物的轮作。有研究发现苹果园更新再植前 2～3 年，以小麦进行轮作，可有效地减少腐霉属和丝核属真菌对苹果根系的侵染，进而克服连作障碍。再植果园采用牧草轮作等可使苹果的产量和品质不受或少受连作障碍的影响。王海燕等（2019）研究发现连作土壤依次种植葱、芥菜、小麦三种作物后栽植幼苗，能够促进植株生长发育，改善土壤肥力状况及土壤微生物环境，减轻苹果连作障碍。

2. 有机肥改良土壤 增施有机物料也是减轻苹果连作障碍发生的常用措施，采用有机肥对再植果园土壤进行改良，能够提高土壤有机质含量和养分含量，有机肥分解过程中速效养分缓慢释放供给果树吸收利用，能够促进果树生长发育。有机肥的施用增加了土壤中可用碳源，刺激了土壤中微生物的活性，而微生物又能增加土壤的抑病性，从而减缓连作障碍的发生。付风云等（2016）的研究结果表明，微生物有机肥与多菌灵复合施用可以更好地缓解苹果连作障碍。王玫等（2018）研究发现连作土壤中施加生物炭和有机肥后，可以优化土壤微生物环境，提高土壤酶活性，还可以促进植株幼苗生长发育，能够较好缓解苹果连作障碍。但该类措施需要施加有机物料的量一般都非常大，在普通农户中不易于推广。

3. 土壤消毒灭菌 土壤消毒是指采用一定措施或使用某些物料对土壤进行处理，达到土壤杀菌的效果。在果园再植前，将土壤进行消毒处理，主要包括物理方法和化学方法。物理方法主要包括对土壤进行加热处理、辐射、微波或蒸汽灭菌等处理。很多研究报道表明，对再植苹果园定植前采用巴氏灭菌法处理一段时间，能够促进苹果树的正常生长，不会造成植株矮小、生长势弱等连作障碍现象。化学方法包括采用广谱性熏蒸剂对定植土壤进行熏蒸，能很好地控制连作障碍的发生，王柯（2019）研究表明在连作土壤中添加适量苦参碱后，能够提高苹果幼苗的生物量，改善土壤微生物群落结构，对苹果连作障碍的防控具有较好的效果。姜伟涛等（2020）研究发现不同浓度的棉隆熏蒸均能促进连作土壤中平邑甜茶幼苗的生长，结果表明 0.2 g/kg 棉隆熏蒸可以提高连作平邑甜茶幼苗生物量，改善土壤环境，有效缓解平邑甜茶的连作障碍。

4. 生物防治　目前生物防治作为一种低污染的土壤改良方法，已成为农业可持续发展的新手段，受到广泛关注。是指利用一些具有固氮、解磷、解钾的有益微生物对土壤中特定病原菌产生毒害物质，改善土壤营养条件，增加土壤中有益微生物数量，从而防治重茬障碍的一种方法。生物防治主要包括施加生物菌肥和生物熏蒸两种。

（1）生物菌肥。是一类以微生物的生命活动导致作物得到特定肥料效应的一种制品，主要利用一些有益微生物，对土壤中的特定病原菌的寄主产生有害物质，通过竞争营养和空间等途径来减少病原菌的数量，从而减少再植病害发生。一方面可通过大量使用有机肥来增加土壤微生物总数，抑制病原菌的繁殖；另一方面利用对特定病原菌具有拮抗作用的特定微生物来减少病害发生。王义坤（2020）研究发现，连作土壤中施加草酸青霉 A1 与哈茨木霉均可促进植株生长，有效地缓解苹果连作障碍。

（2）生物熏蒸。是利用动植物有机质在分解过程中产生的挥发性杀生气体杀死或抑制土壤有害生物，也被称作生物消毒，其作为一种无环境污染，无植物毒害的方法，成为一种经济有效的土传病害防治策略。目前，菊科植物、家禽粪便、绿肥等均被用作生物熏蒸材料以有效防治植物根结线虫及土传病害。王晓芳（2019）研究表明，老龄苹果园土壤中添加适量的万寿菊进行熏蒸有助于增加有益细菌的数量，抑制土壤中病原真菌的繁殖，促进连作条件下苹果幼苗生长发育，达到缓解苹果连作障碍的目的。

5. 选用抗性砧木　选用优良抗性砧木是解决果树连作障碍问题最经济、最有效的途径，有研究表明，通过选育对连作障碍耐受能力强、适应性强的砧木或品种有望从根本上解决苹果连作障碍问题。例如 CG 系列砧木中的 CG210 和 CG30 无论是耐重茬还是抗病性均有较好的效果。

（三）酸性土壤改良

果树生产过程中重施化肥，轻施有机肥，有机肥养分施用比重逐年下降，导致土壤板结，结构变差，土壤养分供应能力降低，综合肥力下降。氮素化肥施用量与累积年限和土壤 pH 变化有密切的关系，氮肥施用过多容易引起土壤酸化，这与土壤的硝化作用产生 NO_3^- 密切相关；同时，硫酸铵等生理酸性肥料的施用也能引起土壤酸化；氮肥在一定条件下挥发损失进入大气层，经过系列氧化与水解作用能够转化成酸雨的主要成分，降落入土引起土壤酸化。土壤酸化对果园土壤质量影响较大，不仅直接影响土壤养分的有效性，还可以引起果树病害的发生。近年来，北方苹果产区土壤酸化问题逐渐加重，造成果实产量和品质下降，已严重影响苹果产业发展。以山东胶东地区为例，郭跃升等（2021）对胶东苹果主产区 10 个县 23 268 份果园土壤样品进行检测，结果显示该区土壤酸化现象较普遍，有 2.34% 的苹果园土壤呈强酸性（pH≤4.5），有 33.32% 苹果园土壤呈酸性

（4.5＜pH≤5.5），有 43.85％的苹果园土壤呈弱酸性（5.5＜pH≤6.5）。据此推算，胶东地区土壤呈强酸性的苹果园面积达 0.39 万 hm²，呈酸性的达 5.56 万 hm²，呈弱酸性的达 7.32 万 hm²。由此可见，苹果园土壤酸化问题严重，土壤酸化改良工作刻不容缓，酸化土壤改良主要可分为物理方法和化学方法：

1. 物理方法　通过果园生草、覆草、增施有机肥等，可促进土壤微生物活动，提高土壤有机质含量，有利于土壤团粒结构形成，优化土壤理化性状，提高果树对肥料的吸收能力，增强土壤保水、保肥能力，降低酸性离子的含量，减轻小叶病、苦痘病等缺素症和酸性离子造成的病害的发生，促进树体生长发育和提高果实产量和品质。实践证明，通过上述措施，果园土壤 pH 明显趋于合理，理化性状显著改善，病害发生率显著降低，果实产量和优质果率显著升高。李晓阳等（2019）以盛果期的红富士苹果园为研究对象，设置自然生草、人工种植紫花苜蓿和三叶草以及清耕对照等处理，研究了生草覆盖对山地果园土壤理化性状的影响，结果表明果园生草覆盖能显著提高土壤 pH、有机质和速效氮、速效磷和速效钾的含量，总体处理效果表现为紫花苜蓿＞三叶草＞自然生草＞清耕对照，从空间分布来看，0～20 cm＞20～40 cm＞40～60 cm。

2. 化学方法　可通过施加生石灰中和土壤中的酸性成分，提高土壤 pH。一是生石灰可以中和酸性，消除铝、锰等离子的毒害，提高土壤 pH。二是可增加土壤有效养分含量，提高土壤固氮微生物活性，加快含碳有机物转化成腐殖质。三是由于钙饱和胶体的絮凝作用，能够使土壤胶体凝聚，利于改善土壤物理性状。四是有利于降低病原真菌数量，增加土壤有益微生物活动，减少真菌病害的发生。石灰施用量应根据土壤 pH、土壤质地、化学肥料等综合考虑，生石灰过 100～150 目筛子后撒施于土壤表层，通过翻土、旋耕等方式使其与土壤混合均匀。王桂华等（2005）对 16 年生红富士果园进行了施用生石灰改良土壤试验，结果表明，与对照相比，施用生石灰显著提高了土壤 pH，且随着生石灰施用量的增加，pH 也显著提高，以施用量 300 g/m² 为例，一月后和一年后与未施生石灰土壤相比，pH 分别增加了 1.1 和 2.02。

（四）盐碱土壤改良

在盐碱地，苹果树根系生长发育不良，容易出现养分吸收障碍，树体表现出缺素症、新梢枯萎、叶片皱缩等，必须进行土壤改良，改良措施主要包括以下几个方面：

1. 设置排灌系统　改良盐碱地的主要方式之一就是"引淡洗盐"。在果园设置排水沟，使盐碱能随水排出果园，同时定期引入淡水灌溉，达到灌水洗盐的目的。

2. 施用土壤调理剂　选用硅钙钾镁等土壤调理剂，可改善土壤团粒结构、疏松土壤、调理土壤酸碱性、改善土壤微生物环境；降低土壤含盐量，减轻盐毒，壮根、生根，有利于果树正常生长发育；补充果树所需多种营养、激活土壤中被固化的养分、有利于提高养分利用率，减少缺素症发生、提高产量、改善品质等。

3. 增施有机肥　深耕深翻结合增施有机肥可改良土壤结构，抑制返碱，利于淋盐。有机肥除含果树所需营养元素外，经微生物分解产生有机酸，能够中和土壤中的碱，有效降低土壤 pH。有机物分解产生有机胶体能把土粒黏结在一起，形成稳定的团粒结构，增大土壤孔隙，减少蒸发，能有效防止返碱。盐碱地果园土壤增施有机肥，能够显著改善土壤理化性状、提高土壤肥力等，是盐碱地果园土壤改良的根本措施。

4. 地面覆盖有机物料　果树树盘上覆盖作物秸秆、杂草等有机物料可起到保水保墒、减少水分蒸发、延缓盐分上行，降低土壤 pH，防止返碱的作用。经过连续 2～3 年的覆盖，土壤有机质含量明显提高，土壤疏松肥沃，促进果树生长。徐素峰（2019）以中熟苹果品种中秋王为试材，连续 2 年研究了覆盖对盐碱地土壤理化性状及树体生长和果实品质的影响，结果表明与对照处理相比，覆盖均降低了果园 0～20 cm 土层土壤中 pH 和全盐含量，特别是 20～40 cm 土层全盐含量降低更明显；覆盖可促进中秋王的新梢生长，4 种覆盖物均对苹果树产量、优质果率和单果重有不同影响，其中稻草苫和稻壳覆盖处理提高单果重、产量和优质果率明显，覆盖稻草苫的苹果糖度较高，含酸量降低。

5. 种植耐盐碱绿肥作物　果树行间种植白三叶等耐盐碱绿肥作物可减少地表养分、水分流失，拦蓄雨水、保墒保湿，耕翻压青后可增加土壤有机质，降低土壤 pH，从而减轻盐碱危害，提高果树产量，也方便雨后机械作业，适于规模化果园推广。

（五）黏性及沙质土壤改良

1. 黏性土壤改良　掺沙客土，改善土壤耕作性。可结合深翻，施入粗大有机物，同时掺以粗骨沙土，有利于改善土壤水、肥、气、热等条件。增施有机肥料，促进土壤团粒结构形成。经常中耕松土，加速肥料的分解和提高土壤养分释放能力，给果树及时供给有效养分。

2. 沙质土壤改良　一是增施有机肥料，这是改良沙质土壤的最有效方法。二是可施用河泥、塘泥等，这也是改良沙质土壤的好方法。三是可在行间种植豆科等绿肥作物，田间轮作以增加土壤中的腐殖质和氮素肥料。四是对沙层较薄的土壤可以深秋压沙，使底层的黏土与沙土掺和均匀，以降低其沙性。

二、土壤管理

（一）果园生草

1. 果园生草的作用　果园生草是世界苹果生产先进国家普遍采用的土壤管理制度，果园生草的主要效应有：减少水土流失，特别是在山地果园效果更明显；增加土壤有机质含量，提高土壤缓冲性能；调节土壤湿度，提高水分利用率；提高土壤养分有效性，增加土壤营养元素的利用率；调节土壤湿度，减少土表温度变幅，促进表层根系发育；增加天敌数量，减少农药使用；增加土壤微生物和原生动物数量；减少除草成本，便于田间作业；促进树体生长发育。

2. 生草方式及管理　分为自然生草与人工种草两种。

（1）自然生草。整地后让自然杂草自由萌发生长，但果园中大量双子叶杂草丛生极易形成草害，危害果树生长及产量与品质，因此应适时拔除豚草、苋菜、藜等高大恶性草，保留有益杂草。卢培（2014）对河北省保定地区苹果园杂草进行了系统调查，研究结果表明保定地区苹果园内共出现杂草 67 种，隶属 26 个科，58 个属，种类最多的为菊科 17 种，其次是禾本科 8 种，其中春季杂草 40 种，夏季杂草 56 种，秋季杂草 48 种，运用 TWINSPAN 分类研究了果园杂草类型和环境之间的关系，最终结果表明，保定地区苹果园自然生草的适宜草种为马唐、马齿苋、狗尾草、牛筋草。

自然生草不能形成完整草被的地块需要人工补种，增加草群体数量。人工补种可以种植商业草种，也可种植当地习见的单子叶乡土草种。选择合适草种后可采用撒播的方式进行播种，事先对拟撒播的地块稍加划锄，播种后用短齿耙轻耙使种子表面覆土，稍加镇压或踩实，有条件的可以喷水、覆盖稻草、麦秸等保墒，草籽萌发拱土时撤除。

（2）人工种草。

①整地。起垄后对行间垄沟土地进行平整，旋耕、耙平，有条件的地块事先施入土杂肥，旋耕时不要破坏垄台。

②选择草种。商业草种中，一般地块以黑麦草、红三叶为宜，冬季不是过于寒冷的地区可种植鼠茅草，水分条件较好的地块可以种早熟禾、白三叶等，冲积沙质土壤果园可以种植毛叶苕子。乡土草种中以稗类、马唐等单子叶草最易建立稳定草被。

③播种时期。一般草种适宜的播种时期为春末夏初或雨季前期，温暖地区或越冬性强的草种也可以秋播。水分条件较差的地块，在春末夏初雨季趁墒播种。

④播种量。一般可按如下标准播种，黑麦草 25 g/m²，早熟禾 15 g/m²，白三叶和红三叶 6 g/m²。

（3）刈割管理。生长季节适时刈割，调节草种演替，促进以禾本科草为主要建群种的草被发育。刈割时间掌握在拟选留草种抽生花序之前及拟淘汰草种产生种子之前。环渤海湾地区自然气候条件下每年刈割次数以 4～6 次为宜，雨季后期停止刈割。刈割留茬高度10～20 cm 为宜。秋播的当年不进行刈割，自然生长越冬后进入常规刈割管理。

（二）果园覆盖

覆盖技术是一种在世界范围内被广泛应用的保护性耕作技术，其具有悠久的应用历史，几乎与农业的发展同时兴起。覆盖措施能有效地提高土壤水分和有机质含量并且增加微生物多样性，是替代清耕制的保护性农业措施。目前覆盖的类型主要有两种，一种是有机覆盖：秸秆覆盖、生草覆盖、厩肥和锯末覆盖等；另一种是无机覆盖：塑料制品覆盖、砂石覆盖等，其中秸秆覆盖、生草覆盖、地膜覆盖和地布覆盖应用最为广泛。

1. 秸秆覆盖　秸秆覆盖通常是指将水稻、玉米、小麦等农作物收获后的秸秆覆盖在农田土壤表面，从而实现减少水土流失，提高土壤肥力，增加土壤水分与温度的保护性耕作技术。秸秆覆盖分为整秆压倒覆盖、粉碎覆盖以及留茬。秸秆覆盖技术在美国、澳大利亚等发达国家受到农民的普遍重视，其应用面积在 60% 以上，且呈上升趋势。虽然苹果园秸秆覆盖能够起到保持果园土壤水分，保护果园地表温度，抑制杂草生长、提高土壤肥力、改善土壤微生物活性等优点，但秸秆覆盖也有对果园管理不利的一面，如早春覆草的地温上升慢于清耕，使果树开花、发芽稍有推迟。

2. 生草覆盖　生草覆盖技术主要是指在农作物行间或者果树行间密植一年生或者多年生草本植物，植物也可以作为绿肥被翻压到土壤中。生草覆盖技术是一种能够有效防止土壤侵蚀、提高土壤肥力、增加微生物多样性以及控制杂草的现代果园土壤管理模式。该技术的应用对于提高果园土壤质量和改善果园生态环境以及促进水果产业的健康可持续发展具有重要意义。

3. 地膜覆盖　地膜覆盖是指在农田土壤表面覆盖上塑料膜制品，是极端干旱瘠薄果园节约肥水、壮树栽培的有效措施，常用的地膜包括黑色地膜、白色地膜和成本较高的生物可降解地膜。地膜覆盖是一种能够保持土壤水分，稳定土壤温度，提高土壤营养利用率，促进微生物活动，抑制杂草生长和预防病虫害的农业生产措施。

4. 地布覆盖　地布又称防草布、地面编制膜、地面防护膜，国外通用名"Ground Cover"，是由抗紫外线的 PP（聚丙烯）扁丝编织而成的一种可降解性环保布状材料。地布覆盖能够显著抑制果园杂草生长，具有提高地温、透水、保水、透气、防止和减轻病虫危害等特点。地布覆盖不仅可以提高水分含量，还可以通过减少雨水直接冲刷地面保护土壤不致板结、团粒化，还能有效阻止养分流失。李寒等（2019）以 6 年生烟富 3 号苹果树为试材，研究了覆盖地布对苹果园土壤水热环境及果实品质的影响，结果表明地布覆盖处理较不覆盖处理 1 年减少用工 60%；用工成本每 667 m² 减少 222 元，省工效果显著。地布覆盖处理起到了在高温时降温，低温时保温，缓和温差变化的作用，稳定了土壤热环境。地布覆盖处理的土壤质量含水量极显著高于不覆盖处理，显著改善了土壤水环境。地布覆盖处理的平均单果质量、单株产量、可溶性固形物含量均显著高于不覆盖处理。

（三）果园间作

果园间作是一种传统的果园管理制度，是一种立体高效农业。在枣树、核桃、苹果、梨树等果园采用较多，可有效地利用耕地资源，提高光、温、水、养分等的利用效率。苹果幼树期果树行间空地较多，为增加果园早期收益，在不影响果树正常生长发育的前提下，可以间作生育期短、矮秆、经济价值较高、与果树没有共同病虫害的花生、小麦、薯类、豆类等作物或黄芪、党参等药材。秦景逸等（2016）以清耕为对照，研究了苹果园间作红豆草、紫花苜蓿、黄豆和小麦对土壤理化性状的影响，结果表明苹果园间作不同绿肥后土壤中有机质、速效氮、速效磷和速效钾的含量均高于清耕园，4 种间作绿肥的培肥效果依次是紫花苜蓿＞红豆草＞黄豆＞小麦＞清耕。张彪（2020）研究了幼龄苹果园间作马铃薯互作效应，发现对 2 年生苹果园优选的马铃薯间作密度为 0.70 m×0.35 m。对 3 年生苹果园优选的马铃薯间作密度为 0.50 m×0.35 m。

果园合理间作，既保水土，防杂草，增加土壤有机质，改良土壤结构，提高土壤肥力，又能充分利用光能，增加果园收入，降低生产成本，提高土地利用率，同时还可缩小地面温变幅度，改善微区气候，从而达到促进果树生长和"以园养园""以短养长"的目的。但果园间作也有不利的一面，如间作物容易发生与果树争水、争肥、争光照的不良影响。因此，果园间作应注意以下事项，以趋利避害，提高经济效益。

1. 合理选择间作物　果园间作要注意选择作物种类，生产上应选择适应当地风土、生育期短、植株矮小、浅根、需水肥少、较耐阴、本身经济价值较高、病虫害较少而且不致加重果树病虫害的作物种类或绿肥作物，忌选玉米、高粱、向日葵等高秆作物及冬瓜、丝瓜、苦瓜、峨眉豆等攀缘作物。

2. 合理范围间作及轮作　果树生长期，1～3 年生树应以树干为中心，留足直径 1.0～1.5 m 的营养带；3 年生以上未封行的果园，间作物应种植在树冠滴水线以外 50 cm 处，并随树冠扩大逐年缩小间作范围。同一间作物如多年连作，往往会使其生长衰弱、产量下降、病虫繁生，应注意合理轮作。

3. 适时翻压间作物　绿肥翻埋以盛花期为适，此时产量高，养分含量高，而且茎叶鲜嫩多汁，容易在土壤中腐烂。其他间作物残茬应在收获后及时翻入土中，不要等到茎叶干枯再翻压。生产上可结合深翻改土进行，即采取在果树两侧或一侧开条状深沟的方式翻埋，以利改良土壤。间作物残茬在土中分解时产生有机酸，翻压前可按每 667 m² 均匀撒施石灰 30～50 kg，以中和酸性，增加土壤钙质。

第二节　苹果营养与施肥

果树良好的生长发育很大程度上依赖于养分的均衡供应，对于苹果树，除碳、氢、氧外，其余氮、磷、钾、钙、镁、硫、铁、锰、铜、锌、硼、氯、钼和镍 14 种必需矿质元素大部分是通过根系从土壤中吸收获得。每一种元素对果树都有特定的生理、结构、电化学和生物化学等功能，任何一种元素的匮乏或超过一定阈值都会引起苹果树生长发育异常，导致果树生产力和经济产量下降。因此，施肥的主要目的之一就是供给果树生长发育所必需的营养元素，调整树体内部必需营养元素的含量，使之达到适宜的动态平衡，补充果树每年的吸收消耗，并不断改善土壤理化性状，以满足果树正常生长发育的需要。

一、苹果营养与吸收

（一）苹果树根系分布与生长

1. 根系的组成与分布　根系是果树的主要吸收器官，果园的土壤管理、施肥、灌溉等主要通过根系发挥作用。苹果树的根系由主根、侧根、须根组成。须根主要是当年生根，有白色根和黄褐色根两种。其中白色根是果树感受果园土壤水、肥、气、热等因素最敏感的部分，分为延长根和吸收根，延长根能够进行延长生长，起到扩大根系分布范围的作用；吸收根起吸收肥水的作用。

在条件适宜时，苹果根系可深达 4 m 以上，根系水平分布可以达到树冠冠径的 1.5～3 倍。一般情况下，乔砧苹果根系集中分布在 20～60 cm，矮化自根砧苹果根系集中分布在 15～40 cm 范围内。

2. 苹果树根系生长发育规律　河北农业大学王涛（2017）利用微根管技术研究了新栽植树根系生长动态（图 5-1），结果显示，总根条数密度、总根长密度、总根表面积密度和总根体积密度均出现两次高峰，第 1 次出现在 6 月（栽后 2 个月左右），第 2 次出现在 9 月（栽后 5 个月左右）。

王丽琴等（1997）以自然条件下大田不同类型苹果树为试材，研究了丰稳产树、大年树、小年树、旺长树和衰弱树的新根周年发生动态（图 5-2）。结果表明，在同样的环境条件下，大田植株的新根发生动态因植株类型而异，双峰和三峰曲线皆存。春季不同类型树体发根差异最大，小年树、弱树发根晚、发生量少，但在萌芽后缓慢上升，不随春梢的迅速生长而降低，可持续到 7 月，因而呈双峰曲线；大年树、旺长树在春梢旺长前达到高峰，之后下降形成低谷；丰稳产树新根量随春梢旺长亦有所下降，但仍能维持较高水平。春季新根的发生与根中贮藏的淀粉量呈正相关。春梢停长后，各类树体发根均达高峰，此高峰发根量最大，持续时间最长，7-8 月随秋梢生长、高温期而结束，但不同类型植株高峰大小各异，以弱树最低，丰稳树、小年树较高，旺长树高峰偏晚但时间长，可持续到秋梢生长期。秋梢停长后出现秋季高峰，但大年超负荷树秋季高峰消失，并影响次年春季

（小年树）新梢的发生。

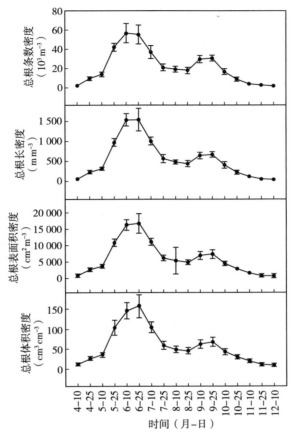

图 5-1　新栽苹果幼树根系生长动态

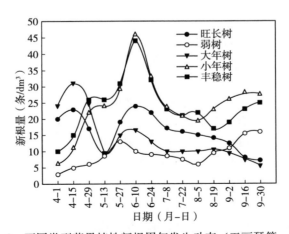

图 5-2　不同类型苹果植株新根周年发生动态（王丽琴等，1997）

（二）苹果树根系生长发育特点和施肥关系

1. 苹果树根系构型　一般而言，苹果树根系较稀疏，根系密度（根长 cm/土壤表面积 cm^2）常小于 10，苹果的根系构型能够影响根密度，由于土壤养分含量和供应能力的差异，苹果树常出现不同的根系构型。

（1）密集型。处于肥沃土壤的植株，由于该类土壤营养丰富，有机质含量高，根系可就近吸收，密不外延，可形成密集型根系。

（2）疏远型。生长在沙性土壤的植株，由于该类土壤肥力贫瘠，根系需远伸，广域采集，结构庞大稀疏，可形成疏远型根系。

（3）深广型。如生长在立茬黄土的根系，由于土壤深厚而缺水，根系深扎到土壤深层吸收水分和养分，根系建造深广，可形成深广型根系。

后两者根系构型根系密度小，不仅肥料利用率低，由于根系建造庞大，需耗费大量光合产物，容易降低经济系数。但通过土壤局部改良、局部保证肥水供应，可优化根系类型，能对树体结构和新梢类型产生良好影响，能够增加局部根系密度，改变根系构型，提高水分和养分利用效率。总之，适当增加苹果根系密度，着重提高根系活力，适当限制根容积，有利于苹果对土壤中养分的吸收利用。

2. 苹果树根系营养吸收途径　果树需要的大部分矿质营养元素是以离子的形式，通过根系从土壤中吸收。根系吸收养分一般有三种途径，一是截获作用，土粒和果树根系密切接触的，施肥部位离根系较近的可直接被吸收。二是地表蒸腾作用，随着太阳照射和温度的升高，在地表形成蒸腾，肥料离子态随着上升的毛管水到达根系被吸收。三是扩散作用，随着植物根系对养分的吸收，根系附近土壤中养分浓度降低，土壤中的营养元素由高浓度养分区向低浓度养分区扩散。

（三）苹果矿质营养与缺素症

1. 苹果树必须营养元素种类与作用　苹果树必需的营养元素有 17 种，除碳、氢、氧来源于大气和水外，其余氮、磷、钾、钙、镁、硫、铁、铜、锰、锌、硼、钼、氯、镍 14 种则主要来源于土壤，其中氮、磷、钾、钙、镁、硫是大量元素，铁、铜、锰、锌、硼、钼、氯和镍是微量元素。

（1）氮。氮在果树生长发育中具有重要的生理功能，可促进果树营养生长，提高光合效能。氮素充足时枝繁叶茂，树势健壮。缺氮时则影响蛋白质合成，新生组织形成滞缓，导致树体营养不良，枝量少，新梢长势弱，枝条基部叶片黄化，甚至造成严重的生理落果。氮能提高果枝活力，促进花芽分化和提高坐果率，使果实增大，产量提高。但氮素水平过高对产量和果实品质均有不利的影响。

（2）磷。磷能促进花芽分化，提早开花结果，促进果实、种子成熟，提高果实品质；增强根系吸收能力，促进根系生长，增强抗逆性。

（3）钾。能够促进果树同化作用，加强营养生长，促进果实成熟，提高果实品质和耐贮性，促进新梢成熟、使机械组织发达，提高果树抗旱、抗寒等抗逆性。

（4）钙。主要以扩散、质流等被动运输的方式进入苹果树内，能够促进糖类和蛋白质的合成，在苹果树体内起平衡生理活动的作用，使土壤溶液达到离子平衡，促进树体对氮磷的吸收，能够调节树体内酸碱性，可避免或减轻碱性土壤中钠钾离子等和酸性土壤中锰铝等离子对果树的毒害作用，使果树正常吸收铵态氮素。钙能中和土壤溶液酸碱性，促进土壤微生物活动，还有杀虫灭菌的功能。苹果缺钙后，根系、枝叶和果实生长受影响，果实易发黄、变绵，不耐贮藏，容易发生苦痘病、痘斑病，果实表光差。

（5）镁。镁是叶绿素重要的组成元素，是多种酶的活化剂，在光合作用中具有重要的作用。果树需镁量低于氮、磷、钾和钙，而高于锌、铁、硼等微量元素。镁在植物体内易移动，缺镁时首先在老叶表现症状，老叶发生脉间失绿，叶脉保持绿色，形成清晰的绿色网状脉纹，以后失绿部分由淡绿色转变为黄色或白色，影响果实的生长和着色，降低果树产量和果实品质。

（6）硫。在改善果树对主要营养元素的吸收具有重要作用。缺硫能够降低叶绿素含量，叶片颜色变成淡绿色，缩短叶片寿命，降低光合作用，造成枝条细弱僵直，延迟开花结果，降低产量。严重时造成叶片细小卷曲，变硬易碎，提早脱落。

（7）铁。是细胞色素、血红素、铁氧还蛋白及多种酶的重要组分，在植物体内起传递电子的作用，是叶绿素合成中必不可少的物质。果树能够吸收高价铁和低价铁，但低价铁浓度过高时易发生毒害作用。

（8）铜。与果树碳同化、氮素代谢、营养吸收以及氧化还原等均有密切关系。能够稳定叶绿素，促进糖类向枝干和生殖器官流动，有利于花粉萌发和花粉管伸长，缺铜严重时能够造成果树不结果，枝条形成扫帚枝。

（9）锰。锰是叶绿体的成分，能够促进种子发育和幼苗早期生长，对光合作用和蛋白质的形成有重要作用，能够促进呼吸强度和光合速率，促进果树生长发育，对叶绿素形成、果树体内糖分积累和转运以及淀粉水解等也有作用。

（10）锌。是多种酶的组分和活化剂，已发现 80 多种含锌酶，参与生长素的合成。锌在果树体内以蛋白质相结合的形式存在，可发生转移。缺锌可间接影响生长素的合成。

（11）硼。硼能够提高光合作用，促进糖类转化和运输，能够影响生殖器官发育，影响果树体内细胞的伸长和分裂，对开花结实有重要作用。

（12）钼。是硝酸还原酶、固氮酶的组成成分，是黄嘌呤脱氢酶及脱落酸合成中的某些氧化酶的成分，有利于提高叶绿素含量和稳定性，保障光合作用顺利进行，可促进果树对氮素尤其是硝态氮的吸收，利于蛋白质的合成，能够改善糖类从叶部向枝干和生殖器官的流动，提高果树抗旱等抗逆性。

（13）氯。在树体内大部分以离子状态维持各种生理平衡，少部分能够参与生化反应，缺氯能够抑制果树生长发育，但过多时能够引起毒害作用。

（14）镍。能够催化尿素降解，当树体内尿素含量过高时，含镍的脲酶能够分解尿素。低浓度镍能够促进种子萌发、幼苗生长、花粉发育和花粉管伸长，但浓度过高时能够引起果树生长迟缓、叶片失绿有斑点，果实变小、提早着色等。

2. 苹果树主要缺素症表现

1 病症从老叶开始，局限于新梢基部；

　2 叶呈烧焦状，叶小、早落；

　　3 叶淡绿至黄化，叶柄、叶脉红褐色，小叶红褐色，叶柄与枝条夹角小。……

………………………………………………………………………………………… 缺氮

$3'$ 叶暗绿色至青铜色，叶柄、叶脉紫红色。…………………… 缺磷

$3''$ 叶片小而簇生，有坏死斑。…………………… 缺锌

$2'$ 叶局部出现杂色斑或黄化；

3 叶缘上卷发黄，叶上有黄色或褐色斑点，叶尖或叶缘有坏死。………… 缺钾

$3'$ 叶淡绿或白色，叶脉间黄化或有淡色斑，无坏死。…………………… 缺镁

$1'$ 病症从生长点或幼叶开始，局限于幼叶；

2 幼叶失绿、卷曲，顶芽枯死；

3 叶尖钩状，叶缘皱缩，后期从叶尖和叶缘向内坏死 ………… 缺钙

$3'$ 叶皱缩、薄厚不均，叶脉扭曲，有小簇叶，枝有光腿现象。………… 缺硼

$2'$ 幼叶黄化，顶芽不死；

3 幼叶黄化，有坏死斑，叶脉绿色，似网状。…………………… 缺锰

$3'$ 幼叶无坏死斑，浅绿或黄化；

4 叶脉浅绿色，与叶脉间组织同色。不出现白或黄白色。………… 缺硫

$4'$ 叶脉绿色，叶片黄化至黄白色，严重时全叶失绿至漂白色。………… 缺铁

（四）苹果树营养特性与需肥规律

1. 苹果树营养吸收特性 苹果树年周期发育过程中有两个营养转换时期。第一个转换时期是以利用树体贮存养分为主，向以利用当年吸收养分为主时期的过渡期；第二个转换时期是叶片中同化养分回流至枝干、根系中贮存起来的时期，这一时期的树体营养特点是营养物质以积累为主，向枝干、根系等贮存器官的转运量大，全树有较高碳氮比。苹果根系对矿质元素的吸收是通过主动的能量代谢，以有机营养争夺无机营养的方式进行。吸收的强度与根部营养状况、地上部元素需求、运输的调节机制、根表皮和皮层细胞生理状况等有关。同时，苹果根系对矿质元素具有选择性吸收能力，但由于长期选择性吸收，会造成根部土壤环境恶化，所需主要矿质元素匮乏，因此，应及时施肥补充，给根系创造适宜的营养条件。

2. 不同树龄苹果树需肥特点 苹果树在幼树期和初果期，树体生长迅速，需氮较多，需磷、钾较少。盛果期苹果树对养分需求量大，养分的主要作用是维持健壮长势，施肥目的是促进优质丰产，保证产量，提高果实品质，对磷、钾需求量大，氮需求量相对减少，此时期应根据产量和树势适当调节氮、磷、钾比例，同时要注意微量元素和钙肥和镁肥的施用。更新衰老期苹果树需进行树体更新，对氮需求量相对增加，此时期应偏施氮肥，注意微生物有机肥或微生物菌剂的施用，以延长盛果期。

3. 苹果树年周期需肥特点 一般是春季处于高养分时期，而夏季处于低养分时期，从秋季开始，养分慢慢积累，直到冬季养分又处于较高时期。

（1）春季是苹果树营养高峰期。这个时期果树的生命活动主要依赖去年的贮藏营养，养分的储备是果树早春萌芽、长叶、开花、结果必不可少的条件，也是影响果树后期生长发育的先决条件。这个时期营养不足，养分争夺严重，会抑制果树新梢和叶片生长，落花落果严重加剧，花芽分化也受到严重的影响。

（2）夏季是树体营养器官同化最强的时期。在这个时期苹果叶片已完全成形，有些果树中短枝已经封顶，果树步入了花芽分化时期，果实也开始快速长大，树体营养器官同化

功能越来越强，产生的光合产物能及时传输、合成、贮藏。由此看来，夏季管理能够影响果实的品质和产量。

（3）秋季是果树营养贮存的关键时期。果树营养贮存期是果实成熟采摘到树体叶片泛黄下落的时期。在这个时期果实的生长期已经完成，此时树体营养吸收很少。此时期大多数同化产物在树体落叶前一两个月内向枝条韧皮部、髓部和根部贮存，叶子完全脱落后结束。果树如果在生长期挂果密、病虫害严重，都会使果树树体大量消耗养分，进而造成果树树体贮存、积累的养分严重不足，直接影响了来年果树萌芽、开花以及结果等。由此可见，秋季是果树营养贮存的关键期，也是果树保花保果、增产增收的重要保证。

（4）冬季是果树营养积累贮存的重要时期。果树营养积累储存期是果树开始落叶到来年果树萌芽的时期。果树落叶期间，树体营养回流按照小枝→大枝→主干枝→树体根部顺序进行，在树体根部大量积累和储存养分。来年开春果树萌芽时树体养分就由树体下部向树体上部流动，树体营养流动按照树体根部→主干枝→大枝→小枝这个顺序，与树体营养回流刚好相反。

（五）养分胁迫对苹果生长发育的影响

1. 养分胁迫对苹果形态水平的影响　养分胁迫对苹果的影响主要表现在形态水平、生理水平以及分子水平。对于形态水平的研究主要集中于苹果根系形态、生长以及生物量分配等方面。养分胁迫能够改变根系构型，造成根系变长、变细，侧根以及根毛数量增多、长度增加，根系空间排列发生变化，产生簇生根等。根据根冠功能平衡理论，根系的主要功能是吸收水分和养分，冠层的主要功能是进行光合作用、合成碳水化合物。当其中任意一个功能受到抑制时，根系和冠层之间会发生竞争作用，竞争生长发育所需的物质，这些物质会优先供给近源组织利用。因此，当苹果受到养分胁迫时，会引起总的生物量下降，体内大部分营养物质优先供给根系，使根冠比增加，这种自动调节方式最终减轻了养分胁迫对树体的伤害，增强了对逆境的适应。

梁博文（2018）通过水培试验研究了缺素胁迫对平邑甜茶实生苗植株生长的影响，结果表明，与对照组相比，缺素条件下植株总鲜重、总干重和相对生长率分别下降了39.3%、36.8%和51.9%；与对照植株相比，缺素处理的植株叶片质量分数下降了11.3%，但茎质量分数和根质量分数分别升高了14.3%和14.5%。时怡（2021）以砧穗组合为天红2号/冀砧2号/八棱海棠、天红2号/冀砧1号/八棱海棠、天红2号/SH40/八棱海棠的苹果半成品苗和成品苗为试材，测定了在不同氮素水平下树体生长、生理生化等指标，研究结果表明低氮条件下，冀砧2号作中间砧有利于提高树体叶绿素含量、光合速率和根系活力，提高树体氮素吸收量。低氮处理下，全株氮素分配量受树龄的影响表现不同，在半成品苗中表现为冀砧2号中间砧树体的全株氮素分配量相对于冀砧1号升高33.30%，地上部新生器官氮素分配比例较低，中间砧氮素分配比例较高；而在成品苗中冀砧1号中间砧树体的全株氮素分配量相对于冀砧2号升高12.46%，地上部新生器官氮素分配比例较低，中间砧氮素分配比例较高。

2. 养分胁迫对苹果生理水平的影响　对于生理水平的研究主要有光合作用、气孔特性、硝酸还原酶活性、蛋白含量、可溶性糖组分变化、抗氧化酶活性、根系活力及分泌物等。如养分胁迫导致苹果叶片面积减小、叶绿素含量降低、气孔导度下降、光合速率变弱、根系活力、导水率下降等。

华北石灰性土壤较多，果园中红富士苹果常出现不同程度的缺铁失绿现象，李绪彦（2001）以5种不同中间砧红富士苹果为试材，研究发现不同中间砧红富士苹果初始黄化时间不同，以SH38和SH40作中间砧的苹果叶片初始黄化时间最早，同时SH38和SH40叶片内铁含量降低幅度最大，但中间砧中含量最高，表现出明显滞留作用。李振侠（2003）以苹果砧木SH40、小金海棠、八棱海棠和M26组培苗为试材，研究了不同苹果砧木在缺铁胁迫时生理生化等指标的变化，研究结果表明在缺铁胁迫条件下，各砧木根系中 Fe^{3+} 还原酶活性升高，表现为小金海棠＞M26＞八棱海棠＞SH40；在相同情况下，小金海棠铁吸收总量、根系吸收能力和铁吸收速率最高，SH40最低，M26和八棱海棠居于中间，但M26高于八棱海棠。陈艳莉（2009）以荷兰海棠×珠美海棠、荷兰海棠×S19、珠美海棠×SH38的杂交后代，以及珠美海棠、小金海棠和SH40为试材，研究了铁胁迫条件下植株的生长状况和生理生化特性，并对杂交后代进行了抗缺铁的筛选和鉴定，研究结果表明铁胁迫条件下，不同苹果砧木组培苗抗缺铁的能力不同。组培苗以 C6-0.35-1 对铁胁迫比较敏感，C1-0.4-11 和 C2-0.3-3 较抗缺铁。水培苗以 C6-0.35-1 和 C6-0.35-6 对铁胁迫比较敏感，C1-0.4-11 和 C1-0.4-14 较抗缺铁。胡俊峰（2021）以八棱海棠为基砧，以 SH40、冀砧1号、冀砧2号、24-5、181 和 53 为中间砧，嫁接天红2号为试材，测定不同浓度营养液处理下苹果幼树的形态学指标和生理学指标，结果表明，低营养液处理下，苹果幼树株高和生长量等生长指标均有所下降，下降幅度 SH40 和冀砧1号＜冀砧2号和 24-5＜181 和 53。低浓度营养液处理下，不同中间砧的苹果幼树的光合速率、叶绿素浓度、根系活力、生长素含量等均有显著的下降；缺素胁迫下所有中间砧幼树矿质元素的浓度、吸收量、转移速率、积累速率、积累量和分配量均有显著的下降，下降幅度为 SH40 和冀砧1号＜冀砧2号和 24-5＜181 和 53。根据砧木对不同浓度营养液处理的响应程度，推断天红2号/SH40/海棠和天红2号/冀砧1号/海棠为耐养分胁迫的砧穗组合；天红2号/冀砧2号/海棠和天红2号/24-5/海棠为较耐养分胁迫的砧穗组合；天红2号/181/海棠和天红2号/53/海棠为不耐养分胁迫的砧穗组合。

3. 养分胁迫对苹果分子水平的影响　养分胁迫也能引起苹果基因表达的变化，主要包括正常蛋白质合成受阻，逆境相关蛋白被诱导合成，从而增强树体对逆境的适应能力。养分胁迫导致苹果生长和生物量积累下降，不仅是因为养分胁迫下苹果光合作用和根系构型发生变化，还与降低的养分吸收和利用有关。

梁博文（2018）以平邑甜茶实生苗为试材，研究了养分胁迫对植株生长、根系构型、养分吸收等的影响。研究结果表明，养分胁迫下，植株生长受到显著抑制，叶绿素浓度和光合速率降低，养分吸收、转移和分配受到影响。水培缺素处理能够促进 ASA-GSH 循环相关基因 *MdcAPX*、*MdcGR*、*MdMDHAR*、*MdDHAR-1* 和 *MdDHAR-2* 上调表达，而这些基因的表达量在正常养分处理的植株叶片中相对稳定。同时，与正常养分供应植株叶片相比，缺素处理植株叶片中钾转运相关基因 *MdHKT1*、*MdSOS1*、*MdNHX2*、*MdNHX4*、*MdNHX6*、*MdAKT1*、*MdAKT2/3*、*MdKEA2* 和 *MdKAT2* 的表达量呈显著上调。

（六）提高果树养分利用效率的途径

1. 养分利用效率　养分利用效率（Nutrient Use Efficiency，NUE）可用来指示植物的生产能力，但不同学者对于 NUE 的定义有所不同。有人将干物质生产率与养分吸收率的比值定义为 NUE，也有人将植物吸收单位养分物质所固定的二氧化碳量作为衡量 NUE 的指标，这两者分别是从植物同化作用的过程以及产物来定义 NUE。由于这两种定义方式需要测定的指标工作量太大，随后提出用植物养分浓度的倒数（植物生物量与养分含量的比值）和凋落物养分浓度的倒数（凋落物干物质量与凋落物养分含量的比值）来描述 NUE。为了更好地反映植物对特殊养分环境的适应以及利用能力，有科学家便将 NUE 定义成植物吸收土壤中单位有效养分元素后所能产生的干物质量。

2. 果树对养分胁迫的适应策略　苹果主要通过对生长介质中养分的高效吸收、对体内养分的高效利用等途径缓解养分胁迫的不良影响。在缺素条件下，苹果可以上调表达根部编码养分转运蛋白的基因；还有一种长期的适应策略，如通过改变根系构型增加根部的吸收面积；苹果根系还可以通过分泌一些有机化合物改善根际环境，促进根际微生物活性等提高元素的移动和有效性。如果这些策略还不足以满足树体正常生长发育所需的养分含量，苹果还可以重新将贮存在体内的大量或微量元素重新移动利用。因此，养分胁迫下植物可通过形态学和生理学的联合响应来促进养分的吸收利用。

苹果体内的养分转移是对养分保存的一种重要机制，能够实现体内养分的高效利用、有效地保持生产能力、增强逆境中的竞争力。根据植物体内养分转移的空间差异性，可以从细胞水平和组织器官两个层面对苹果养分高效利用的生物生理学机制进行分析。苹果细胞水平上的养分移动主要表现为液泡和胞质间的养分流动现象。组织器官间的养分转移指养分在不同组织器官间的移动，苹果提高组织器官间养分移动速率有利于减少叶片等凋落物的养分含量，延长养分体内存留时间，减缓植物和土壤系统间的养分损失，也有利于缓解生长介质养分不足的影响，提高苹果的抗逆性。养分胁迫下，苹果可以通过改变养分在体内的转移提高养分的再吸收效率以及利用效率，从而提高对逆境的适应能力。

养分胁迫下苹果养分高效利用的适应性策略过程大致可描述为：苹果根系从生长介质中吸收养分后，矿质元素随蒸腾流由木质部导管运输至地上部，转移到地上部的矿质元素除参与生理代谢外，剩余部分以有机态的化学物质经韧皮部转移到根部。当苹果树体内某种养分亏缺影响到树体正常生命活动时，首先启动体内稳定机制，即促进亏缺养分以游离态形式从液泡中转移到胞质中，保持细胞内该元素浓度的稳定；当体内库存养分耗尽后，树体启动挽救机制，产生各种次生代谢物质作为胞外信使，在胞内信使 Ca^{2+} 的偶联作用下，启动化学通讯机制，从而活化某些特异蛋白，并通过一系列生理生化活动适应养分胁迫逆境，维持苹果正常生长发育。

3. 苹果树肥料高效利用技术　科学合理施肥不仅能够满足苹果树对养分的需求，促进果树生长发育，提高果品产量，改善果实品质，而且能够减少养分的浪费，提高养分利用效率。如科学利用测土配方施肥、平衡施肥、水肥一体化等苹果树根部肥料减施增效技术；也可利用苹果树叶面施肥技术和缓控释肥、微生物肥新型肥料等提高养分利用效率。

二、苹果施肥

(一) 肥料种类

1. 我国苹果园营养现状 我国苹果种植分布广,区域辽阔,气候、土壤状况复杂多样,据调查,环渤海湾产区土壤有机质、碱解氮、有效磷、速效钾有效养分均值分别为 10.9 g/kg、73.21 mg/kg、70.22 mg/kg、169.2 mg/kg;黄土高原产区土壤有机质、碱解氮、有效磷、速效钾有效养分均值分别为 11.7 g/kg、56.46 mg/kg、14.91 mg/kg、135.78 mg/kg;环渤海湾、黄土高原产区土壤有效养分状况均为有机质中等偏低、缺氮;环渤海湾产区富 P 少 K;黄土高原产区贫 P 缺 K。低产园叶片诊断表明,黄土高原产区树体营养平衡状况优于环渤海湾产区。在重视有机肥施用的同时,环渤海湾产区增加 K、N、Ca、Fe 和 Zn 的施用,黄土高原产区增加 P、K、N、Zn、Cu、Mn 和 Fe 的施用,两产区可以发挥更大的增产潜力。

2. 常见肥料分类

(1) 有机肥料。该类肥料是利用人畜粪便、禽粪、柴草、秸秆等有机物质就地取材、就地积存的肥料,包括商品有机肥、农家肥和微生物有机肥(含各种土壤有益菌)等。

(2) 无机肥料。又叫化学肥料,成分单一,养分含量高,肥效快,一般不含有机质并具有一定的酸碱反应,贮运和使用都很方便,包括化肥(单元化肥、复合肥、复混肥等)、矿物肥(磷矿粉、钾矿粉、石灰石粉、白云石粉、贝壳矿粉等)。可分为氮肥、磷肥、钾肥等单质化学肥料;含有两种或两种以上大量元素肥料称为复混肥料。

(3) 新型肥料。包括生物肥料、缓控释肥料和多功能肥料等。

(二) 施肥原则与依据

1. 施肥原则 施肥的目的就是满足苹果树对各种养分的需求,增加产量,提高品质;培肥土壤,改善土壤理化性状。因此,苹果树施肥应因地制宜进行,掌握一定的施肥原则:①养地与用地相结合,有机与无机相结合。②改土养根与施肥并举。③平衡施肥。④微量元素适量施用。

施肥应有机肥、无机肥和微生物肥相结合,以控氮、稳磷、增钾、补钙加微生物有机肥为原则。基肥与追肥相结合,重施基肥。追肥与叶面肥相结合。基肥施用量要占全年施肥总量的 70% 以上,追肥占总量 30% 左右,叶面肥在果树生长期根据叶色和长势变化补充喷施,因缺补缺。施肥要与灌水相结合。

2. 施肥依据

(1) 树相诊断。树相,即叶片、枝条(包括新梢)、树干、果实等器官形态的表现,直接反映了树体的营养状况。一般情况下,叶片大而肥厚、叶色浓绿、枝条粗壮,年生长量在 30 cm 以上的枝条占全树枝条总量的 15% 以上、果实个大且品质较好,树体营养状况正常;叶片小而薄、叶色淡或发黄、枝条细弱、年生长量在 30 cm 以上的枝条所占比例在 10% 以下、果个偏小,则树体营养较差。

(2) 测土配方施肥。测土配方施肥是以土壤测试和肥料田间试验为基础,根据苹果树需肥规律、土壤供肥性能和肥料效应,在合理施用有机肥料的基础上,提出氮、磷、钾及中、微量元素等肥料的施用种类、数量、施肥时期和施用方法。

全年施肥量 ＝（养分吸收参数 × 目标产量－土壤养分测试值 ×0.15× 校正系数）÷（肥料中养分含量 × 肥料利用率）。养分吸收参数、校正系数和肥料利用率需经田间试验确定，果树生产者可向当地土肥站咨询获得。

（3）叶片营养诊断施肥。叶片营养诊断施肥是通过分析叶片内矿质元素的含量及比例关系，对果树营养水平进行诊断，分析多种矿质元素含量的缺乏或过剩，进而指导施肥、灌溉和其他管理措施，保证果树的正常生长发育。实践中，多以新梢中部健康成熟叶片的矿质元素含量水平作为诊断依据。苹果叶片主要矿质元素含量的适宜范围为：N：1.8%～2.6%，P：0.15%～0.23%，K：0.8%～2.0%，Ca：1.0%～2.0%，Mg：0.3%～0.5%，Fe：150～300 mg/kg，Mn：25～140 mg/kg，Cu：5～15 mg/kg，Zn：20～80 mg/kg，B：20～70 mg/kg。元素含量低于该值表示营养缺乏，高于该值表示营养过剩。

（三）施肥时期、方法及施肥量

1. 基肥　基肥以秋季施入效果最好，施入时间应以 9 月中旬到 10 月中旬为宜。这个时期正值根系生长高峰，此时施基肥，断根有利于促发新根，受伤根系容易愈合，另外由于气温和地温都较高，有利于有机肥腐熟，促进根系吸收，提高树体贮藏营养，为来年的开花坐果奠定基础。幼树基肥施用应结合扩穴进行，每 667 m² 施用充分腐熟的有机肥 2 m³ 左右。成龄结果园可以采用全园撒施结合耕翻的方法，以生产 1 kg 果施 2 kg 有机肥的比例施用。

2. 根部追肥

结果树根部追肥主要在萌芽前、果实膨大期和秋季（结合施基肥）进行。其中，萌芽前施用氮、磷肥，可以促使萌芽、开花整齐，提高坐果率，促进新梢生长；果实膨大期以磷、钾肥为主，配施适量氮肥，起到促进果实膨大、促进花芽分化的作用；秋季结合施基肥，配施一定比例的氮、磷、钾肥，起到延缓叶片衰老、加强树体养分积累、充实花芽、促进果实着色和根系生长的作用。

为提高肥料利用率，姜远茂教授提出了根据树势分期施肥的建议（表 5-1）。

表 5-1　苹果分期施肥建议

元素	旺树			中庸树			弱树		
	秋季	萌芽前	果实膨大期	秋季	萌芽前	果实膨大期	秋季	萌芽前	果实膨大期
氮（%）	70	0	30	60	20	20	20	50	30
磷（%）	60	20	20	60	20	20	60	20	20
钾（%）	20	40	40	20	40	40	20	40	40

（2）施肥量与配比。世界各国苹果产区根据当地土壤肥力和施肥习惯，确定了各自的施肥量标准（表 5-2），施肥量差异很大。

表 5-2　国外无机肥施用量标准

产区	每 667 m² 施肥量（kg）			肥料配比
	N	P₂O₅	K₂O	N：P：K
美国	3.43	1.0	3.68	1：0.28：1.07
前苏联	4.0	3.0	4.0	1：0.75：1
前苏联	4.0	4.0	8.0	1：1：2
日本青森县	10	3.3	6.6	3：1：2
日本长野县	8～13.3	3～4	6.6～9.5	3：1：2.5
日本秋田县	6～8	3～5	5～6.6	2：1：1.5

　　对我国苹果园施肥状况调查发现，山东省苹果园氮（N）、磷（P_2O_5）、钾肥（K_2O）施用量分别为 300～620 kg/hm²、200～450 kg/hm² 和 205～578 kg/hm²，其中氮磷肥施用量过高，钾肥用量总体比较适宜。陕西省苹果园氮（N）、磷（P_2O_5）、钾肥（K_2O）平均施用量分别为 558 kg/hm²、358 kg/hm² 和 208 kg/hm²，其中氮磷肥施用量过高，钾肥用量不足果园所占比例较大。由此可见，我国苹果园施肥量随意性很大，化肥施用量过高，营养不均衡问题比较严重。因此，在土壤分析、叶分析等技术还不能在生产实践中得到有效应用的情况下，广泛采用树相诊断方法，调整果园施肥量。另外应在国家或省级层面尽快普及营养诊断技术，减少盲目性施肥。

　　3. 根外追肥　根外追肥是对根部追肥的补充，叶面喷肥是根外追肥的主要方式，主要用于补充中微量元素及特殊需要时补充大量元素，具有用量少、肥效快的优点。喷肥应尽量均匀喷于叶的背面，可单独喷施，也可结合喷药进行，但不能与石硫合剂、波尔多液等强碱性农药混合。叶面追肥可迅速补充果树生长发育必需的矿质元素，但补充量少，一年可喷 4～5 次。叶面喷肥补充中微量元素施用时期、种类、作用等见表 5-3。

表 5-3　苹果树叶面喷肥补充中微量元素参考表

时期	种类、浓度（用量）	作用	备注
萌芽后	0.3%～0.5%的硫酸锌	矫正小叶病	出现小叶病时应用
花期	0.3%～0.4%硼砂	提高坐果率	可连续喷 2 次
新梢旺长期	0.1%～0.2%柠檬酸铁	矫正缺铁黄叶病	可连续 2～3 次
5—6 月	0.3%～0.4%硼砂	防治缩果病	可连续喷 2 次
	0.3%～0.5%硝酸钙	防治苦痘病	在果实套袋前连续喷 2～3 次

　　4. 水肥一体化（灌溉施肥）　水肥一体化技术，是将灌溉与施肥融为一体的农业新技术，是借助低压灌溉系统（或地形自然落差），将可溶性肥料与灌溉水一起，通过滴灌设施形成滴灌，均匀、定时、定量的输送到作物根系生长区域，使根系土壤始终保持疏松适宜的含水量。同时根据不同作物的需水需肥规律，把水分、养分定时、定量，按比例直接提供给作物。水肥一体化技术的优点主要包括：精准灌溉施肥、减少水用量；提高土壤透气性、促进根系生长；节省肥料，提高肥料利用率；减少病虫害的发生；增加地温；改善

果实品质；节省劳动力和减少环境污染等。

苹果水肥一体化技术要点：在正常年份，全生育期滴灌 5～7 次，总灌水量每 667 m^2 110～150 m^3。果树萌芽前，土施三元复合肥 50～60 kg，花后滴施水溶性配方肥每 667 m^2 10～15 kg，N：P_2O_5：K_2O 比例 2：1：1 为宜。果实膨大期结合滴灌施肥 1～2 次，每次滴施水溶性配方肥每 667 m^2 10～15 kg，N：P_2O_5：K_2O 比例 2：0.8：2 为宜。

水肥一体化常用肥料种类。适合水肥一体化应用的肥料有液体肥料、固体可溶性肥料、液体生物肥和发酵肥滤液等。目前，常用的是固体水溶肥，分为单质肥、二元肥及复混肥，如尿素、碳酸氢铵、氯化铵、硫酸铵、硝酸铵钙、磷酸二氢钾、氯化钾、硝酸钾、磷酸一铵（工业级）、水溶性硫酸钾及水溶性复混肥等。水溶性复混肥有大量元素水溶肥，以及加入微量元素、氨基酸、腐植酸、海藻酸等的氮磷钾复混肥。水溶肥料具有养分利用率高，可以根据果树不同生育阶段的养分需求特点来设计配方等优点，但所选择的肥料须符合农业行业标准（《NY 1107—2010 大量元素水溶肥料》《NY 1429—2010 含氨基水溶肥料》《NY 1106—2010 含腐植酸水溶肥料》《NY 1428—2010 微量元素水溶肥料》）的要求。沼液中养分全面，含有丰富的腐植酸等有机物质，是配制水溶肥料的良好基液，也可直接用于灌溉。用于水肥一体化的肥料需要具备良好的质量，在常温下不溶解物在 5% 以下，养分浓度高，肥效好，稳定性好，兼容性强，腐蚀性小，在不同肥料进行混配时不能产生沉淀。部分可溶性肥料间的相溶性见表 5-4。

表 5-4　部分可溶性肥料间的相溶性

可溶性肥料	尿素	硝酸铵	硫酸铵	硝酸钙	硝酸钾	氯化钾	硫酸钾	磷酸铵	硫酸铁锌锰铜	氯化铁锌锰铜	硫酸镁	磷酸	硫酸	硝酸
尿素	1	1	1	1	1	1	1	1	1	1	1	1	1	1
硝酸铵	1	1	1	1	1	1	1	1	1	1	1	1	1	1
硫酸铵	1	1	1	1	1	1	1	1	1	1	1	1	1	1
硝酸钙	1	1	1	2	1	1	1	1	1	1	1	1	1	1
硝酸钾	1	1	1	1	1	1	1	1	1	1	1	1	1	1
氯化钾	1	1	1	1	1	1	1	1	1	1	1	1	1	1
硫酸钾	1	1	3	2	1	3	1	1	3	3	3	1	3	1
磷酸铵	1	1	1	2	1	1	1	1	2	1	2	1	1	1
硫酸铁锌锰铜	1	1	1	2	1	1	3	2	1	1	1	1	1	1
氯化铁锌锰铜	1	1	1	3	1	1	1	3	1	1	1	1	1	1
硫酸镁	1	1	1	2	1	1	3	2	1	1	1	1	1	1
磷酸	1	1	1	1	1	1	1	1	1	1	1	3	1	1
硫酸	1	1	1	2	1	1	3	1	1	1	1	1	1	1
硝酸	1	1	1	1	1	1	1	1	1	2	1	1	1	1

注：1 代表相溶；2 代表不相溶；3 代表溶解度降低。

（1）灌水量。灌水量根据土壤墒情、树体生长发育情况和天气情况综合确定，年灌水量一般每 667 m^2 为 100～200 m^3。有条件的果园可以安装土壤水分监测设备，如土壤张力计等，并使果树生长前期土壤含水量保持在田间持水量的 60%～70%，生长后期土壤含水量保持在田间持水量的 70%～80%。

（2）施肥量。施肥量根据土壤肥力、树体生长发育情况和负载量等综合确定，一般每生产 100 kg 苹果需施纯 N 0.6～0.8 kg/年，P_2O_5 0.3～0.5 kg/年，K_2O 0.9～1.2 kg/年。灌溉水中养分浓度不宜过高，N、P_2O_5 和 K_2O 浓度分别保持在 110～140 mg/L、40～60 mg/L 和 130～200 mg/L 为宜。

（3）灌溉施肥方案。灌溉施肥方案的制定遵循少量多次和养分平衡的原则。根据苹果树的需水需肥特点，果树生长前期土壤含水量宜保持在田间持水量的 60%～70%，生长后期土壤含水量为 70%～80%；在萌芽前、幼果期、花芽分化期、果实膨大期、采收前和采收后施肥 6～15 次。新栽及幼树到初果期苹果树灌溉施肥计划如表 5-5 和表 5-6 所示。

表 5-5　新栽苹果树灌溉施肥计划（引自赵政阳，2015）

栽后周数	灌溉次数	灌水定额 [m³/ (hm²·次)]	每次灌溉加入的纯养分含量（kg/hm²）		
			N	K_2O	$N+P_2O_5+K_2O$
1～4	2	300	0	0	150
4～6	1	300	30	37.5	67.5
6～8	1	225	37.5	52.5	90
8～10	1	225	15	22.5	37.5
10～12	1	225	15	22.5	37.5
12～24	根据天气情况	15	15	30	
24～28	1	300	37.5	37.5	75
封冻前	1	450	0	0	0
合计	≥8	2 025	150	187.5	487.5

表 5-6　幼树到初果期苹果树灌溉施肥计划（引自赵政阳，2015）

萌芽后周数	灌溉次数	灌水量 [m³/ (hm²·次)]	每次灌溉加入的纯 N 量（kg/hm²）							
			瘠薄土壤（有机质在 1% 以下）				肥沃土壤（有机质在 2% 以上）			
			≤4 年	5 年	6 年	7 年	≤4 年	5 年	6 年	7 年
0～2	1	375	0	0	0	0	0	0	0	0
2～4	1	300	37.5	30	30	37.5	30	37.5	37.5	30
4～6	1	300	52.5	45	45	60	37.5	52.5	52.5	45
6～8	1	225	22.5	30	30	37.5	15	22.5	22.5	30
8～10	1	225	15	30	30	37.5	15	15	15	30
10～12	1	225	15	30	30	30	15	15	15	30
24～28	1	300	45	60	60	75	37.5	45	45	60
封冻前	1	450	0	0	0	0	0	0	0	0
合计	8	2 400	187.5	225	225	277.5	150	187.5	187.5	225

5. 穴贮肥水　穴贮肥水是一种简单的节肥节水方法，适合于缺少水源、土层瘠薄的山区果园。其技术要点如下：

（1）贮肥穴的位置和数量。贮肥穴挖在根系集中分布区，一般在树冠投影边缘向内移50～60 cm处。冠径3.5～4 m的树挖4个穴；冠径6 m以上的树挖6～8个穴。

（2）肥穴设置。穴的直径一般20～30 cm，深度40～50 cm；用玉米秸、谷草、麦秸等捆成直径15～20 cm的草把，长度比穴深短3～5 cm。用绳将草把上下两道扎紧后放水中浸泡，待浸透水后竖直放进穴的中央，用表土埋住草把。埋草把的土可混加5 kg土杂肥、150 g过磷酸钙和100 g尿素。填好后踩实，每穴浇水4～5 kg，紧接用1.5～2 m² 黑地膜覆盖。边缘用土压严，中央正对草把的部位穿1个小洞，用石块或土堵住，以便将来浇水。

（3）肥穴的管理。生长期间可通过肥穴给果树施肥浇水。一般在花后、新梢停长期、采果后3个时期追肥。每次每穴追50～100 g复合肥或尿素，把肥放在草把顶端小洞处，随后浇水4 kg。

萌芽期至新梢旺长期每10 d浇1次水，每穴每次3.5～4 kg。5月下旬至雨季来临前可每7 d浇1次水，雨季中不过分干旱可不浇水。肥穴上的地膜破后应及时更换，以便保持较好的保墒效果。

第三节　苹果园水分管理

我国苹果主要产区年降雨量不足或降雨季节分配不均的现象较为严重，果园经常发生干旱等情况。同时，多雨季节或一次性降水量过大也容易造成果园涝害的发生。果园水分供应状况关系到果树生长健壮、高产稳产以及果实品质等，不仅能影响当年果树生长发育及结果，对果树翌年生长发育也有较大影响。因此，为充分发挥水分对果树的良好作用，必须适时地对果园进行灌溉和排水，本章主要讲述果树合理灌溉、合理控水以及及时排水等内容，为满足果树正常生长发育需要，实现果树丰产、稳产、优质、高效栽培提供保障。

一、果树水分利用效率

（一）苹果树需水特性

果树需水包括生理需水和生态需水两个方面。生理需水是果树生命过程中各项生理活动（如蒸腾作用、光合作用）所需的水分。生态需水是指生育过程中，为果树正常生长发育创造良好生活环境所需要的水分。果树叶面蒸腾量与株间蒸发量之和称为果树需水量。对于旱地苹果园，常以60%田间持水量作为水分亏缺的标准，需要补充水分才能满足苹果的正常生长要求；优质苹果生产需水量在600 mm左右，果树在生长期每667 m² 需水量约为115 m³，降水是干旱地区主要的水分来源，一般降水量达到520 mm即可满足用水需求，但春季干旱需要灌水，秋季雨多需要排水。

苹果园的需水量及需水规律是由果树所处环境的气象条件、土壤条件和生物学特性决定的，气象条件主要有当地的光照强度、降水、湿度、气压、温度、风向、风速和太阳辐射等；土壤条件主要有土壤质地和结构、土壤含水量、土壤热通量、土壤表面蒸发量、施肥情况和地下水位等；生物学特性主要是指果树的种类、品种、物候期、生长状况等。

一般在生长季中，果树发育前半期应供应充足水分，以保证果树正常生长与结果；而后半期（尤其是果实成熟期）则要适当控制水分，以提高果实品质，保证新梢及时停止生长，使果树适时进入休眠期。闫琪（2009）对苹果树各生育阶段的需水量和需水强度进行了计算，结果表明：花期到幼果期的需水量占生育期总需水量的 7.2%，幼果期到果实膨大期需水量占生育期总需水量的 5.9%，果实膨大期到采收期需水量占生育期总需水量的 86.9%。苹果树不同物候期需水量不同，一年中有 4 个关键的需水时期，即萌芽期、新梢旺长期、果实膨大期和落叶休眠期，其中新梢生长期和果实膨大期需水量最大，称为需水临界期。

1. 萌芽期 该期墒情好，有利于萌芽长梢，促进新梢生长、加大叶面积、增强光合作用等，土壤含水量应达到田间最大持水量的 70%~80%。

2. 开花期 土壤水分需求充足，有利于开花坐果，花期长，落花落果轻，土壤含水量应达到田间最大持水量的 60%~70%。

3. 花芽分化临界期 该期要控水，新梢才能及时停止生长，花芽分化较为理想，土壤含水量应达到田间最大持水量的 50%~60%。

4. 新梢生长及果实膨大期 果树需水临界期，果树生理机能最旺盛，水分不足会造成幼果皱缩脱落，该期水分充足，果实发育快，土壤含水量应达到田间最大持水量的 80%。

5. 成熟、着色期 该期水分过多易引起贪青旺长，对着色不利，成熟期水分要稳定，水分波动大，易引起裂果，土壤的含水量应达到田间最大持水量的 80%。

6. 休眠期 土壤水分充足，利于越冬休眠，土壤含水量应达到田间最大持水量的 80%以上。

（二）干旱胁迫对苹果生长发育的影响

1. 水分对果树生长发育的影响 适宜的土壤水分能够为果树提供充足的水分，保证果树各项生理生化活动正常进行，确保果树健壮生长、丰产、稳产、提高果实品质。当土壤水分含量过高时，导致土壤透气性变差，阻碍果树正常生理生化活动的进行；反之，当土壤含水量不足时，果树也会遭受干旱胁迫的影响。苹果生长是一个不可逆的体积、大小和重量增长的过程，包括细胞的分裂、伸长以及分化过程。干旱胁迫引起的二氧化碳吸收量减少、光合作用能力下降、养分状态发生改变等，最终的结果是导致苹果生长减缓或停止、生物量积累和产量降低。

2. 苹果树对干旱胁迫的响应 干旱胁迫是指当耗水量大于吸水量时，果树出现水分亏缺，细胞和组织紧张度下降，树体的正常生理功能受到影响的现象，又称水分胁迫或水分亏缺。干旱胁迫对苹果生长的每一个阶段都会产生不利影响，且对苹果地上部和地下部均有影响，不利程度取决于干旱胁迫的强度、持续时间的长短、苹果的种类、生育期和不同生理过程对干旱胁迫的敏感性等。可以通过测定叶片水势、气孔导度、气体交换、根系活力、活性氧水平、养分状态等指标了解干旱胁迫对苹果的影响程度。

果树对干旱胁迫的响应主要包括适应和适应性反应。适应是果树与干旱环境长期协同进化的结果，由此产生的结构和功能上的变化是可遗传的，可提高果树在干旱胁迫环境中存活能力和概率。而适应性反应是果树短期内对干旱胁迫的响应，恢复正常供水后，响应特征不会遗传给子代，适应和适应性反应共同体现了果树的抗旱性。果树的抗旱性是一种复合性状，是形态解剖结构、渗透调节反应、保护酶活性、光合作用、细胞膜稳定性等指标的综合反应。干旱胁迫下，苹果通常关闭或缩小气孔口径以减少体内水分散失，气孔这一变化又导致外界二氧化碳进入叶片细胞数量减少，从而抑制了光合作用。干旱胁迫能够使苹果体内积累活性氧（ROS），ROS 浓度过高对苹果有伤害作用，能够影响酶的活性、蛋白质的合成、膜的稳定性，影响果树光合作用和呼吸作用等生理过程。同时 ROS 在苹果的干旱胁迫响应中能起信号分子的作用，低浓度的 ROS 可作为信号分子参与细胞增殖、分化以及凋亡的过程，能够引起苹果对逆境的适应性响应，引发交叉抗性。作为信号分子的 ROS 主要是指过氧化氢，但也有报道称超氧阴离子也能行使信号传递的作用。

3. 干旱胁迫对苹果的影响　干旱胁迫能够影响苹果果实品质。高冬华（2009）以红富士苹果为试材，在果实的生长发育期进行不同水分处理，结果表明 80%～85% 土壤含水量能够显著提高红富士苹果果实裂纹率、裂纹指数和果实重量，50%～55% 土壤含水量能够显著降低果实裂纹率、裂纹指数和果实重量。果实可溶性总糖，果糖和葡萄糖含量随着土壤含水量的降低而升高，蔗糖含量则随着土壤含水量的升高而增加。果肉中钾元素含量随土壤含水量的升高而升高；而钙、铁、锌和锰元素含量随土壤含水量的升高而降低；不同土壤含水量对镁和铜元素含量的影响不明显。张燕（2012）盆栽实验也有相似结果，基质水分变化对盆栽红富士苹果果实大小、重量、硬度和可溶性固形物含量等均有明显影响。

干旱胁迫能够影响苹果树体发育。闫芬芬（2010）以苹果矮化砧木组培苗为材料，研究了水分胁迫对不同苹果矮化砧木外部形态及生理生化指标的影响，结果表明轻度干旱胁迫促进苹果砧木的生长；中度及重度胁迫明显抑制植株的生长，随胁迫时间的延长造成不同程度的伤害。轻度水分胁迫下叶片光合作用和叶绿素含量降幅较小，中度及重度胁迫下降幅较大。通过隶属函数得出不同干旱胁迫下，SH17 和 SH40 的抗旱性高于 SH38、M26 和 SH28。王健强（2020）测定了 7 种苹果矮化砧木的旱害指数及相关生理指标，运用隶属函数法对砧木的抗旱性进行了评价。结果表明，干旱胁迫下 7 种苹果矮化砧木旱害指数和丙二醛含量均增加，Fv/Fm 均降低，超氧化物歧化酶和过氧化物酶活性呈现先升高再降低的趋势。抗旱性由强到弱依次是：冀砧 1 号＞SH40＞GM256＞MM106＞M9＞B9＞冀砧 2 号。

王辉（2020）通过解剖及离析的方法研究了不同抗旱程度的苹果砧木导管参数，结果表明抗旱性强的砧木较抗旱性弱的砧木导管分子管腔面积、管腔直径及管腔总面积占木质部比例低。不同砧木半木质化枝条导管分子长度随抗旱性增强而增大，导管直径随抗旱性的增强而减小。抗旱性强的砧木端尾长度及端壁倾斜角较抗旱性弱的砧木大。抗旱性强的砧木具有较强的栓塞能力，中等抗旱和抗旱性弱的砧木抵抗栓塞能力较差。强抗旱性砧木与中等抗旱性砧木的最大导水率随抗旱性增强而增强。

干旱胁迫能够影响苹果树体养分吸收运转。时怡（2021）测定了在不同水分条件下树体生长及元素利用效率，结果表明，干旱胁迫下，冀砧 2 号、冀砧 1 号和 SH40 树体干重、^{15}N 吸收量、^{15}N 吸收活力和 ^{15}N 利用率均表现不同程度的下降。冀砧 2 号中间砧苹果幼树的净生长量、^{15}N 积累量和地上部新生器官氮素分配比例在干旱胁迫下相对于对照处理下降幅度较大。冀砧 1 号地上部新生器官 ^{15}N 积累量在全株积累量中所占的比例高于冀砧 2 号和 SH40，表明冀砧 1 号中间砧在干旱胁迫下相比于冀砧 2 号和 SH40 向上运送营养物质的能力更强。干旱胁迫下，冀砧 1 号中间砧苹果半成品苗和成品苗的 ^{15}N 吸收活力是冀砧 2 号的 1.17 倍和 1.02 倍；冀砧 1 号作中间砧的半成品苗 ^{15}N 利用率是冀砧 2 号的 1.07 倍，而冀砧 2 号作中间砧的成品苗 ^{15}N 利用率是冀砧 1 号的 1.17 倍。

（三）果树抗旱机制和提高抗旱的途径

水分利用效率（Water Use Efficiency，WUE）是评价苹果抗旱性的有效指标之一。对于苹果叶片而言，WUE 等于净光合速率与蒸腾速率的比值；对于苹果个体而言，水分利用效率可以用干物质量与蒸腾量的比值来表示；对于一个苹果群体，可以用干物质的量与蒸腾量和蒸发量之和的比值来表示。水分利用效率的大小分别受到外界环境（光照、水分、二氧化碳浓度等）和内在因子（水势、净光合速率、蒸腾速率、气孔导度等）的影响。

1. 果树抗旱机制　御旱和耐旱是果树适应干旱胁迫的主要机制。御旱性是指果树通过增加从土壤中获得的水分或减少通过叶片蒸腾散失的水分以保持植物内部较高的水势。耐旱性是指果树能够在干旱胁迫条件下利用较少的水维持自身生长发育，特征主要表现为代谢水平和蛋白质合成比率较低等。

虽然干旱胁迫能够限制苹果正常生长和产量形成，但苹果可通过调控生理、形态、代谢、基因表达、信号途径以及其他一些复合机制平衡蒸腾作用散失的水分和根系吸收的水分之间的关系，增强树体对干旱胁迫的适应能力。苹果的耐旱机制是复杂的，苹果的耐旱性与角质层厚度、气孔开张度、激素平衡等相关，苹果的抗旱机制主要涉及形态适应、生理适应以及分子水平上的适应。形态适应是指苹果在形态学上发生变化以适应干旱胁迫环境，如在长期的进化过程中，形成了特殊的形态结构，主要包括角质层变厚、气孔下陷、栅栏组织发达、海绵组织退化、机械组织强化、细胞变小、浓密的表皮毛等。根系可塑性很强，是苹果在逆境中调节生长的有利特征，根系变长、增殖能力增加、生长密度变大等被认为是植物避旱性的特征，苹果可通过改变根系构型、调整地上部和地下部比例、调整气孔数量等形态变化增强对土壤水分的吸收、降低叶片蒸腾失水等适应干旱环境。

苹果对干旱胁迫的生理适应主要包括渗透调节、激素变化和抗氧化防御系统三个方面。渗透调节是指干旱胁迫下，苹果主动在细胞内积累各种无机和有机化合物，提高细胞液浓度，降低渗透势，提高了细胞的吸水和保水能力，从而使苹果适应外界缺水环境。参与渗透调节的物质有可溶性糖、脯氨酸、甜菜碱、有机酸和糖醇等。苹果通过渗透调节可以维持叶片的膨压，增大气孔导度从而利于二氧化碳进入叶片；也可以促进根系对外界水分的吸收，最终降低了干旱胁迫对苹果的伤害。

苹果的生长发育受到生长素、脱落酸、赤霉素、细胞分裂素和乙烯等激素的影响，干旱胁迫能够改变这些物质的内源合成。干旱胁迫诱导产生 ROS，使其在细胞内大量积累，能够破坏苹果脂质、蛋白质以及其他大分子物质，造成苹果代谢紊乱。苹果可以通过抗氧化系统的酶促反应和非酶促反应清除体内的 ROS。参与酶促反应的抗氧化剂有：谷胱甘肽还原酶（GR）、超氧化物歧化酶（SOD）、过氧化氢酶（CAT）、过氧化物酶（POD）和抗坏血酸过氧化物酶（APX）；参与非酶促反应的抗氧化剂有抗坏血酸、还原型谷胱甘肽、β-胡萝卜素、多胺、水杨酸、脯氨酸、甜菜碱、玉米素等。干旱胁迫下苹果通过促进合成这些物质的酶活性增加抗氧化物质在细胞内的积累，从而降低或消除 ROS 的伤害，提高苹果对干旱胁迫的适应能力。

苹果可以通过多条分子途径适应干旱胁迫，调控抗旱基因的表达以及积累应激蛋白是两条重要的途径。如水通道蛋白能够介导自由水快速被动的跨生物膜转运，是位于细胞膜上调控水进出细胞的通道，水通道蛋白能够通过调节水合力提高水的渗透性。许多脱水应答作用元件也参与响应干旱胁迫，如 DER/CRT 顺式作用元件，能够调控干旱胁迫下非依赖 ABA 基因的表达，包括 DREB/CBF 蛋白家族。DREB2 是 DREB/CBF 家族基因，参与干旱胁迫的耐受基因。

2. 提高果树抗旱的途径　提高苹果抗旱性的根本途径是选育抗旱砧木和品种。利用生物学和蛋白质组学的知识有利于筛选与抗旱相关的数量性状位点和蛋白质，可以将此类干旱相关的位点和蛋白质作为育种中识别耐旱基因型的标记。随着生物技术以及功能基因组学的发展，人们可以更好地识别干旱响应基因，从而通过转基因技术培育抗旱品种。谢银鹏（2018）研究了 *MdMYB88* 和 *MdMYB124* 对苹果耐旱性的影响，结果表明，干旱胁迫下，*MdMYB88* 和 *MdMYB124* 诱导表达。*MdMYB88* 和 *MdMYB124* 转基因苹果叶片自然失水试验表明，*Md MYB88* 和 *MdMYB124* 能减缓叶片水分的散失。自然干旱试验显示，*MdMYB88* 和 *MdMYB124* 过表达苹果株系的存活率显著高于非转基因 GL-3，而转基因干扰株系的存活率低于 GL-3，表明 *Md MYB88* 和 *Md MYB124* 能提高苹果的抗旱性。此外，*MdMYB88* 和 *MdMYB124* 过表达转基因苹果株系在干旱胁迫下的光合能力显著高于 GL-3，干扰株系则显著低于 GL-3，说明在干旱胁迫下，过表达 *Md MYB88* 和 *Md MYB124* 能提高苹果的光合作用能力。

还可通过施加一些外源物质提高苹果的抗旱性，如细胞分裂素、脱落酸、油菜素内酯、脯氨酸等。这些物质主要是通过渗透调节维持细胞膨压和促进抗氧化系统积累抗氧化物质清除干旱胁迫下产生的活性氧，维持细胞膜、酶以及蛋白质等大分子物质的稳定来增强苹果的抗旱性。梁博文（2018）研究发现通过施加外源褪黑素和多巴胺能够提高干旱胁迫下苹果叶片的相对含水量、光合作用、叶绿素浓度、气孔开张度以及抗氧化酶活性等，显著缓解了干旱胁迫对植株生长的抑制，并能维持植物对元素的吸收量，从而提高了苹果的抗旱性。

二、灌溉与排水

（一）灌溉方式

1. 沟灌　在果园行间开挖一定深度和宽度的灌溉沟，沟深 20～25 cm，并与配水渠道相垂直，灌溉沟与配水道之间，有微小的比降；沟灌的优点是湿润土壤均匀，灌水量损失少，可以减少土壤板结和对土壤结构的破坏，土壤通透性好。缺点是用水量较大，开沟工作量大，不适宜坡地灌溉，易造成土壤冲刷等。

2. 盘灌　以树干为圆心，在树冠投影以内以土埂围成圆盘，圆盘与灌溉沟相通。此法用水经济，浸润根系范围的土壤宽而均匀，不会引起土壤板结。

3. 喷灌 喷灌是将通过管道输送来的有压水流用喷头喷射到空中，呈雨滴状散落到田间的灌溉方法。喷灌较之传统灌溉模式，灌溉均匀度高，占地面积少，对土地平整度要求不高，省时省工，基本不会产生深层渗漏和地表径流，目前喷灌工程多用 PVC 管材作为地埋管，用薄壁铝合金管材作为地面移动管，输水效率可达 95%～98%，水资源损耗率为 2%～5%，比传统地面灌溉低 15%～20%，可节约用水 20% 以上，对渗漏性强、保水性差的沙土，可节省用水 60%～70%。

4. 滴灌 滴灌是近年来发展起来的机械化与自动化的先进灌溉技术，是以水滴或细小水流缓慢地施于植物根域的灌水方法。普通滴灌是指通过管路系统及埋设在作物根系活动层的滴灌管直接向作物根部供给水分和液体肥料，较之喷灌，滴灌可减少大量的水分漂移损失，能够节水 15%～25%。膜下滴灌是一种综合滴灌和覆膜技术优点的新型节水灌溉技术，灌水时须在滴灌带或滴灌毛管上覆盖一层地膜。由于有地膜的覆盖，膜下滴灌很好地抑制了水分蒸发，并能有效地减少深层渗漏，使得水分利用效率进一步提高。同时，地膜覆盖可以起到很好的保温效果，为作物生长提供较好的土壤热量条件。膜下滴灌的平均用水量是传统灌溉方式的 12%，是喷灌的 50%，是一般滴灌的 70%；可将肥料利用率由 30%～40% 提高到 50%～60%。

（1）设计灌水定额。滴灌设计灌水定额是指作为滴灌系统设计依据的最大一次灌水量，用灌水深度表示，可以用下式计算：

$$h 滴 = (\alpha \theta p H) / 1\,000。$$

式中，h 滴为设计灌水定额，mm；α 为允许消耗的水量占土壤有效持水量的百分数（%），对于根深的果树，α 可取 30%～50%；θ 为土壤有效持水量（占土壤体积%）；p 为土壤湿润比，%，即在滴灌后土壤湿润面积与滴灌面积（包括滴头湿润面积和没有湿润面积的比值），一般取 70%～90%；H 为计划湿润层深度（m），矮砧苹果树一般为 0.4～0.8 m。

（2）设计灌水周期。即两次灌溉之间的间隔时间，果树需水旺盛期的灌水周期一般为 3～5 d，可以用负压计等仪器定点定深度测量土壤水分状况，确定灌水时间。

（3）1 次灌水延续时间。果园滴灌以单株树为计算单元，1 次灌水延续时间用下式计算：

$$t = (h 滴 \cdot S_r \cdot S_t) / (n \cdot q 滴)。$$

式中，t 为 1 次灌水延续时间，h；h 滴为设计灌水定额，mm；S_r 为果树行距，m；S_t 为果树株距，m；n 为 1 棵树下安装的滴头或滴水孔的数目；q 滴为滴头流量，m³/h。

5. 半地下灌溉 也称果园地下穴灌。在树冠投影边缘向内 50 cm 处，均匀挖直径为 30 cm、深为 60 cm 的 4 个穴，在穴最底部撒入 10 g 聚丙烯酰胺类保水剂，预先用铡刀将秸秆切为长度 5 cm 的小段后填入穴内，向秸秆上撒入果树专用控释复合肥 280 g/穴，在秸秆中间放入乒乓球大小的碎砖块，将长约 40 cm 的塑料管（灌水管）插于碎砖块中间，然后覆土、踩实，以塑料管为中心将地面做成凹型并使塑料管高出地面 5 cm 以上，最后通过灌水管将 20～30 kg 水灌入穴内。

6. 管道灌溉 省水省工，便于管理和实现水肥一体化，结合土壤水分探头，可以实现自动化控制，灌溉效果明显高于地面灌溉。管道灌溉的方式有涌泉灌、渗灌等。有许多厂家生产专用的灌溉设备，根据需要购买安装即可使用，但是管道灌溉初期投资大，施工复杂，不容易检修，需要有一定的水源和电力设施。

（二）灌溉时期

1. 萌芽期　春季苹果树萌芽抽梢，孕育花蕾，需水较多。此时常有春旱发生，应及时灌溉，土壤含水量应达到田间持水量的 70%～80%。水分不足，使萌芽延迟，或萌芽不整齐，影响新梢生长。土壤墒情好，利于萌芽长梢，叶片大而展，提高开花势能，还能不同程度地延迟物候期，减轻倒春寒和晚霜的危害。但水分不宜太多，避免降低地温，导致根系活动迟缓。

2. 花芽分化临界期　土壤含水量应达到田间持水量的 50%～60%。土壤适当干旱，利于花芽分化。该期适当控水，使春梢生长变缓慢，全树约 75% 的新梢（生长点）及时停止生长，花芽分化较理想。

3. 果实膨大期　果实迅速膨大期是第二个需水临界期，气温高，叶幕厚，果实迅速膨大，水分需求量大。土壤含水量应达到田间持水量的 80%。土壤水分充足，果实发育快，果形好。该期气温高，蒸发量大，当雨水少时易出现伏旱，影响果实膨大，甚至落果。

4. 成熟期　土壤含水量应达到田间持水量的 60%。着色期对水分要求较高，干旱、湿度小，不利于着色；适当干旱对着色有利。采收前水分要稳定，水分波动大，易引起裂果，加重采前落果；水分过多，果实品质降低，不耐贮。

5. 休眠期　土壤水分充足，利于越冬休眠。在树体地上部分休眠以前，根系还有一段时间生长期。此时浇足水会促进根系生长，增加根系吸收量，使树体贮存养分增多，不仅能满足较长时间的休眠期果树对水分的需要，还能防止枝条越冬抽条和树体冻害。

（三）灌水量

最适宜的灌水量，应在一次灌溉中，使根系分布范围内的土壤湿度达到最有利于果树生长发育的程度。只浸润土壤表层或上层根系分布的土壤，不能达到灌溉的目的，且由于多次补充灌溉，容易引起土壤板结，土温降低。因此，必须一次灌透，深厚的土壤需一次浸润土层 50 cm 以上。具体灌水时期和灌水量应该根据天气状况和树体生长状况灵活掌握。多数情况下，应该在萌芽前至开花期、新梢生长和幼果膨大期、果实迅速膨大和花芽分化期，以及采果后至休眠期灌水。不同树体类型也应区别对待，生长势强的树体要确保水分供应，而旺长树适当控水，特别新梢旺长期控水有利于控旺促花，对于幼旺树，除萌芽前和秋季灌水外，新梢旺长期只要叶片不萎蔫，可以不灌水。另外，灌水量也要结合土壤管理方式进行，覆盖果园可适当减少灌水量。目前，对灌水量的计算常用的有以下 2 种方式：

第一，根据不同土壤的持水量、灌溉前土壤湿度、土壤容重以及要求灌水后土壤浸润的深度计算灌水量。

即：果园灌水量＝灌溉面积×土壤浸润程度×土壤容重×（田间持水量－灌溉前土壤湿度），每次灌水前都应测定灌溉前的土壤湿度，而田间持水量、土壤容重和土壤浸润深度等指标可数年测定一次。

第二，根据果树需水量和蒸腾量确定单位面积需水量。

每亩需水量＝［果实产量×干物质（％）＋枝、叶、茎、根生长量×干物质（％）］×需水量，此法未考虑灌溉前土壤水分实际情况，因此，具体灌溉时应综合考虑。

（四）果园排水

我国苹果产区，尤其是渤海湾产区、黄河故道产区，降水多集中在 7—8 月，容易发生涝害。在建园时，要做好排水系统，及时排水。

1. 地面排水 对于平地和盐碱地果园可顺地势在园内和果园四周修建排水沟，把多余的水顺沟排出园外；也可采用深沟高畦（台田）或适度培土等方法，降低地下水位，防止返碱，以利雨季排涝。山地果园要搞好水土保持工程，防止因洪水下泄而造成冲刷。涝洼地果园，可修建梯田或在一定距离修建蓄水池、蓄水窖和小型水库，将地面径流贮存起来备用或排走。由于地下不透水层引起的果园积水，应结合果园深翻打通不透水层使水下渗。

2. 地下排水 暗管排水多用于汇集和排出地下水。在特殊情况下，也可用暗管排泄雨水或过多的地面灌溉贮水。暗管排水是在果园内安设地下管道，一般由主管、支管和排水管组成。暗管埋设深度与间距，根据土壤性质、降水量与排水量而定，一般深度为地面下 0.8～1.5 m，间距 10～30 m。在透水性强的沙质土果园中，排水管可埋深些，间距大些；黏重土壤透水性较差，为了缩短地下水的渗透途径，把排水管道设浅些，间距小些。铺设比降为 0.3％～0.6％，注意在排水干管的出口处设立保护设施，保证排水畅通。当需要汇集地下水以外的外来水时，必须采用直径较大的管子，以便排泄增加的流量并防止泥沙造成堵塞，当汇集地表水时管子应按半管流进行设计。采用地下管道排水的方法，不占用土地，也不影响机械耕作，但地下管道容易堵塞，成本也较高。一般果园多采用明沟排涝，暗管排除土壤过多水分，调节区域地下水位，成为全面排水的发展体系。

◆ **主要参考文献**

陈艳莉，2009. 几种苹果砧木杂交后代耐盐抗缺铁筛选［D］. 保定：河北农业大学.

闫芬芬，2010. 苹果矮化砧木对水分胁迫的响应研究［D］. 保定：河北农业大学.

付风云，相立，徐少卓，等，2016. 多菌灵与微生物有机肥复合对连作平邑甜茶幼苗及土壤的影响［J］. 园艺学报，43：1452-1462.

高冬华，2009. 土壤水分对红富士苹果果实品质的影响［D］. 保定：河北农业大学.

郭跃升，孙洪助，马荣辉，等，2021. 胶东苹果主产区土壤酸化状况及施用钙肥改良效果［J］. 中国农技推广（37）：66-69.

胡俊峰，2021. 不同矮化中间砧红富士苹果幼树对养分胁迫响应研究［D］. 保定：河北农业大学.

姜伟涛，陈冉，王海燕，等，2020. 棉隆熏蒸处理对平邑甜茶幼苗生长和生物学特性及土壤环境的影响［J］. 应用生态学报（31）：3085-3092.

姜远茂，彭福田，巨晓棠，2002. 果树施肥新技术：苹果梨葡萄桃杏李甜樱桃草莓油桃［M］. 北京：中国农业出版社.

康红强，2016. 红富士苹果树需肥规律及科学施肥技术［J］. 农业科技与信息（2）：97-98.

李寒，郝赛鹏，郭素萍，等，2019. 地布覆盖对苹果园土壤水热环境及果实品质的影响［J］. 林业科技通讯（10）：44-47.

李绪彦，2001. 不同中间砧红富士苹果对铁胁迫的反应［D］. 保定：河北农业大学.

李晓阳，任丽华，计保全，等，2019. 生草覆盖对山地果园土壤物理性状的影响［J］. 水土保持应用技术（4）：7-9.

李振侠，2003. 铁胁迫对苹果砧木生理生化特性的影响［D］. 保定：河北农业大学.

梁博文，2018. 多巴胺和褪黑素对干旱和养分胁迫下苹果矿质养分吸收的调控研究［D］. 杨凌：西北农林科技大学.

陆超，聂佩显，王来平，等，2018. 苹果园精准高效肥水管理技术［J］. 落叶果树（50）：61-62.

卢培，2014. 保定域苹果园杂草种类、特性及生态习性研究［D］. 保定：河北农业大学.

秦景逸，张云，王秀梅，等，2019. 绿肥间作模式对苹果园土壤养分含量的影响［J］. 北方园艺（11）：169-172.

时怡，2021. 低氮、干旱条件下不同矮化中间砧苹果幼树氮利用效率差异研究［D］. 保定：河北农业大学.

王桂华，于树增，陈浪波，等，2005. 施用生石灰改良苹果园酸化土壤试验［J］. 中国果树（4）：11-12.

王海燕，盛月凡，李前进，等，2019. 葱、芥菜和小麦轮作对老龄苹果园土壤环境的影响［J］. 园艺学报，46：2224-2238.

王辉，2020. 苹果砧木导管分子特征参数及其与矮化性、抗旱性的关系［D］. 保定：河北农业大学.

王健强，2020. 苹果矮化中间砧抗旱性评价［D］. 保定：河北农业大学.

王柯，2019. 苦参碱对苹果连作土壤微生物及平邑甜茶幼苗影响的研究［D］. 泰安：山东农业大学.

王玫，徐少卓，刘宇松，等，2018. 生物炭配施有机肥可改善土壤环境并减轻苹果连作障碍［J］. 植物营养与肥料学报，24：220-227.

王丽琴，魏钦平，唐芳，等，1997. 苹果新根周年发生动态研究［J］. 山东农业大学学报（28）：102-108.

王晓芳，2019. 万寿菊生物熏蒸对苹果连作障碍缓解效果及其机理研究［D］. 泰安：山东农业大学.

王义坤，2020. 三种菌肥对苹果连作土壤环境及再植平邑甜茶影响的研究［D］. 泰安：山东农业大学.

谢银鹏，2018. 苹果 *MdMYB88* 和 *MdMYB124* 转录因子在低温和干旱胁迫中的作用机理研究［D］. 杨凌：西北农林科技大学.

徐素峰，2019. 覆盖和穴施有机物对盐碱地苹果生长结果及土壤盐分的影响［D］. 泰安：山东农业大学.

徐卫红，2014. 水肥一体化实用新技术［M］. 北京：化学工业出版社.

闫琪，2009. 红富士苹果树需水规律与产量的相关性［J］. 甘肃农业科技（4）：19-21.

张彪，2020. 幼龄苹果园间作马铃薯互作效应研究［J］. 湖北农业科学（59）：29-31，104.

张燕，2012. 基质水分变化对红富士苹果果实品质的影响［D］. 保定：河北农业大学.

张洪昌，段继贤，王顺利，2014. 果树施肥技术手册［M］. 北京：中国农业出版社.

张玉星，2003. 果树栽培学各论［M］. 北京：中国农业出版社.

Hewavitharana SS, Mazzola M, 2020. Influence of rootstock genotype on efficacy of anaerobic soil disinfestation for control of apple nursery replant disease［J］. European Journal of Plant Pathology, 157: 39-57.

Liang Bowen, Li Cuiying, Ma Changqing, et al., 2017. Dopamine alleviates nutrient deficiency induced stress in *Malus hupehensis*［J］. Plant Physiology And Biochemistry, 119: 346-359.

Liang Bowen, Gao Tengteng, Zhao Qi, et al., 2018a. Effects of exogenous dopamine on the uptake, transport, and resorption of apple ionome under moderate drought [J]. Frontiers In Plant Science, 9: 755.

Liang Bowen, Ma Changqing, Zhang Zhijun, et al., 2018b. Long-term exogenous application of melatonin improves nutrient uptake fluxes in apple plants under moderate drought stress [J]. Environmental And Experimental Botany, 155: 650 - 661.

Sheng Yuefan, Wang Haiyan, Wang Mei, et al., 2020. Effects of soil texture on the growth of young apple trees and soil microbial community structure under replanted conditions [J]. Horticultural Plant Journal, 6: 123 - 131.

Wang Gongshuai, Yin Chengmiao, Pang Fengbing, et al., 2018. Analysis of the fungal community in apple replanted soil around Bohai gulf [J]. Horticultural Plant Journal, 4: 175 - 181.

Wang Yanfang, Fu Fengyun, Li Jiajia, et al., 2016. Effects of seaweed fertilizer on the growth of *Malus hupehensis* Rehd. seedlings, soil enzyme activities and fungal communities under replant condition [J]. European Journal of Soil Biology, 75: 1 - 7.

Winkelmann T, Smalla K, Amelung Wulf, et al., 2019. Apple replant disease: causes and mitigation strategies [J]. Current Issues in Molecular Biology, 30: 89 - 105.

第六章

花 果 管 理

花果管理是指在花芽分化和果实发育等理论的基础上，为了保证和促进花、果的生长发育直接用于花和果实上的各项技术及对树体和环境条件实施的相应的调控措施。加强花、果管理，不仅是果树连年丰产、稳产的保证，更对提高果实的商品性状和价值、增加经济收益具有重要的意义。本章的主要内容包括花芽分化及调控、花果数量调控、果实品质的形成与调控。

第一节　花芽分化及调控

苹果花芽是混合花芽，通常着生在一年生短枝的顶端或枝条侧端，于开花结果的前一年形成。花芽形成的数量、质量直接影响苹果生产的经济效益。了解苹果的花芽分化过程及其机理，进而制定合理的栽培措施调控花芽分化，对于苹果早期丰产、调控树势、提高果品质量、缩短育种年限等有重要意义。

一、苹果花芽分化进程

（一）苹果花芽分化阶段

花芽分化是指果树芽轴的生长点经过生理和形态的变化最终构成各种花器官原基的过程。花芽分化可以分为三个阶段：生理分化期、形态分化期和性细胞分化期。

1. 生理分化期　形态分化出现之前，生长点内部由营养生长向生殖状态转变的一系列生理生化变化。出现在新梢停长后，即大部分短枝停长开始至大部分长枝停长这段时间，先从短枝上开始，后是中枝和长枝。多数苹果花芽生理分化期在盛花后 2～6 周，一般是从 5 月中旬开始，集中在 6—7 月，此期是调控花芽分化的关键时期。促进花芽分化的有关措施，宜着重在花芽生理分化期进行。

2. 形态分化期　芽内花器官出现的时期，指从花原基最初形成至各花器官形成完成。出现于生理分化后 1～7 周，生理分化开始晚的形态分化也晚。苹果落叶前花芽内都具备一定的花器官，完成形态分化。保定地区富士苹果进入花芽形态分化的时间为 7 月上旬，新红星和嘎拉为 7 月下旬。

3. 性细胞分化期 冬季花芽进入休眠期后，形态上虽无明显变化，但内部仍在进行一系列的生理分化变化，主要是花粉粒和胚珠的分化和发育，这与坐果率高低关系密切。这些过程主要依靠上一年树体的贮藏营养物质，因此春季树体贮藏营养的高低直接影响花器的发育，进而影响开花、坐果及产量。

（二）苹果花芽分化进程

成熟苹果花芽从外向内依次包括芽鳞片、过渡叶、真叶、苞片和花原基，前四项为附属物。苹果花芽分化可分为 7 个时期，即转化期、花芽分化初期、花序原基发生期、花萼原基发生期、花瓣原基发生期、雄蕊原基发生期和雌蕊原基发生期。

1. 不同砧木对花芽分化进程的影响 王金鑫（2019）观察了保定地区不同年份嫁接在不同砧木上的天红 2 号花芽分化进程，结果如表 6-1 所示。

由此可见，在保定地区，天红 2 号苹果于短枝停止生长后 40 d 进入转化期，其时间的长短受砧木和年份的影响较小。随时间的推移，各时期依次交叉重叠发生。不同砧木和不同年份对花芽分化时期的出现时间和持续时间有一定的影响，但对花芽集中分化期影响不大，6 月中旬进入转化期，分化初期集中分化于 7 月上旬，花序原基发生期集中分化于 7 月中下旬，花萼原基发生期集中分化于 8 月初，花瓣原基发生期集中分化于 8 月中下旬，9 月主要为雄蕊原基发生期，10 月基本进入雌蕊原基发生期。

表 6-1 不同砧木上的天红 2 号苹果花芽分化进程（保定）

花芽分化各时期	转化期	花芽分化初期	花序原基发生期	花萼原基发生期	花瓣原基发生期	雄蕊原基发生期	雌蕊原基发生期
2014 年，天红 2 号/八棱海棠（4 月 25 日短枝停长）							
最早出现时间	6 月 5 日	6 月 15 日	7 月 5 日	7 月 15 日	7 月 25 日	8 月 15 日	9 月 25 日
持续时间	102 d	82 d	62 d	62 d	52 d	92 d	
集中分化时间	6 月 15 日至 7 月 15 日	6 月 15 日至 7 月 15 日	7 月 25 日至 8 月 5 日	8 月 5 至 15 日	8 月 15—25 日	9 月 5—25 日	10 月 5 日（80.0%花芽进入雌蕊原基发生期）
2014 年，天红 2 号/SH40/八棱海棠（4 月 25 日短枝停长）							
最早出现时间	6 月 5 日	6 月 15 日	7 月 5 日	7 月 15 日	8 月 5 日	8 月 25 日	9 月 25 日
持续时间	81 d	82 d	102 d	102 d	31 d	82 d	
集中分化时间	6 月 15 日至 7 月 15 日	7 月 5—15 日	7 月 15—25 日	7 月 25 至 8 月 15 日	8 月 15—25 日	9 月 5—25 日	10 月 5 日（66.7%花芽进入雌蕊原基发生期）
2015 年，天红 2 号/SH40/八棱海棠（4 月 30 日短枝停长）							
最早出现时间	6 月 10 日	7 月 5 日	7 月 5 日	7 月 15 日	7 月 25 日	8 月 25 日	9 月 25 日
持续时间	45 d	51 d	62 d	62 d	42 d	61 d	
集中分化时间	6 月 10—25 日	7 月 5 日	7 月 15—25 日	8 月 5 日	8 月 5—15 日	8 月 15 至 9 月 25 日	10 月 5 日（70.0%花芽进入雌蕊原基发生期）

2. 不同品种花芽分化进程的差异 张立莎（2009）观察了 2008 年保定地区新红星、嘎拉、富士 3 个品种的花芽分化进程，3 个品种之间有差异（表 6-2）。苹果花芽分化的各个时期都有重叠交叉现象，说明同一树体不同部位的芽发育进程有所不同。从品种的成花率高低来看，3 个品种的成花率为：嘎拉＞新红星＞富士。

表 6-2 新红星、嘎拉、富士 3 个品种的花芽分化进程

(张立莎，2008)

品种	新红星	嘎拉	富士
形态分化开始时间	7 月 22 日左右	7 月 22 日左右	7 月 2 日左右
形态分化结束时间	10 月 2 日	9 月 22 日	9 月 22 日
花芽分化高峰期	8 月 22 日至 9 月 22 日	8 月 22 日至 9 月 22 日	7 月 12 日至 9 月 12 日
花芽比例趋于稳定时间	9 月 22 日，花芽比例 80% 左右	10 月 12 日，花芽比例 90% 左右	10 月 2 日，花芽比例 67% 左右

3. 不同区域花芽分化进程的差异 辛明志（2018）研究表明，长富 2 号各类枝条在高海拔和高纬度地区相比低海拔和低纬度地区停长的晚，然而花芽生理分化持续的时间短。长富 2 号在不同地区成花率为静宁＞茂县＞杨凌（陕西），长富 2 号在茂县不同海拔成花率 2 050 m＞1 425 m＞1 680 m。辛明志（2018）研究得出，在杨凌富士苹果在短枝停长后到完成芽生理分化需要 56 d 左右，而曹尚银等（2001）在河南安阳研究得出，富士苹果在短枝停长后 49 d 左右生理分化结束。造成这种差异的原因可能与树龄、生长势、环境因子有关系。

（三）苹果花芽分化特点

苹果花芽分化具有以下特点：

1. 长期性 整个花芽分化过程较为漫长，从当年 5 月至翌年 3 月都在进行。

2. 集中性 花芽分化虽是一个长期的过程，但多集中于 6—9 月。

3. 不稳定性 苹果短枝在花后 2~6 周是分化临界期，生长点内生理生化状态极不稳定，代谢方向易于改变，若条件适宜可分化成花芽，否则会转化为叶芽。

4. 不可逆性 花芽形态分化一旦开始，就会按部就班继续分化，正常条件下，此过程不可逆。若将不同分化程度的花芽短枝嫁接到实生砧等非正常条件下，花序可伸长成枝，萼片、花瓣可变成畸形叶。

二、影响花芽分化的因素

（一）内部因素

1. 树体营养 苹果花芽分化需要较高的树体营养，特别是与碳水化合物营养水平关系密切。通常，苹果树生长前期叶芽和花芽并没有什么区别，只是当芽体发育到一定阶段时，树体有了营养积累，一些芽才形成花芽。

（1）糖。糖在植物成花诱导和阶段转变中扮演重要角色。叶片和顶端分生组织中糖含量，及植物组织源库中糖类物质的交换和传递往往决定植物一些生命过程是否发生，如花

发育和花诱导。富士苹果叶片和芽内的蔗糖、葡萄糖、果糖、山梨醇及可溶性总糖水平在成花诱导阶段发生显著变化，这可能是因为它们作为能源物质参与花芽分化过程的调控。张昕（2018）研究结果表明，葡萄糖处理促使短枝顶芽中可溶性糖及淀粉含量的上升，有利于短枝顶芽在花芽生理分化期的生长，富士成花率显著提升，但果糖在易成花表型中含量均降低，说明糖的种类及其比例对富士苹果花芽分化具有一定影响。

（2）氮。除了糖分，氮也是苹果花芽分化的前提和基础，也是花芽分化的重要营养和能量来源，树体内氮和糖供应充分且比例适当有利于花芽分化。若糖分欠缺则不能形成花芽；氮缺乏而糖相对过剩时，虽然能形成花芽，但结果不良。在具有足够的碳水化合物（尤其是淀粉）积累的基础上，保证一定的氮素营养并有利于趋向蛋白质的合成则有利于花芽分化。Tami 等（1986）研究发现苹果花芽数量随叶片中氮的增加而增加，花芽百分数与叶片中的氮呈正相关。

（3）其他。P、K、Cu、Ca、Fe、Mn 等元素过多或过少，或各种元素间平衡失调以及细胞液浓度、细胞原生质或膜结构的理化性状（如原生质黏滞性、膜透性等）的变化也都将影响到花芽分化。薛志勇（2003）对苹果的研究表明，幼树叶片和芽矿质元素含量的变化同幼树的成花情况密切相关。

实践表明，树体健壮、长势中庸的树易形成花芽，这类树有适宜的生长量，叶片多而功能强，新梢能及时停长，地上部能积累较多的碳水化合物，根系也能供给适量的氮、磷、钾元素，营养充足，所以年年都能形成足量的花芽。而旺长树枝叶生长量大，叶片生产的光合产物被旺长的枝条消耗多，树体营养积累少，所以难成花。

2. 激素 激素类物质在花芽分化过程中起重要作用。花芽分化与其树体内激素水平有着密切的关系，各类激素的分布、相互作用及平衡关系均对果树花芽分化有很大影响。

近代研究表明，内源赤霉素抑制果树的成花（不同种类的赤霉素在花芽分化中的作用不同，抑制花芽分化的赤霉素有特殊的结构，即 A 环的第 2 位置上是双键）；生长素对果树花芽分化的影响看法不一致，有观点认为苹果要顺利地进行花芽分化，首先要减少枝梢中生长素的含量，也就是说，生长素对苹果的花芽分化有抑制作用；细胞分裂素促进果树花芽分化，细胞分裂素产生于根部，借叶子的蒸腾作用随木质部汁液上行运到枝梢的芽子里促进成花的，叶片在果树成花过程中的这个作用比它能为花芽提供碳水化合物的作用更为重要；脱落酸和乙烯是促进开花的物质，营养生长的停顿或暂时停止是果树花芽分化的基本条件，脱落酸可明显造成营养生长的停止，可能间接影响花芽孕育。

关于激素因子对花芽形成的机理，目前尚不明确。各类激素都会在果树的花芽中出现，但各激素出现的时间及其在含量上的变化不同。植物花芽形成过程中激素平衡和营养物质之间存在着相互作用，在一定营养物质积累和成花诱导条件下，各激素之间达到一种有利于成花的平衡状态。李天红（1995）研究表明，促花处理能提高富士苹果短枝顶芽中（ABA＋ZR）/GA$_3$ 的比值，（ABA＋ZR）/GA$_3$ 的高比值有利于花芽分化。目前，激素平衡的观点为大多数学者所接受、证实和丰富，激素对花芽分化的调控并不由单一激素决定，而是依赖于激素间的动态平衡或顺序性的变化。

多胺是一类低分子脂肪族含氮碱，与遗传物质的合成、器官的分化、膜的稳定性及内源激素的平衡等有密切的联系，而且被报道对果树花芽分化有效应。外源 Spd（亚精胺）

提高内源 Put（腐胺）含量已在苹果上有报道，徐继忠等（1998）研究表明多胺能够明显提高富士苹果的成花枝率。王晓玲（2005）研究结果显示，红富士苹果（成花难）和新红星苹果（成花容易）花芽生理分化期叶片内源多胺发生明显的变化，红富士苹果叶片内 Put 含量在 5 月 29 日达到高峰，Spd 和 Spm（精胺）含量变化缓慢，而新红星苹果叶片内 Put、Spd 和 Spm 含量均在 6 月 2 日达到高峰。红富士苹果较新红星苹果花芽形成困难，可能与内源 Spd 和 Spm 含量较低或变化缓慢有关。研究还发现，外源多胺改变了红富士苹果和新红星苹果叶片和短枝顶芽中内源多胺、内源激素的含量，提高了叶片内（Spd＋Spm）/Put 比值。在花芽生理分化期间红富士苹果叶片内（Spd＋Spm）/Put 比值是降低的，而新红星叶片内（Spd＋Spm）/Put 比值则是升高后降低，多胺处理不同程度的提高叶片（Spd＋Spm）/Put 比值。果树花芽分化过程中，多胺（PAs）及多胺合成的前体物质精氨酸（Arg）含量发生显著变化。从外施多胺及 Arg 能促进果树花芽分化，也说明多胺在花芽分化中起了重要促进作用。

多胺类物质对果树内源激素的合成与平衡有影响。徐继忠（1997）研究表明外源多胺处理提高了苹果花和幼果 GA_3/ABA 比值。张立莎（2009）研究发现，喷施外源多胺不仅显著改变了内源激素的含量，而且还改变了激素之间的比值，如提高了（ABA＋ZR）/GA_3 和 ZR/GA_3 的比值，而高（ZR＋ABA）/GA_3 和 ZR/GA_3 的比值对苹果成花有利。因此外源多胺可以通过影响内源激素的含量进而调控基因表达影响花芽分化，或通过影响内源多胺含量进而影响内源激素平衡而调控基因表达影响花芽分化。

3. 调控基因与信号转导　随着分子生物学的发展，关于花芽分化的理论日趋成熟，基因对成花的控制越来越受人们的关注，并出现了多因子控制模型。该假说的主要观点是，在多因子控制模型中，营养物质的积累只是诱导开花的一个方面，另外还有其他大量的诱导物和抑制物，如激素、代谢产物等，只有限制与诱导因子在适宜的时间达到一定的浓度时开花才会发生。分生组织成花转变通常由三个主要发育阶段组成：第一阶段是对信号发生反应；第二阶段是对信号发生反应的分生组织引发为花决定；第三阶段是在适宜条件下花决定状态转变花发端，随后发育。

多数高等植物的成花存在一些明显的特点：①需要经过一定时期的营养生长，达到一定的"年龄"和生长量后，才具备成花的能力，特别是一些木本植物，更是存在一个长达几年甚至十几年的童期，影响这一过程的是一些花序分生组织和花分生组织决定基因以及上游的一些调控基因。②植物的开花是"多因子"相互作用形成的。木本果树要度过漫长的童期后，才进入成花状态，而一旦完成了第一次成花，以后每年都在相同的季节开花，其营养生长和生殖生长共存，果实发育或枝梢生长与次年开花的花芽诱导及发端共存。

果树成花过程是由多个基因调控的，有的在某一特定时期表达，有的可在多个时期表达。这些基因之间存在一定的相互作用，形成了一个基因调控网络，共同参与调控成花。随着分子生物学的不断发展以及对模式植物花芽分化分子机理的不断深入，已在苹果上分离出与花发育相关基因的同源基因。

（1）苹果类 *AP1* 基因。*MdAP1* 和 *MdMADS2* 是从苹果中分离出的两个 *AP1* 同源基因。*MdAP1* 在苹果花芽分化中起重要作用。*MdMADS2* 对花发育的调节是在转录后水平上调节的，在花芽分化的各个时期及四种花器官中都有表达，但在花芽分化的早期有重要的作用。

另外一个被命名为 *MdMADS5* 的基因被认为与 *MdAP1* 是同一产物，*MdMADS5* 在苹果花芽分化中也起重要作用。Soon-Kee Sung（1997）从富士中分离出含有 MADS 保守区域的一段 cDNA 命名为 *MdMADS1*，此基因在所有花器官和幼果中表达，在花和果实发育的早期表达水平较高，说明 *MdMADS1* 在花芽分化起始阶段作用较大。

（2）苹果类 *AP2* 基因。从苹果花芽中分离出 *AP2* 同源基因命名为 *MdAP2*，*MdAP2* 在基因组中以低拷贝形式存在，在营养组织、花芽及不同花器官中均有表达，表达模式与拟南芥 *AP2* 基因一致。*MdAP2* 与拟南芥 *AP2* 的同源性仅为 45.5%，表明二者在功能上可能存在很大不同。

（3）苹果类 *PI* 基因。*MdPI* 是与拟南芥 *PI* 基因的同源基因，*MdPI* 是属于 MADS-box 基因家族的 B 类花器官身份基因。*MdPI* 与萼片、雄蕊的发育及萼片与花丝的形成有关，与拟南芥 *PI* 基因功能相类似。

（4）苹果类 *LFY* 基因。目前，在苹果中发现的 *LFY* 同源基因有 *AFL1* 和 *AFL2*，*AFL*（*LFY* 的同源物）既在生殖器官中表达，也在营养器官中表达。*AFL* 在花发育的整个过程都有表达，在营养枝中表达较弱。与 *LFY* 不同的是，*AFL* 在成熟叶片和成熟花器官中都有表达，说明 *AFL* 既在花芽分化的早期起作用，又在随后的叶和花形态分化阶段起作用。在苹果中，*LFY* 同源基因除了 *AFL1*、*AFL2*，还有其他的同源物，只是 *AFL1*、*AFL2* 与其他同源基因同源性较低。*AFL2* 与 *LFY* 有类似抑制 *TFL1* 的作用，*AFL2* 过量表达的转基因拟南芥可以缩短开花时间且导致莲座叶直接转变成花。*AFL1* 与 *LFY* 转基因拟南芥表型相似，但 *AFL1* 转基因拟南芥的表型不如 *AFL2* 的转基因植株表型强。张立莎（2009）以新红星、嘎拉、富士为材料，研究 *AFL1*、*AFL2* 表达模式，结果表明，*AFL1*、*AFL2* 在这 3 个品种上均只在花芽分化期表达，*AFL1* 比 *AFL2* 表达稍晚或一致，二者的表达时期性很强。

（5）苹果类 *TFL1* 基因。*TFL1* 基因是一个抑制开花的基因。*TFL1* 的功能与开花诱导信号有关，是维持花序分生组织发育的功能基因。苹果 *TFL1* 同源基因为 *MdTFL1*。*MdTFL1* 在顶芽、茎和幼苗的根中都有表达，大约花芽分化前 2 周开始表达变弱。马川（2010）研究表明，表达 *MdTFL1* 的转基因拟南芥明显比野生型开花晚，且其表型与过表达 *TFL1* 的转基因拟南芥很相似。张立莎（2009）研究了新红星、嘎拉、富士芽中 *MdTFL1* 的表达情况，结果表明 *MdTFL1* 在这 3 个品种上均只在花芽未分化期有表达，说明该基因的表达具有时期性。

果树由叶芽向花芽形态转化之前，生长点处于极不稳定的状态，代谢方向容易改变，所以生理分化期也叫做花芽分化临界期，此期条件适宜即可转化为花芽，否则即转入夏季被迫休眠，成为叶芽。从 *AFL1*、*AFL2*、*MdTFL1* 3 个基因的表达与否来看，三者的表达变化均发生在苹果花芽形态分化前大概一个月内，即苹果花芽的生理分化期，说明在此时期苹果接受来自外界或自身内部的信号变化来促进或抑制花孕育相关基因的表达或关闭，进一步说明一些促进花芽分化的措施在此时期进行更能起到其应有的作用。

（二）环境因素

影响花芽分化的环境因素主要有光照、温度、水分、土壤养分等。

1. 光照 光是花芽形成的必需条件，因为光是果树光合作用能量的来源，影响有机物和内源激素的合成，在光照良好的条件下，叶片光合作用强，有机物合成较多，有利于养分制造，有利于苹果花芽分化。在多种果树上都已证明遮光或树体郁闭会导致花芽分化率降低，所以果园一定要通风透光。苹果在花后 7 周内高光强促进成花，低光强成花率下降，但花后 7 周以后降低光强不影响成花。光强影响花芽分化的原因可能是光影响光合产物的合成与分配，弱光导致根的活性降低，影响 CTK 的供应。光的质量对花芽形成也有影响，紫外线抑制生长，钝化 IAA，诱发乙烯产生，促进花芽分化，高海拔地区苹果生长较矮易于成花。

2. 温度 有利于苹果花芽分化的适温在 20 ℃以上，低于 20 ℃或高于 30 ℃抑制生长素产生，影响枝梢和叶片生长，花芽分化受到抑制，低于 10 ℃则停止分化。此外，冬季低温总量不足会限制花芽的细胞分裂和春季的发育，甚至引起花芽脱落。

3. 水分 在花芽分化临界期，适度控制水分，抑制新梢生长，有利于光合产物的积累和花芽分化。花芽形成时土壤最大田间持水量前期为 60 %，后期 70 %。适度干旱，抑制 GA 的生物合成并抑制淀粉酶的产生，促进淀粉的积累，提高碳氮比和细胞液浓度，增加树体内的氨基酸，特别是精氨酸的水平，有利于花芽分化。但是过度干旱不利于花芽形成。

4. 土壤养分 土壤矿质养分是植物生长的物质基础，植物生长发育的必需元素中，多数对花芽分化有影响。土壤养分的多少和各种矿质元素的比例都会影响花芽分化。在一定范围内随着施肥水平的提高，花芽分化增多，到达顶点后，继续增加施肥量，花芽分化的数量和质量均迅速下降。苹果在雄蕊或雌蕊分化期增施 N 可提高胚珠的活力。如 N 供应充分，随着 P 供应增加，花芽形成率也增加。

三、促进花芽分化的措施

（一）调控时间

虽然花芽分化持续时间长，但对于同一地区、树龄、品种的果树，对产量构成起主要作用的枝条类型基本相同，花芽分化期也大体一致。调控措施应在主要结果枝类型花芽诱导期进行，进入分化期后效果就不明显。所以苹果多在花后 3～4 周（5 月中旬左右）采取措施对花芽分化进行调控。

（二）调控措施

1. 加强树体营养管理

（1）增施有机肥，合理使用化肥。树体的营养基础是影响花芽分化的重要因素，因此，增施肥料有利于提高光合效能，增加树体营养积累。增施有机肥比单纯施用化肥的促花效果要好；施用化肥的种类、用量应根据不同物候期来确定，生长前期应多施氮肥，以促进萌芽和新梢生长，增加叶面积，而在花芽分化临界期（花后 2～6 周），除了弱树外一般不需过量施氮肥，而是补充磷、钾肥，后期要严格控制氮肥用量，防止树体后期旺长，影响花芽分化和发育。

秋季以后花芽的进一步发育主要进行性器官的发育，依靠树体的贮藏养分进行，特别是需要充足的氨基酸，秋季补充氮肥可满足花芽的性器官发育所需要的氨基酸。

（2）平衡树体营养生长和生殖生长。苹果幼树期通过合理的肥水管理和修剪措施，使树体前期生长旺盛，后期控制生长并及时转化为花芽分化。对后期生长偏旺的树应严格控制肥水，采用生长期修剪进行控制。科学疏花疏果，合理负载，可减少树体养分消耗，有益于优质花芽的形成。

2. 改善环境条件

（1）改善光照。花芽分化关键时期，及时开展夏剪，调整枝叶分布，改善树体光照，缓和生长势，有利于花芽分化。

（2）合理的水分管理。花芽分化期过多的水分以及水分的剧烈变化会严重影响优质花芽的形成。生产中有灌溉条件的果园应严格控制后期灌水，并采取节水灌溉方式。旱地果园应采取措施稳定土壤水分平衡，以利形成优质花芽。

（3）土壤管理。通过土壤深翻扩穴、覆盖等措施，改善土壤的理化性状，可使根系处于良好的土壤环境中，最大限度地发挥吸收功能，使树体健壮，叶片功能强，从而提高花芽质量。

3. 合理使用修剪措施 当树体具备结果条件后，需要采取措施削弱长势，促进营养物质积累，使其更多地用于花芽形成，促使早期结果。凡有利于促进营养物质积累的措施，均可促进花芽形成，如拉枝、拿枝、扭梢、摘心和辅养枝环剥等，一般全园树冠覆盖率达到 60％时即采取促花措施。调整生长势：当树冠长到一定大小时，先拉开下层主枝的角度，既限制了树体养分更多地运向先端，又改善了光照条件，使其能在被拉开的主枝上保留更多的枝条，拉大枝宜在 5 月进行，此时枝软易开，拉开以后主枝背上不会再萌生旺枝，秋季大部分枝梢停止生长后再拉枝，也有利于缓和树势，且能促进短枝成花，在每年的 8 月20 日前后进行，骨干枝开张角度以 70°～80°为宜，辅养枝的开张角度以 90°～100°为好。调整枝类组成：综合运用夏剪措施，把部分长枝改造成中短枝，促进花芽形成。

4. 应用植物生长调节剂 王鹏等（2007）研究发现，氯丁唑可有效抑制新红星苹果幼树新梢的快速生长，促进幼树从营养生长向生殖生长转化，形成大量腋花芽。喷施乙烯利能促进各砧穗组合新梢的加长生长和加粗生长，显著提高成花率。薛进军和张保忠（1998）研究表明，盛花后 3 周（5 月中旬）叶面喷施生长调节剂显著促进了 4 年生长富 2 号苹果树的花芽分化，以 2 000 mg/L B9＋250 mg/L 乙烯利效果最好。

调环酸钙（Pro-Ca）是一种新型植物生长延缓剂，氯吡苯脲（CPPU）是一种高活性的苯脲型细胞分裂素，李珊珊（2020）的研究结果表明，在苹果树花芽生理分化期，喷施300 mg/L CPPU＋500 mg/L Pro-Ca，显著提高叶片可溶性糖含量、全磷量和全钾量，提高植株玉米素含量和 ZR/IAA，芽内脱落酸含量和 ABA/IAA，使植株花芽率提高。

PBO 有利于花芽形成。邢利博（2013）以 5 年生长富 2 号和富红早嘎苹果幼树为试材，在不同时期喷施不同浓度 PBO 溶液（2 857 mg/L、4 000 mg/L、6 667 mg/L）1 次、2 次、3 次，结果表明：①在幼树花芽生理分化关键时期（5 月 5 日至 6 月 20 日）喷施4 000 mg/L 的 PBO 2～3 次可以显著增加 2 个品种花芽百分数。②喷施 PBO 能在一定程度上提高长富 2 号和富红早嘎各部枝条的萌芽率和成花率。

5. 防治病虫害 及时喷杀虫、杀菌剂，加强果树叶片病虫害的综合防治，可有效减少对果树叶片的伤害，促进叶片光合作用，保证树体健壮生长，在保证当年果实产量的同时，为花芽分化供给充足的养分，打好来年高产基础。

第二节　花果数量调控

花果数量调控包括保花保果和疏花疏果两方面，保花保果的目的是提高坐果率，尤其是在花量较少或花期气候不良的年份，对保证苹果丰产稳产具有重要意义。疏花疏果是指人为地去掉过多的花或果实，使树体保持合理负载量的栽培技术措施，对苹果连年稳产、提高坐果率、提高果实品质、保持树体健壮具有重要意义。

一、保花保果

（一）落花落果的原因

苹果从花蕾出现到果实采收，一般有 4 次落花落果。第 1 次在终花期，花梗随谢花而一起脱落，通常称为落花。第 2 次在落花后 1 周左右，子房略见增大，可持续 5～20 d，称为前期落果。第 3 次在第 2 次落果后的 7～14 d，果实已达到拇指指甲大小，对产量影响较大，称为生理落果，北方一般发生在 6 月，故称"6 月落果"。第 4 次在果实采收前，落下成熟或接近成熟的果实，故称采前落果。

1. 落花原因

（1）养分缺乏，花芽质量差。秋季没有施基肥或施肥量不足，氮肥供应不足，果树营养不良，树势衰弱，花瓣过早脱落。

（2）授粉受精不良。授粉树配置不当或授粉品种当年花量少，不能保证正常授粉受精，会出现"满树花，半树果"的现象。

（3）缺乏传粉媒介。苹果传粉的媒介主要是蜜蜂，蜜蜂活动的最适气温为 15～29 ℃，在此范围内，随气温升高而逐渐活跃，有利于传粉授粉；如果低于 10 ℃，蜜蜂就不会外出活动，花期如遇大风、阴雨天气也使蜜蜂活动受阻，不能正常传粉。

（4）花期低温晚霜。苹果授粉受精最适宜的气温为 10～25 ℃，低于 10 ℃不能正常授粉受精。苹果花蕾受冻的临界温度为 −3.8～−2.8 ℃，低于−3.8 ℃花蕾就会被冻死，开花期遇到−2.2～−1.7 ℃时花器就会受冻。

2. 落果原因

（1）受精不良。受精不良的幼果种子少，内源激素不足，吸收营养能力弱，导致幼果脱落。

（2）树体贮藏养分不足，养分分配不均。幼果发育所需的营养物质主要来自上年树体贮藏的养分，贮藏养分不足，受精差的幼果因缺乏营养而发育终止，脱落。5 月下旬至 6 月上旬，新梢生长进入高峰，果实与新梢养分竞争激烈，营养不足时，新梢生长对养分争夺造成生理落果。

（3）环境因素影响。幼果期遭遇干旱，果实发育终止，脱落；浇水过多也会引起果实脱落；低温可以引起落果，气温低于−1.5 ℃ 时，幼果会受冻而脱落；高温也会引起落果。

（二）提高坐果率的措施

1. 增强树体营养

（1）树体贮藏营养。苹果树体中的营养物质是光合作用的产物，树体靠这些营养进行生长、果实发育、花芽分化等活动，另一部分贮藏于树体（主要在根系、主干和大枝中）供来年生长前期萌芽开花、坐果、果实细胞分裂与膨大之所需，这一部分营养称为贮藏营养。贮藏营养多少对来年苹果树的萌芽、开花、坐果、果实大小、产量、果品质量的好坏将起到决定性的作用。

加强树体管理，保证树体正常生长发育，增加树体贮藏养分的积累，改善花器发育状况，是提高坐果率的根本措施。首先，前期要有良好的营养生长基础，新梢及时停长，树势缓和，有机营养积累充足；其次，秋季施足基肥，结合灌水，再辅以晚秋叶面喷施0.3%～0.5%尿素，延缓叶片衰老，延长叶片光合作用时间，提高树体贮藏营养水平，最终形成个大、饱满、优质的花芽。

（2）调控营养分配。采取花前复剪、疏花疏果、花期环割和环剥、果台枝摘心等措施，调控营养向花果内分配，改善花器和果实发育状况，降低落花落果率，从而提高坐果率。

①花前复剪。花芽萌动期至开花前，花芽非常容易识别，此时调整花芽量，有利于提高当年坐果率和下一年花芽分化。主要是疏除过于细弱、过于密集的花枝和过多的营养枝，按距离或质量保留适当的壮花枝。

②提早疏花疏果，保留中心花结果。疏花是提高坐果率、保证稳产的有效措施，正常年份，疏花时间越早越好。苹果花序中心花先开，边花后开，先开的花比后开的花贮藏营养丰富，中心花比边花所结的果实形状、品质好。所以疏花时，首先疏除弱花序、病虫枝上的花序和腋花序。经过疏花序和疏花朵，留下的花朵量只有目的留果量的2～3倍，可大大减少额外营养消耗，显著提高坐果率。落花后1周左右即可开始疏果、定果，应于落花后1个月内完成，最迟不宜晚于5月中下旬。过早疏果，由于果实太小，疏果技术很难掌握；过晚疏果，起不到节省养分的作用。

③花期环割、环剥。从初花期至谢花后对枝干进行环剥或环割，集中树体养分用于开花坐果，可明显提高坐果率，越早效果越好。可以选择开花较少的旺盛枝或者是辅养枝、大枝、准备去掉的枝条在花期当中进行环剥，环剥宽度在0.5 cm左右，环剥过后需要用纸包住伤口。

④果台枝摘心。坐果率低的品种，花后10 d对旺长的果台枝摘心，控制养分消耗和防止果台梢争夺幼果的养分，提高坐果率，特别是对果台梢生长旺的品种更有必要。

2. 保证良好授粉受精

（1）配置授粉树。苹果一般自花不实，栽植时必须配置一定数量的授粉树，才能保障正常的授粉受精，促进坐果。有关授粉树的选择及配置等详见第三章"优质苹果苗木培育与高标准建园"。

（2）人工辅助授粉。花期进行人工授粉是提高坐果率最可靠的方法，即使在有授粉树的条件下，进行人工授粉也可有效地提高坐果率。人工授粉有以下几种方法：

人工点授。选择亲和力强、花粉量大、发芽率高的品种，于授粉品种铃铛花期采集花蕾。采集的花蕾放在阴凉处晾晒，等花粉散开后按照花粉和滑石粉1：（5～10）的比例混匀，在中心花开放时间内进行人工点授。具体做法：疏花后，将花粉点到柱头上，每个花序可点1～2朵花，从初花期到盛花期均可进行。花瓣开放当天和第2天9：00—11：00为授粉的最佳时间。

喷花粉液。单花的开放时间为 4～5 d，开花 2 d 后柱头开始萎蔫，花朵开放当天，授粉坐果率最高，此时喷花粉液效果最好。花粉液的配方：干花粉 10～12 g、水 5 kg、蔗糖 250 g、尿素 15 g、硼砂 5 g，先将蔗糖、水、尿素、硼砂混合后拌匀，再加花粉调配均匀，用纱布过滤去掉杂质。花粉液随配随用，放置时间不能超过 2 小时。喷洒时间宜在盛花期，天气晴暖无风或微风的 9：00—10：00 时喷洒最好。

（3）花期放蜂。在花期放蜂提高授粉质量，1 箱中华蜜蜂可为 3 333～6 667 m² 苹果授粉。近年来，有的果区引进角额壁蜂于花期释放，授粉效果很好，每亩果园释放 50～100 头即可满足授粉需要。山东省农业科学院植物保护研究所等单位科研人员经研究发现凹唇壁蜂授粉的苹果花序坐果率、花朵坐果率比对照提高 10 倍左右，能有效提高苹果的坐果率。

3. 应用植物生长调节剂或其他试剂　应用较多的植物生长调节剂有赤霉素（GA）、萘乙酸（NAA）等。开花期或坐果期用 PBO（果树促控剂）处理，可明显提高富士苹果的坐果率。花后喷多效唑（PP333）可以抑制新梢生长，提高坐果率，应用多效唑时应注意，多效唑与其他农药一样，如若超过一定剂量，将会对人体健康造成一定危害，为此，许多国家和地区对多效唑的最大残留制定了一系列标准，我国食品安全标准（GB2763—2014）中规定，苹果中多效唑残留量要小于 500 ng/mL。春季，果园遭受霜冻危害后，可及时喷芸薹素 481、优马修复剂或咪鲜胺等植物生长调节剂，修复受损的花朵细胞。花期喷 0.3% 的硼砂混加 0.3% 的尿素可显著提高坐果率，盛花期喷 100～200 mg/L 钼酸钠能显著提高红富士苹果坐果率。

4. 预防自然灾害

（1）冻害。做好花期霜冻预防工作。早春，采取树干涂白和果园秸秆覆盖、灌水等方式，推迟花期，使苹果树花期避开晚霜冻。及时收看天气预报，有大幅降温天气，及时喷防冻液，增强树体抗性，或者全园喷水，降温当天放烟，减轻霜冻的危害。

（2）旱害。花期和幼果期，果园过度干旱都会导致落花落果，因此应保证果园土壤含水量保持一定的水平。果实迅速膨大期是苹果第二个需水临界期，此期气温升高，叶片、果实生长量大，水分需求量大，若缺水造成早期落叶，影响果实生长。

（3）风害。花期大风会影响蜜蜂活动，影响授粉，降低坐果率；幼果期，大风可导致果面与枝干摩擦受伤或直接脱落，影响品质和产量。防止风害，新建果园要重视立地条件选择，尽量不要选在迎风面口建果园，已建幼园尽快建立防风林带，无条件的可采用筑围墙、设立风障等措施防止大风，或者给果树设立支柱。另外，要加强综合管理，培肥地力，增强树势，提高果树抵御自然灾害的能力。

5. 防治病虫害　在花期危害花、叶的害虫有卷叶虫类和金龟子，应及时喷药防治，这一时期应以生物农药为主，或进行人工捕捉。危害花、叶的病害有花腐病、白粉病、早期落叶病等，应做到及早预防和及时防治，以减轻危害，利于果实良好生长。

二、疏花疏果

（一）疏花疏果的意义

疏花疏果是指人为地去掉过多的花或果实，使树体保持合理负载量的栽培技术措施。

其重要意义有以下几个方面：

1. 可使果树连年稳产 花芽分化和果实增大往往是同时进行的，当营养条件充足或负载量适当时，既可保证果实增大，也可促进花芽分化。当营养不足或留花留果过多时，则营养的供应与消耗之间发生矛盾，过多的果实抑制了花芽分化，易削弱树势出现大小年现象。因此，进行合理疏花疏果可以调节生长与结果的关系，利于花芽形成，从而达到连年稳产、提高产量。

2. 提高坐果率 疏花疏果的作用在于节约养分，减少因养分竞争而出现的幼果落果现象，并且减少无效花，增加有效花，从而提高了坐果率。

3. 提高果实品质 由于减少了留果量，集中树体养分，减少无效消耗，从而增大果个，改善着色及果实内在品质。此外，疏果时也疏掉了病虫果、畸形果，提高优质果率。

4. 可使树体健壮 开花坐果过多，首先消耗了树体贮藏营养，并使叶果比减小，则秋季积累也减少，干粗增长少，同时也严重削弱细根的生长，使根和干的贮藏营养下降，影响次年生长，并使树体衰弱。合理疏花疏果利于树体保持健壮。

（二）适宜负载量的确定

1. 适宜负载量的意义 果树的负载量，是影响果树生长、产量和质量的重要因素，还会影响到果树的结果期、树势、寿命等。高负载量使苹果树体的营养生长与生殖生长受到抑制，造成生长势降低、抑制花芽分化和果实品质变差等一系列问题，次年花量减少，形成大小年结果现象；低负载量则会导致苹果树体营养生长过旺，产量降低，经济效益得不到保障。另外，负载量过高是造成树体衰弱、引发病害大量发生的主要因素，留果量越大，消耗的营养越多，极易引起养分失调，树势衰弱，抗病力下降。

孙宇（2020）以天红 2 号/SH40/八棱海棠大田和盆栽植株为试材，设置不同负载量水平（大田试验为每平方厘米干截面积留 1.6～2.4 个果，盆栽试验为每平方厘米干截面积留 0～1.5 个果），研究结果表明，各处理新梢生长量在生长期内呈现两个生长高峰，分别出现在 6 月和 9 月，各处理新梢生长量随负载量的提高而下降。所有负载量下的苹果根系生长在一年内大多出现两个生长高峰，在夏、秋两季均出现细根发生高峰，而细根的死亡高峰出现在夏季。在细根发生高峰期的细根根长密度随负载量的提高呈下降趋势，低负载量处理的苹果根系细根生长量大，高负载量处理则相反。果实品质主要受当年负载量水平影响，提高负载量水平能减小单果重、可溶性固形物含量、果实纵径、横径。翌年花量随负载量提高显著减少。

2. 确定负载量的依据和方法 确定合理负载量是正确疏花疏果的前提，确定负载量时依据以下原则：保证足够的果实数量、良好的果品品质、能形成足够数量的花芽，不出现"大小年"；保证树体有正常的长势，树体不衰弱。负载量应根据果树历年产量和树势以及当年栽培管理水平确定。

（1）经验确定负载量法。"因树定产，按枝留果，看枝疏花，看梢疏果"。果农对苹果留果量有"满树花，半树果；半树花，满树果"的谚语，要求在花期树冠上叶与花应达到绿中见白、白绿相间，结果枝和发育枝错落分布的留花量标准，对花芽过多的植株和枝组，进行适当调整，疏除弱花芽或花序，坐果后，再根据坐果量多少进行适当调整。

（2）叶果比法。为保证果实有足够的营养，一般认为大果型苹果品种的叶果比为

（50～60）：1，小果型苹果品种（30～40）：1，短枝型品种为 30：1，矮化砧为（30～40）：1 较为适宜，如红富士苹果留果标准为叶果比（50～60）：1。

（3）枝果比法。即各类一年生枝的数量与果实总个数的比值，它是依据叶果比而来。一般苹果树每个枝条平均具有 13～15 片叶，按 3～4 个枝条留 1 个果，可保证每个果占有 40～60 片叶。因此大果型品种的枝果比为（4～6）：1，中、小果型品种为（3～4）：1 较适宜，如红富士苹果留果标准为枝果比（5～6）：1 为宜。

（4）干周法或干截面积定量法。苹果树干的粗度可以作为苹果确定留果量的指标，计算公式为 $Y=0.2C^2$，其中，Y 为单株留果量（kg），C 为树干周长（cm），此公式适用于初果期至盛果期管理较好的树，旺树和弱树可在计算结果的基础上适当增减。在一般管理条件下，富士、红星等大果型品种的中庸树，每平方厘米干截面积留果量以 0.3～0.4 kg 为宜；国光等小果型品种以 0.5 kg 为宜。

（5）空间距留果法。按照一定的距离留果，要求果与果之间距离应根据不同品种果个的大小来确定。一般嘎拉、元帅系短枝型品种，每 15～20 cm 留 1 个果，乔纳金、秦冠等品种每 20 cm 留 1 个果，红富士、世界一等品种每 20～25 cm 留 1 个果。可根据树龄、管理水平适当增减。

（6）以产定果法。根据品种、树龄、树势以及栽培管理水平等（也可根据往年产量），确定产量，再根据产量和单果重确定单位面积留果量。如一般盛果期苹果每 667 m² 产量应控制在 3 000～3 500 kg，根据单果重，元帅系品种（单果重 250 g）每 667 m² 留果 1.2 万～1.4 万个，富士系（单果重 300 g）每 667 m² 留果 1 万～1.2 万个。再根据每 667 m² 栽植株数，各株的生长情况，具体确定每株的留果数量。

（三）疏花疏果的时期和方法

1. 时期 疏花疏果主要有 4 个时期：

（1）花芽萌动期。疏花芽。

（2）花序伸长期。疏花序，花前 5～7 d、花序分离期进行。

（3）开花期。疏花，气球期至花期进行。

（4）幼果期。疏果，可分两次进行。第 1 次是第 1 次落果后至生理落果前，一般掌握在落花后 2～3 周开始为宜，最迟应在生理落果前完成，在最短的时间内结束；第 2 次于 6 月落果后再定果 1 次。

2. 方法

（1）人工疏花疏果。人工疏花疏果目的明确，但较费时费工，对劳动力紧缺和面积较大的果园及时完成疏除任务将带来一定的困难，必须及早做好计划和安排。

疏花一般要求自显蕾期开始，盛花前结束，在生产实际中要考虑当地天气（主要是温度、湿度和降雨）、花量、花序初生叶的发育状况（反映营养供应水平）等情况而定，优先保证坐果为前提，可适当延迟疏花来保证坐果量。具体包括疏花序和疏花朵两个过程。疏花序在花前 5～7 d、花序分离期进行，优先疏去弱枝花、梢头花，过密花序可隔一去一，或按距离 15～25 cm 左右留 1 个花序。疏花序时，注意保留果台副梢和莲座叶。疏花朵是在气球期至花期进行，一般每花序只保留中心花和 1 朵较好的边花，生产中多结合采集花粉进行。

疏果在落花后 1~2 周内进行，30 d 内完成。落花后的时期是幼果生长发育极为旺盛的时期，幼果细胞分裂旺盛，细胞数量迅速增加，为了减少营养消耗，花序中的多果和密果 1~2 周内及时疏除，为防止冻害可适当多留 20% 果量。第 2 次疏果也叫"定果"，在落花后 1 个月左右，即生理落果以后进行，套袋前完成，此时确定最终留果量。

人工疏花疏果时要注意：须做到准确、细致，按先上后下、先内后外的顺序逐枝进行，勿碰伤果台，注意保护好下部的叶片以及周围的果子；疏果时以"留中心果、疏边果，留大果、疏小果，留下垂果、疏直立果，留健康果、疏病虫伤果为操作要领；期间要对工具做好消毒工作，避免传播病菌和病毒病。

（2）化学疏花疏果。化学疏花疏果作为发达国家苹果生产的常规技术措施，辅之简易的人工定果，可以显著提高生产效率，降低生产成本，实现苹果产业的省工高效与优质生产。疏花剂包括钙制剂、苯嗪草酮、ATS（硫代硫酸铵）、石硫合剂、Wilthin、植物油等；疏果剂包括萘乙酸、西维因、6-BA 等。

①化学疏花。依据苹果的正常开花过程，在苹果花期的特定阶段，叶面喷布含钙化合物、智舒优花、苯嗪草酮、ATS 和石硫合剂、Wilthin、植物油等化学疏花剂，通过烧伤花粉、灼伤柱头和抑制花粉发芽等，从而影响苹果的正常坐果，降低坐果率，达到疏花和调控坐果的目的。

钙制剂：其作为一种新型无公害疏花剂逐渐被广泛使用。钙制剂通过灼伤柱头阻止授粉受精以达到疏花目的，含钙化合物在不同苹果品种上都有不同程度的疏花作用而且效果好，还可起到补充钙素、防治生理病害的作用。薛晓敏等（2013）对红将军苹果疏花试验表明，在盛花期和谢花后 10 d 喷布 10 g/L 有机钙制剂，花朵坐果率比清水对照降低 9% 左右，单果比率提高 50% 左右。于葱翠（2018）研究了不同浓度（0 倍、100 倍、150 倍、200 倍、250 倍）钙制剂对富士疏花的效果，结果表明，100 倍钙制剂的疏花效果最好。

智舒优花：可以破坏花柱头黏液层及里面的 S-蛋白等，阻断花粉与花柱的识别过程，进而阻断授粉受精过程，花朵自然败育，达到疏花的目的。适宜树势稳定、花量较大的果园。每袋 80 g 兑水 15 kg 喷雾，稀释 150~200 倍，每遍每 667 m² 至少用水 45 kg，第 1 遍在中心花开放 70%~80%（整体看全树花开 30% 左右）时喷施，第 2 遍在全树花开放 70%~80% 时喷施。

苯嗪草酮：作为一种光系统Ⅱ抑制类除草剂已被注册，可以抑制光合作用，逐渐将成为取代西维因和 6-BA 的新型疏花疏果药剂。苯嗪草酮在单独使用或者结合 6-BA 使用时，都具有较好的疏除效果，且能够显著增加单果鲜重。有研究表明，0.5 g/L 苯嗪草酮处理（中心花 75%~85% 开放时第 1 次对全树进行均匀喷施，于全树 75% 的花开放时喷第 2 遍）的疏除率、空台率及单果率分别为 75.9%、33.0%、62.5%，1 g/L 苯嗪草酮处理分别为 74.9%、40.0%、45.8%，疏花效果较好。从作用效果、经济效益以及实际使用便利等情况综合考虑，认为 0.5 g/L 苯嗪草酮适合投入实际生产使用。

ATS（硫代硫酸铵）：ATS 为一种硫基氮肥，通过使柱头脱水，导致花无法受精；对叶片有一定的影响，抑制光合，诱导产生乙烯，从而使发育不好的果实脱落，是美国、韩国、意大利等国家用于优系富士的主要疏花剂之一，生产中效果较好。当 60%~70% 苹果花开放、地面有花瓣脱落时，叶面喷布 2%~3% 的 ATS，喷布后 2~3 d，再喷布一次相同剂量的 ATS，对富士苹果具有较好的疏花效应。用 ATS 疏花，苹果花瓣边缘存在一定程度的灼伤，但对果实外观品质和内在品质无影响。有研究表明，利用 ATS 疏花，再加上西维因或 6－BA 疏果，才能从根本上解决矮砧富士生产中的大小年问题，单纯用西维因或 6－BA 疏果，不能从根本上解决矮砧富士的大小年结果现象。

石硫合剂：早期应用的苹果疏花剂之一，具有烧伤花粉、灼伤柱头和抑制花粉发芽的作用。在盛花期喷布 0.5～1.0 波美度石硫合剂，能杀伤开放 2 d 以内的花，使其脱落，对未开放和开放 3 d 的花，基本无杀伤作用。张玉（2018）研究了不同浓度（0、100 倍、150 倍、200 倍、250 倍）的石硫合剂对红富士苹果的疏花效果，结果表明，4 个浓度的石硫合剂均有明显的疏花效果，其中石硫合剂 100 倍疏花效果最佳，花朵坐果率为 31.67%，同时结果表明，石硫合剂有灼伤花瓣、杀死花粉的作用，从而达到疏花效果。生产中石硫合剂疏花效果表明，苹果开花期间多次喷布才能取得较好的疏花效果，而且适宜喷布的时间短；此外，花期喷布石硫合剂也影响花期蜜蜂、壁蜂的活动和蜂蜜的质量，现在已很少将石硫合剂用于苹果疏花。

Wilthin：该药剂在美国环保局被作为苹果疏花药剂注册，这种疏花剂是由美国研究所研究发现的，已经在澳大利亚、新西兰等几个国家进行过试验，结果表明其疏花效果极好，已经成为大洋洲常用的疏花剂。除了疏花效果好，该种药剂还不会对授粉蜜蜂产生有害的作用，保证授粉质量。当开花量在 80%～90% 时，以 2 500 mg/L 浓度喷施 Wilthin 疏花剂，疏除效果最佳，适用苹果品种有元帅、翠玉、瑞光、金冠等。在落花后使用该药剂进行喷施，果面会产生锈斑。

植物油：植物油也是许多学者采用的疏花剂种类的一种，目前试验采用的植物油种类有橄榄油、菜油，大豆油、玉米油等。以橄榄油为疏花剂进行试验，研究表明 1 000 mL/L 橄榄油能增大果个，降低坐果率，但会加重果锈的发生。使用橄榄油作为疏花剂，对红星苹果来说能够有效地疏花，且不会增加果锈的产生。玉米油乳剂的疏除效果取决于使用浓度和喷布时间，使用浓度越高，喷布越早，疏除效果就越好，3%～5% 的玉米油乳剂，在全树 20% 的花开放时使用，疏除效果较好；另外玉米油处理后，不管是在使用时还是使用后，都不会对果实或者叶片产生损伤，提高了当年苹果产量，不会影响下一年花芽量。30 g/L 大豆油在嘎拉苹果初花期后的第 2 天和第 4 天进行喷施，单果比率和果实品质会提高。植物油处理苹果树后不会产生不良影响，而且处理光合作用与对照相似。

②化学疏果。苹果大多在花后 6～16 d，叶面喷布西维因、萘乙酸（NAA）和 6－BA（6－苄基腺嘌呤）等化学疏果剂，通过影响激素代谢、激素运转、果实库强以及同化物的代谢运转等生理过程，从而影响苹果的正常生长发育过程，造成畸形果、弱果和部分边果发育变弱、停止或脱落，降低苹果坐果率，实现调控坐果的作用。

西维因：用于花后苹果疏果的优点是使用剂量范围较广，无药害，对苹果果实发育无不良影响，不存在疏除过量的危险，使用时期和适宜浓度范围较宽（250～2 500 mg/L），在疏果的同时还兼有治虫的作用。在花后 6～16 d，当苹果中心果直径 6～8 mm 时喷布 600～900 mg/L 的西维因，对主要苹果品种均具有良好的疏除作用，现为世界各国苹果生产中的主要疏果剂。张玉（2018）研究了不同浓度（0 g/L、1 g/L、1.5 g/L、2 g/L、

2.5 g/L)的西维因对红富士苹果的疏果效果，结果表明，4个浓度的西维因均有明显的疏果效果，其中1.5 g/L的西维因疏果效果最佳，喷施西维因后幼果因过氧化物酶（POD）活性升高从而落果，果实坐果率为23.09%。

萘乙酸（NAA）：苹果花后6～16 d喷布10～20 mg/L的NAA对大多数苹果品种具有很好的疏除作用。一些研究表明，NAA类化合物在苹果生产中虽有较强的疏果作用，但同时引起叶片偏上生长、叶片畸形、抑制果实发育。使用时间过晚（6月落果以后），会发生"果奴"等后遗症。于葱翠（2018）研究了不同浓度（0 g/L、5 g/L、10 g/L、15 g/L、20 g/L、25 g/L）萘乙酸对富士疏果的效果，结果表明，15 g/L萘乙酸疏果效果最佳，且对果实品质无不良影响。

6-BA（6-Benzylaminopurine，6-苄基腺嘌呤）：苹果花后14～21 d，当中心果直径10～14 mm时，叶面喷布50～100 mg/L的6-BA对苹果具有显著的疏除效果。众多研究结果表明，6-BA不仅具有显著的疏果作用，同时还有增大果个、增加翌年花量、减少果锈、提高果实表面光洁度等效果。但在应用中也存在苹果边果不脱落，影响果实正常套袋。也有研究表明6-BA促使腋芽发芽，诱发副梢，加大枝叶旺盛生长，从而导致树形混乱。

③化学疏花疏果影响因素与注意事项。我国已成为苹果生产大国，栽培面积和产量均超过全世界的50%。近几年，随着劳动力成本的不断上升，人工疏花疏果已成为苹果产业提质增效的限制因素之一，迫切需要省工高效和安全稳定的疏果技术应用于矮砧苹果的优质生产之中。

化学疏花疏果目前作为国外苹果生产的常规技术，其疏除效应受品种（富士、嘎拉较难疏除，王林、澳洲青苹、红星、蜜脆等品种较容易疏除）、树龄、树势、坐果状况、药剂种类、喷布剂量、喷布时期、天气（光照、温度、湿度等不可控环境因素对化学疏花疏果的影响很大）等多种因素的影响。使用化学疏花疏果剂，不同年份间差别也较大，使用时期很难准确掌握，且重复性差，一旦使用不当就会影响产量，甚至造成绝产。因此，国内针对化学疏花疏果的相关研究较多，但在生产中应用较少。

化学疏花疏果虽然可以大幅度降低作业量及生产成本，但它只是一种辅助手段，必须结合品种、气候条件等实际情况合理使用，也很难完全达到生产上的单果要求，所以必须适当结合人工疏花疏果，在标准化管理的基础上，达到改善品质、省工省时的目标。研究和开发成本低、省时省力、对人畜无毒无害、对访花昆虫安全、对环境无污染的化学疏花疏果剂已成为科技工作者的努力目标。

3. 苹果疏花疏果发展趋势

化学疏花疏果必将替代人工疏花疏果。随着人们生活水平的提高，对食物品质要求也越来越高，未来有机食物将是食品消费市场的主流。纯天然、无公害化学疏花疏果剂将是疏花疏果的首选。目前使用的玉米油、橄榄油和甲酸钙等新型无公害试剂，不仅操作简单，使用方便，对技术要求低，同时不污染环境，果实绿色安全无残留，这些药剂有望成为广泛使用的新一代化学疏花疏果剂，从而实现苹果产业的高质量和新跨越发展。

第三节 果实品质的形成与调控

苹果果实品质，是决定其商品价值、市场竞争力和经济效益的首要因素。尤其是现在，人们对果品的消费需求已逐步由原来的数量需求过渡到质量需求，既要求外观美观又要求品质优良，了解果实品质形成并进行调控对于苹果生产非常重要。苹果果实品质主要包括果实的外在品质和内在品质两个方面。果实的外在品质包括果实大小、果形指数、果皮色泽、果实表面光洁度等方面，内在品质主要包括果实的糖、酸含量、糖酸比、果肉硬度、果肉芳香物质、酚类物质等方面。

一、外在品质形成及影响因子

（一）果实大小

1. 形成 果实大小是果实品质的重要性状，在不降低其他品质的情况下，大果总是更受欢迎。苹果成熟时果实的大小取决于果肉细胞数目、细胞大小及细胞间隙。苹果的果实生长，需要经过细胞分裂（细胞数目增加）和细胞体积增大两个过程。苹果果实发育第一阶段是细胞数目增加，一般花原基形成便开始细胞分裂，开花时暂时停止，授粉后子房、花托加快细胞分裂，持续 4～6 周；开花时，一个苹果果实约有 200 万个细胞，采收时约有 40 000 万个细胞，花前细胞分裂必须达到 21 次，而花后只需要分裂 4～5 次，通常这在花后 3～4 周内即可实现，细胞数目的多少，与细胞分裂期间贮藏营养水平的高低有关。第二阶段是细胞体积增大，胚发育后，苹果果实细胞进入膨大期，果实细胞膨大阶段的主要特征是细胞容积和细胞间隙不断膨大。苹果果实细胞膨大主要靠糖类和水分充实果实细胞。苹果果实发育的中后期树体叶幕形成，光合产物大多供应果实，使果肉细胞膨大，水分增加，干重也增加。

2. 影响因子 凡是影响细胞分裂和细胞体积增大的因素都会影响最终果实大小。

（1）树体营养状况。树体营养状况，特别是早期营养状况，对果实大小影响很大。细胞数目的多少，与细胞分裂期间贮藏营养水平的高低有关，因此树体储藏营养状况是决定果实大小的根本因素。

（2）肥水管理水平。苹果树的肥水管理是果个大小的基础，充足的养分供应是保证果树生长旺盛、果个大的关键，而充足的水分供应也是同样重要，因为养分只有靠水分的带动才能被果树吸收。苹果花后 40 d，是苹果细胞分裂的时期，这个时期的管理尤其重要，是形成大果的基础。

（3）内源激素水平及生长调节剂。苹果果实在细胞分裂期，生长素、赤霉素、细胞分裂素都参与活动，种子的胚和胚乳形成激素能促进果肉的发育。施用生长调节剂会影响果形指数，比如普洛马林（含赤霉素和细胞分裂素的一种复合植物生长调节剂）可以使苹果果实纵径增大，从而提高果形指数，对元帅系苹果作用最显著；果形剂能明显促进元帅系苹果果形指数。

（4）环境条件。温度和光照影响叶片光合作用，关系到糖类的合成和积累，影响果实发育。

孙艳（2013）对不同立地条件下红富士苹果果实单果重进行了比较（表 6 - 3），发现不同地域果园红富士苹果单果重差异显著。

表 6 - 3　不同立地条件下红富士苹果的比较
（孙艳，2013）

单果重（g）	盛花后天数（d）	西城	天户峪	北章	南神南	赵蔡庄	常各庄
套袋	114	91. 16 c	127. 06 bc	120. 90 bc	133. 43 b	101. 30 bc	211. 41 a
	160	153. 82 c	225. 81 ab	181. 76 bc	222. 31 ab	146. 68 c	261. 73 a
	186	200. 90 de	242. 85 b	208. 29 cd	237. 38 bc	175. 47 e	280. 52 a
不套袋	114	130. 43 bc	157. 43 b	104. 27 c	158. 76 b	98. 53 c	223. 39 a
	160	156. 40 cd	227. 25 b	188. 43 bc	184. 12 cd	145. 00 d	302. 05 a
	186	217. 896 cd	289. 79 b	218. 68 cd	240. 80 c	198. 59 d	330. 57 a

备注：果园具体信息：
石家庄井陉县天户峪村：38°04.866′N，114°00.156′E，海拔：429 m，树龄：16 年生，株行距：1.5 m×3 m。
石家庄辛集西城村：37°48.241′N，115°13.037′E，海拔：27 m，树龄：19 年生，株行距：4 m×4 m。
保定顺平县南神南村：38°59.185′N，114°53.688′E，海拔：227 m，树龄：20 年生，株行距：5 m×6 m。
保定满城县北章村：38°55.296′N，115°24.830′E，海拔：20 m，树龄：17 年生，株行距：3 m×5 m。
秦皇岛卢龙县常各庄村：40°00.542′N，118°56.274′E，海拔：128 m，树龄：20 年生，株行距：3 m×3 m。
唐山市乐亭县赵蔡庄：39°23.593′N，118°55.662′E，海拔：2 m，树龄：17 年生，株行距：2.5 m×4 m。

（5）修剪和其他栽培技术措施。养分竞争也是影响苹果果实大小的一个很重要的因素，造成养分竞争的主要有果实之间的竞争和果实与枝叶生长之间的竞争等，这就与果树的修剪、疏花疏果等栽培技术措施有直接的关系。套袋也会影响果实大小，孙艳（2013）的研究表明，盛花后 186 d，各果园不套袋果实单果重均大于套袋果。

（6）砧木。不同矮化中间砧对苹果大小和单果重的影响程度不同。闫树堂（2004）研究了 4 种不同矮化中间砧对红富士苹果大小的影响，结果表明，果实成熟时以 B9、M26、SH38、SH5 为中间砧红富士苹果果实单果重分别为 270 g、264 g、176.5 g 和 175 g，前两者显著大于后两者。由细胞数目测定结果可以看出，4 种处理的细胞数目在花后 1 周已存在明显差异，这表明在花前子房内甚至花芽的细胞数目就存在差异。矮化中间砧之所以能影响苹果果实大小，可能是因为矮化中间砧影响树体内和果实内激素和多胺的水平，影响碳营养、矿质营养、水分的吸收转运和分配，进而影响花芽形成质量、细胞分裂次数和细胞大小间隙，最终影响果实大小。

白旭亮（2015）的研究表明，SH40 中间砧上的天红 2 号果实单果重显著大于乔化砧。郭静（2014）研究表明，SH40 后代不同株系作为中间砧，对果实大小有显著影响，至采收时，以 202 号作中间砧的红富士苹果单果重最大，以 24 号作中间砧的最小，均与对照 SH40 显著差异。

（二）果形指数

1. 形成　果形是苹果外观品质的重要标志之一，通常以果形指数（果实纵径与最大横径之比）来表示。果实发育的第一个阶段——细胞分裂阶段，外观上果实以纵向生长为主，果实为长圆形，此时果形指数较高。在果实发育的第二个阶段——细胞膨大阶段，随着细胞体积和细胞间隙的增大，果实横径迅速增长，果实由长圆形变成椭圆或近圆形，果形指数逐渐变小。

2. 影响因子

（1）品种。果形是由遗传特性决定的，不同品种果形有差异。如秋富 1 果形扁，秋富 2 果形高。现有的富士系列品种中，烟富 8 和神富 6 号果形都为高桩果。

（2）栽培条件。同一品种的果形指数差异，主要是取决于果肉细胞分裂与细胞增大的相对量，有利于细胞分裂的因素常可增大果形指数，而有利于细胞体积增大的因素则常使果形变扁。因此，生长前期管理水平较高，果形高桩，生长前期管理不到位，果形扁。

花期授粉受精不良导致种子形成少或发育不良，对果实的生长影响较大，种子多发育好的一侧较大，无种子或种子发育不良的一侧，果实发育不良，常常形成偏果。刚结果的幼树，果形指数大多偏低，部分果形不正。

（3）营养条件。花芽质量好，结出的果大多为大型高桩果，相反，劣势部位的叶丛花结出的果，果实小而扁。

（4）环境因素。影响果实细胞分裂与膨大的外界条件对果形也影响较大，如果实发育期气温在 20 ℃左右，则细胞分裂旺盛，果实果形指数高，早期气温过低或过高则果形扁。果形受 6—8 月 3 个月温度高低的影响明显，在温暖地区的果实多成扁圆形，寒冷地区的果实则趋于高桩，这是由于冷凉气候能改变内源激素的平衡关系和抑制果实中后期横径增长之故。山区气温低，其果实的果形指数也比平地高。

（5）生长调节剂。使用生长调节剂对果形有显著的调节作用，如果形素、普洛马林等可增大元帅系苹果的果形指数，使用 PP333 或 PBO 会使果形变扁。

（6）砧木。砧木对果形指数也有影响，白旭亮（2015）研究表明嫁接在 SH40 上的天红 2 号果形指数优于嫁接在乔砧八棱海棠上的。

（7）其他。花的质量、负载量、果实着生状态对果形也有影响。同一植株早开的花、同一花序中心花果形指数较高；负载量过高果形指数变小；背上果往往果形不正、果形扁，下垂果多为高桩果、果形正。

（三）果实色泽

1. 形成 苹果果皮色泽是重要的质量和商品指标，果实色泽包含果面的底色和表色，一般果实着色指表色的发育。

果实色泽发育主要是由花青苷、叶绿素、类胡萝卜素和类黄酮等色素的含量和比例决定的。果实底色由叶绿素和类胡萝卜素决定，而花青素作为表色，是形成果皮红色的色素。在果实未成熟时，呈现比较深的绿色。果实成熟时，底色变化主要有 3 种情况：①绿色逐渐消退，底色变为不同程度的黄色，从黄白、乳黄到深黄。②绿色减退不完全，底色转为绿黄或黄绿色。③基本不消退，底色为不同程度的绿色。

2. 影响因子 影响果实着色的因素有：遗传因子、生态因子、树体营养状况及栽培管理措施等方面。

（1）遗传因子。影响苹果着色的首先是遗传因子，按果实色泽分类，苹果可以分为红色、黄色、绿色品种等，红色又分为条红、片红、全红等。品种不同，着色状况差异较大。如嘎拉系中，皇家嘎拉较普通嘎拉着色好，丽嘎、烟嘎较皇家嘎拉好；富士系中条红富士较普通富士着色好，片红富士较条红富士着色好。因此选择着色好的品种种植，不但可简化管理程序，减少劳动用工，而且有利于提高经济效益。

（2）生态因子。栽培环境中对着色影响较大的生态因素主要有海拔高度、夏秋季温度及光照。一般随海拔的升高，气温年变幅缩小，果实糖分高，着色好。夏、秋季日平均温度低，夜温低，昼夜温差大，果实含糖量高，着色好。苹果为喜光果树，光照充足，树体发育健壮，同化产物多，有利于着色。同时，光照对花青素的合成有影响，而花青素的含量与果实着色有关。

（3）树体营养状况。供给苹果正常生长发育的多种营养元素中，对着色影响较大的主要有：有机质、氮、磷、钾、铁等元素。氮素过多时，易引起枝条徒长，叶片中含氮量高，导致果实着色差；磷是果实生长发育和光合作用必需的元素，在碳水化合物运输中起重要作用，缺磷时，果小，色暗淡，无光泽；钾与新陈代谢碳水化合物合成、蛋白质合成均有密切关系，增施钾肥可提高果实含糖量，对增进着色十分有益；铁与叶绿素形成有密切关系，缺铁时，近顶梢叶片变黄，有时有焦边，并逐渐开始落叶，影响树势，导致果实色泽不佳。

（4）栽培管理措施。主要有修剪、套袋、摘叶、转果、铺设反光膜等。

修剪：强化树体修剪，改善光照条件，充足的光照可以促进苹果叶片的光合作用，利于碳水化合物合成与积累，利于花青苷的合成，利于苹果果实的着色。

套袋：苹果套袋能有效地提高果实的着色。套袋苹果果皮的叶绿素含量明显减少，果皮颜色乳白色，去袋后在花青苷的作用下迅速上色，色泽艳丽；苹果套袋改变了果皮细胞光受体的含量，提高了花青苷的合成速率，使花青苷的浓度大大提高，促进了着色。

摘叶、转果：苹果果实着色期，即成熟前6周左右，直射光对红色品种的果实发育影响很大。光照充足，不仅果实着色好，而且含糖量增加。因此，此期是摘叶、转果增加光照的关键时期。

铺设反光膜：在果实着色期，于摘叶后在树冠下铺设银色反光膜，可有效地改善树冠中下部的光照条件，增加光线反射量，促使内膛和冠下不易着色果实及果实的萼洼处充分着色。

（5）采收期。果实着色与果实中糖分积累密切相关，只有糖分积累到一定程度后，果皮细胞才会出现红色素。而糖分积累与果实生长时间有极大的关系，是随着果实生长时间的延长而增加的，早采则糖分积累不足，着色不佳。

（6）砧木。嫁接在不同砧木上的同一品种着色有差异。刘国荣（2003）研究结果表明，以SH5为中间砧的红富士苹果果实着色级数、色调级数及果面光洁度级数均显著大于其他3种中间砧（SH38、M26和B9）的，以SH38、M26和B9为中间砧的果实着色逐渐变浅。此外，研究结果也显示，果实的红色与果实含糖量呈高度正相关，以SH5和SH38为中间砧的同以M26和B9为中间砧的相比较，果实着色好，果实内含糖量和可溶性固形物含量均明显提高。

郭静（2014）的研究表明SH40后代不同株系作为中间砧的红富士苹果果实着色有明显的差异，以SH40后代202号、28号、242号作中间砧的红富士苹果果实着色面积较小，显著低于对照（SH40，为60.95%），以2号作中间砧的红富士苹果果实着色面积较大，显著高于对照。

白旭亮（2015）的研究表明，SH40做中间砧的天红2号着色面积可达到100％，表明利用矮化中间砧SH40可有效改善天红2号果实外观品质。

（四）果面光洁度

1. 类型 果面光洁度是果实品质评价的重要指标之一，果面不光洁的类型主要有：

（1）黑点病。果实萼洼和梗洼处产生黑色小斑点，黑点不扩大、不腐烂，有时黑点的周围会出现绿色的晕圈，表面常有薄层粉霜果胶。

（2）锈斑。果实萼洼和梗洼处产生褐色分散的或连片的锈斑，果面上果点星状放大。

（3）煤污病。果面出现棕褐色或黑色污斑，边缘不明显，像烟煤污染物，有时产生小黑点，严重时果面污黑。

（4）红点病。苹果脱袋后一周内，向阳面出现红褐色小点，红点不扩展、不凹陷、不腐烂。

（5）裂果和裂纹。主要发生在梗洼及果肩部位，以果点为中心，横向产生放射状裂纹，随裂纹的增多，相互连成网状，使果面变粗。裂果与果面裂纹极大地影响了果实的果面光洁度，进而严重影响了果实的商品质量。苹果果面裂纹现象是近年来我国苹果生产上普遍发生的生理病害，除元帅系苹果发生裂纹极少外，其他苹果品种均有不同程度的裂纹现象，而以富士系品种发病为重。红富士果实的裂纹现象，严重影响了果实的商品价值，降低了果农的经济效益，成为红富士苹果生产上存在的主要问题之一。

2. 影响因素

（1）环境因素。苹果果皮薄，对不良环境的抵抗能力差，废气、烟尘会导致出现黑褐色污垢和锈斑，强光导致日灼，过高或过低的温湿度等因素会导致苹果表面裂果等现象，使果面变得粗糙。

关于苹果裂果和裂纹，在环境因素中，对土壤湿度研究较多，Brown. G. S. 等（1996）发现在果实生长第Ⅰ期缺水，可使橘苹苹果裂果率增加2～3倍；在空气湿度方面，相对湿度在90％以下时，裂果率较低，而相对湿度在99％～100％时则导致严重裂果。土壤水分含量与空气湿度的剧裂变化，特别是在果实的形成与发育期土壤长期干旱后突然遇水，果实内膨压加大，导致果皮的生长与果肉的增长不能适应，是引起裂果的主要原因。当果实发育后期，久旱逢雨或大水漫灌后，果肉细胞体积增大的速度大大超过果皮细胞增大的速度，加之红富士果皮较薄，就会出裂果。有关果实表皮裂纹与水分的关系的研究报道较少，McAlPin M.（1979）报道在降水量多的地区，苹果果实很容易在梗洼部形成裂纹，这表明过高的空气湿度是诱发裂果的一个因素，且在容易裂果的品种上表现得更为明显。

刘铁铮（2004）研究了不同立地条件下的两个果园中苹果果皮裂纹发生情况，结果表明不同果园苹果果皮裂纹发生的时期和比例都不相同，进而对果面光洁度产生影响。

前期持续干旱、气候干燥，温度高、湿度低，烈日高照、日照时间长，果皮灼伤，韧性降低，加上昼夜温差大，果皮承受不了内质增长膨力，导致裂果。夏、秋季，白天阳光强烈照射伤害果皮，到夜间果皮又因降温而收缩，促发了裂果。

（2）树体营养状况。树势过强或过弱，树体营养失调等均可造成裂果。因此科学施肥灌水，保持树势中庸，树体营养平衡，可以减少裂果率，提高果面光洁度。

（3）药剂、肥料的影响。农药、生长调节剂残留，尤其是劣质农药和生长调节剂，或使用过量，会导致果实表面出现黑褐色污垢、锈斑、裂纹，使果面变得粗糙。使用未腐熟的有机肥，易出现氨气污染，导致苹果果面出现果锈、黑点，肥料施用过量也会影响苹果果面的光洁度。

（4）栽培管理措施。修剪、疏花疏果、套袋等措施对果实裂纹、裂果、果面光洁度等均有影响。

修剪：树冠郁闭、通风透光不良会加剧苹果裂纹现象发生。通过修剪，改善树体通风透光条件，有利于减少裂纹发生，提高果面光洁度。

疏花疏果：于泽源（2000）研究表明"大小年"现象与裂果发生有一定关系，"小年"由于树体负载量小，树体营养及水分供应过剩时，裂果率比"大年"要高。疏花疏果可以避免"大小年"现象的发生，从而减少裂果，提高果面光洁度。

套袋：套袋减少了烟尘、农药残留、病虫危害等，因此提高果面光洁度。套袋对果实裂纹发生率也有影响，孙艳（2013）的研究表明，套袋果实裂纹出现时间早于不套袋果实，且裂纹率高于不套袋果实（图6-1）。富士苹果套袋后，果实的水分蒸腾量减少，随着蒸腾量的减少果实中的钙离子也减少。因此，套袋果实含钙量低于不套袋果的钙含量。因为钙能与细胞壁中果胶物质结合，形成果胶酸钙，增加了原生质的弹性，增强了细胞的耐压力和延伸性，增强了果皮抗裂能力。因此，套袋后钙元素的缺乏是导致红富士苹果裂纹的原因之一。

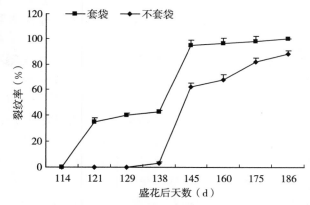

图6-1　套袋和不套袋红富士苹果果实裂纹率的变化

（孙艳，2013）

另外，套袋过迟或过早，套袋、摘袋方法不当，疏果、摘叶、转果等环节，如操作不当，均易导致苹果果面出现擦伤，果面光洁度受到影响。

（5）病虫危害。病虫危害也是造成果面光洁度受到影响的因素。如斑点落叶病为害果实后，出现不规则的黑红斑点；褐斑病侵染果实后初呈淡褐色小点，逐渐扩大为圆形或不规则形褐色，表面有小黑点；黑星病为害后，果面病斑初为淡黄色，圆形或椭圆形，逐渐变为褐色或黑色，表面产生黑色绒状霉层；茶翅蝽、麻皮蝽等蝽象为害果实后，造成果面出现木栓化斑点，形成黑疤；介壳虫类为害果实后，果面有红紫色小点；康氏粉蚧为害果实后，果面出现黑色斑点，周围产生绿色圈；仁果黏壳孢侵染引起煤污病等。人们还发现了引起裂果和果锈的病毒。

二、内在品质形成及影响因子

果实中糖、酸含量、糖酸比、硬度、芳香物质含量等是影响苹果内在品质的重要因素。果实的生长发育，必须供给它由叶合成的光合产物和由根系吸收来的水分以及无机物作为养分，这些养分构成果实成分。随着果实的生长，各种各样的化学成分在果实内不断变化，或积累或减少或消失，到果实成熟时构成了果实的内在品质。

（一）糖

1. 变化规律　果实中仅次于水的成分就是碳水化合物，即果实内各种糖分及淀粉。苹果果实中主要的可溶性糖分别为果糖、蔗糖、葡萄糖和山梨醇，果实内的可溶性糖是果实品质成分和风味物质合成的基础物质。果实中各种糖的甜度不一样，把蔗糖甜度定为100，则葡萄糖为73，而果糖为173，山梨醇甜度与葡萄糖相当，但能给人以浓厚感。苹果果实中果糖浓度大约是葡萄糖的2倍。山梨醇是蔷薇科植物的主要光合作用产物，在苹果等蔷薇科植物中，叶片光合作用长距离运输的产物包括了山梨醇和蔗糖，其中山梨醇占到近80%，经长距离运输，山梨醇在苹果库细胞中由山梨醇脱氢酶（SDH）催化生成果糖而进入碳代谢或在液泡中贮存。淀粉不是苹果果实碳水化合物的最终贮存形态，而是发育过程中的暂存形式，贮存于果肉细胞内有生活力的叶绿体或质体中，发育过程中淀粉的合成积累及降解代谢与苹果果实品质密切相关。

有的研究中指出，在苹果结果初期，也就是果实的发育初期，果实内的果糖含量就开始在增加，在果实生长发育期间，其主要的可溶性糖就是果糖，而其含量一直增加到果实成熟，并在采摘前达到顶峰。而在果实生长发育过程中蔗糖含量也是不断增加的，直至果实成熟，但果糖和葡萄糖含量要高于蔗糖的含量，在发育前期果实中的葡萄糖的含量会稍有下降，但之后会有一定程度的增加。李天怡（2017）研究表明，嫁接在不同中间砧（36、111、171、210、212、242号、SH40）上的红富士苹果果实可溶性总糖、果糖、葡萄糖、蔗糖均随着盛花后天数的增加呈上升的趋势，山梨醇含量则随着盛花后天数的增加呈下降的趋势。

2. 影响因子

（1）环境条件。

① 水分。适度水分胁迫会给果实造成一定的影响，可以提高果实含糖量，进而提高果实的品质；而严重的水分胁迫不利于植株的生长。张燕（2012）的研究结果显示，基质含水量升高显著提高了果树叶片的光合作用，使果树光合产物积累增加。

② 光照条件。影响果实的糖积累，可以影响与糖代谢相关酶的活性的强弱，从而影响到各种糖的积累转化。光照不足，影响营养积累，果实糖分降低。同纬度地区，常因海拔高度的不同而使光照条件差异很大。

③ 温度。要保证果实正常发育，并获得优质果实，需要生长季节（4—10月）有一定的有效积温。除生长季节有效积温外，夏秋季（6—9月）的温度对中晚熟苹果果实的品

质有重要影响，特别是果实成熟前 1 个月影响更大。一般，若温度高，则果实含糖量高；若温度低，则含糖量低；但若温度过高或过低，反而有害。成熟前昼夜温差对果实影响很大，温差大，糖分积累多，当昼夜温差大于 10 ℃时，利于糖分的积累。外界的温度条件会对果实中的蔗糖代谢相关酶的活性产生影响，而蔗糖代谢相关酶的活性的变化可以影响果实的糖积累。

（2）土壤有机质含量。施有机肥，有利于碳水化合物的合成，一定范围内，土壤有机质含量增加，果实的含糖量就会相对增加。

（3）树势。旺树碳水化合物积累少，糖也少，因此旺长枝需控氮、控水、轻修剪来抑制旺长。弱树需提高综合管理水平，改善树体营养状况才能提高果实含糖量。

（4）栽培管理措施。果树生长的栽培管理措施不同，也可以造成果实含糖量的变化。留果多，果实含糖量降低，疏花疏果，减少负载量，有利于含糖量提高。套袋改变了果实生长的光、热、湿等微环境，影响了果实体内糖分的积累和转化，使可溶性固形物含量和含糖量有所降低，果实原有风味下降，降低了内在品质。王少敏（2002）、辛贺明等（2003）对苹果的研究表明，苹果套袋后果实可溶性总糖含量均低于对照。李明媛（2008）研究表明，随着果实的发育，可溶性固形物含量持续增加，在果实发育后期，早期套袋的果实中可溶性固形物含量显著低于未套袋果。在果实发育前期，果实的淀粉含量最高，随着果实的成熟，淀粉含量迅速降低，且套袋越早，淀粉含量越低，未套袋果含量最高。摘袋后，转果、摘叶、铺反光膜等措施可以改善光照条件，促进糖分积累。

（5）采收期。采收期的早晚对果实品质及耐贮性影响很大。采收过早果实发育尚未充分成熟，内部营养物质积累不足，口感和风味未达到品种最佳，贮藏期间容易失水皱缩。

（6）砧木。砧木不同对果实品质的影响也有不同的作用。刘国荣（2003）对红富士苹果进行研究，发现以 SH5 和 SH38 为中间砧的，在可溶性固形物含量、含糖量以及糖酸比等方面，均显著优于以 M26 为中间砧的苹果。闫树堂（2004）研究表明 4 种不同矮化中间砧（B9、M26、SH38、SH5）红富士苹果果实总糖含量变化趋势大致相似，果实生长发育的大部分时期内均逐渐上升。果实成熟时，以 SH38、SH5 为中间砧的苹果果实总糖含量显著高于以 B9、M26 为中间砧的。白旭亮（2015）对天红 2 号果实内在品质分析表明，嫁接在 SH40 中间砧上天红 2 号果实可溶性固形物含量显著高于乔化砧（八棱海棠），表明 SH40 中间砧有利于天红 2 号果实可溶性固形物的积累，这可能与其冠层光照条件较好导致的树体光合作用较强有关。

（二）酸

1. 变化规律　有机酸组分的含量和种类对果实的风味品质有重要影响。不同树种果实中有机酸组分含量及比例存在差异，常见水果根据果实中的主要有机酸成分可被分为苹果酸型、柠檬酸型、酒石酸型 3 大类，苹果属于苹果酸型。

赵尊行（1995）对山东主要栽培苹果果实中有机酸进行了测定，其中苹果酸约占总酸含量的 84%，为主要有机酸，草酸和琥珀酸分别约占总酸量的 5% 和 4%，其余为柠檬酸、乙酸和酒石酸。梁俊等（2011）对富士、乔纳金、秦冠等 12 种苹果果实中有机酸组分及含量进行研究，认为各品种都含有苹果酸、柠檬酸、琥珀酸、草酸，不同品种中有机酸组分不同，其中苹果酸占总酸含量的 71.79%～94.69%，为主要有机酸，琥珀酸含量次之。

果实生长过程中，果实细胞膨大初期，有机酸的合成与积累比较明显，随着果实生长发育有机酸含量持续下降。苹果果实发育的不同时期，同一品种果实中苹果酸占总酸含量的比例不同。在蜜脆苹果果实发育过程中，花后2~4周，果实中苹果酸、琥珀酸、富马酸、马来酸含量增加，之后开始下降直到果实采收。果实成熟时，有机酸含量下降的原因，一是由于果实中有机酸合成能力下降或分解能力增强；二是因为果实膨大使细胞质浓度被稀释，同时糖异生的作用使有机酸转变为糖。

史娟（2015）研究结果表明，果实发育过程中，富士苹果中可滴定酸含量呈先上升后下降的趋势，各处理果实中苹果酸、柠檬酸、富马酸含量变化与可滴定酸含量趋势相似；果实中琥珀酸含量自盛花后20 d开始逐渐上升，与可滴定酸含量变化呈显著负相关。

2. 影响因子

（1）环境条件。一般来说，充足的水分供应可增加果实产量，但对果实中酸的含量有较大影响，水分胁迫的苹果果实中可滴定酸含量显著高于未经处理的。Mills等（1996）在盛花后55~183 d对布瑞本苹果树体进行水分胁迫试验，发现其果实中可滴定酸含量显著高于未经处理的。对于大多数果树来说，热量较低的地区比热量较高地区的果实中含酸量低。

（2）土壤营养元素。土壤施肥中，不同氮磷钾配比影响了红富士果实中总酸含量，尤其在生草覆盖下，平衡施肥特别是施用有机肥能显著降低果实中酸含量。多氮、钾元素，缺磷均会导致果实中含酸量的增加，铁、铜等微量元素的缺乏也会使果实变酸。

（3）栽培管理措施。修剪可以调节果树与环境、营养生长与生殖生长的关系，合理利用光能，增加内含物，从而提高果实品质。比如，经过扭梢、摘心和拉枝等栽培措施管理的寒富苹果果树，其套袋和不套袋的果实中可滴定酸含量均小于修剪之前。

王少敏等（2002）认为套袋对红富士果实中有机酸种类没有影响，但可滴定酸含量和各有机酸含量低于不套袋的果实。李明媛（2008）研究表明，早期套袋（盛花后25 d）有降低果实可滴定酸含量的趋势。

（4）砧木。砧木不同对苹果果实有机酸影响不同。刘国荣（2003）研究结果表明，不同矮化中间砧（M26、B9、SH38、SH5）红富士苹果果实内可滴定酸含量变化趋势相同，但采收时含量不同，以M26为中间砧的最高。郭静（2014）研究结果表明，以SH40后代242号作中间砧的红富士苹果果实可滴定酸的含量最大，为0.45%，显著大于对照（SH40为砧木），以1号作中间砧的最小，为0.28%，显著小于对照（表6-4）。

表6-4 不同SH40实生后代作中间砧对红富士苹果内在品质的影响

（郭静，2014）

砧木编号	硬度（kg/cm²）	可溶性固形物（%）	苹果酸（%）	可滴定酸（%）	糖酸比
2	10.31 abc	13.98 b	0.41 ab	0.40 ab	34.72 c
6	11.74 a	15.4 a	0.37 abc	0.32 bc	42.10 abc
24	11.20 ab	14.62 ab	0.32 bc	0.36 b	46.22 a
212	9.46 bc	13.40 c	0.31 c	0.40 ab	44.60 ab

（续）

砧木编号	硬度 (kg/cm²)	可溶性固形物 (%)	苹果酸 (%)	可滴定酸 (%)	糖酸比
28	11.00ab	14.86 ab	0.42 a	0.39 ab	35.76 c
1	9.09 c	13.64c	0.38 abc	0.28 c	36.23 bc
242	10.56 abc	13.95bc	0.39 abc	0.45 a	36.55 bc
202	10.85 abc	12.70d	0.33 abc	0.35 bc	38.20 abc
178	11.18 ab	14.07 b	0.41 ab	0.38 ab	34.76 c
SH₄₀	9.55 bc	13.30 c	0.38 abc	0.33 bc	35.55 c

史娟（2015）研究 SH40 实生后代（编号为 53、111 和 236 号）对红富士苹果有机酸含量的影响，结果表明，果实发育过程中，各处理的可滴定酸含量呈先上升后下降的趋势，在盛花后 30 d 达到峰值；果实成熟时，以 53 号为中间砧的果实内可滴定酸含量著高于以 111 号为中间砧的（图 6-2）。

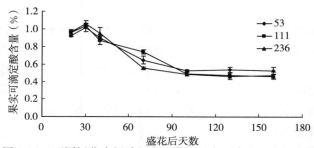

图 6-2 不同矮化中间砧红富士苹果果实可滴定酸含量变化
（史娟，2015）

（三）糖酸比

苹果果实的风味，除取决于糖酸含量的绝对值外，还取决于糖酸比，适宜的糖酸比使人感到酸甜可口，风味优良。风味优良的品种其糖酸比多在（20～60）：1 的范围内，偏高者风味趋甜，偏低者风味趋酸。糖酸比值小于 10 的风味均不佳。凡是影响果实含糖量和含酸量的因素都会影响糖酸比。

（四）硬度

1. 变化规律 果肉硬度的高低，不但影响到鲜食口感，而且还与果实的贮藏和加工品质有密切关系，果肉硬度大耐贮性强。

硬度取决于果肉细胞的大小、细胞间的结合力、细胞壁构成物的机械强度和细胞膨压。细胞间结合力的强弱，对硬度的高低有决定性的影响。硬度与细胞壁中的纤维素含量密切相关，其含量高硬度也高，果实成熟时，果胶质和纤维素等细胞壁组分在果胶甲酯酶、多聚半乳糖醛酸酶等酶的作用下发生降解，造成硬度下降。果实硬度与果实内果胶含量关系很大，果胶是构成细胞壁的重要物质，在分裂组织和薄壁组织中含量丰富。在果实发育初期，以不溶性的原果胶为主，随着果实成熟原果胶变为可溶性果胶，使果实的细胞壁部分溶解，果实变软。果肉细胞的膨压的高低取决于液泡渗透压的大小和含水量的多少，一般情况下液泡渗透压大，含水量多时，细胞的膨压也较高。此外，淀粉水解成为可溶性糖，也造成硬度的下降。

李世军（2018）研究了早熟品种太行早红、藤木1号软化过程，结果表明，随着果实发育成熟，2个品种果实硬度均呈现降低的趋势，但品种间下降幅度及速率存在差异（图6-3）。刘国荣（2003）研究结果表明，不同矮化中间砧红富士苹果果肉硬度均随果实发育而逐渐降低，至盛花后148 d达到最低值。

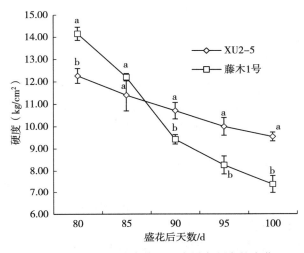

图6-3 2个品种成熟过程中果实硬度的变化

2. 影响因子

（1）环境因素。张燕（2012）研究结果表明，基质含水量高（80%～85%）的处理果实硬度小于基质含水量低（50%～55%）的处理。水分胁迫一般增加果实最终的硬度，可能是由于灌水树的果实因果实细胞扩展大，水分多，果个大，果肉细胞体积大，硬度低，所以在干旱年份果实硬度大。

当日平均气温高于22℃时，如8—9月日最高气温＞35℃，连续5～7 d，元帅系品种果肉疏松，硬度下降，耐贮性降低。不同地区、不同品种对夏秋季适温的要求不同。采收时和采后的温度对果实硬度有极大的影响，采收时温度高，采后不能及时入库（应在48h内入库），导致果实变软、不耐贮。

日照良好，果实硬度高。

（2）土壤营养元素。含氮量高，果实硬度小，钾肥有类似效应，而磷增加硬度。路超等（2011）的研究表明，红富士苹果果实硬度与土壤有机质呈极显著负相关，与有效钙和有效铁含量间呈显著负相关。王国义（2014）研究表明，叶片磷与果实硬度显著正相关，过高的氮含量可显著降低果实硬度，从而降低果实品质，不利于苹果的贮存，降低果实的贮藏品质。

（3）栽培措施。生长期套袋能提高果实的硬度，并减少果实贮藏病害的发生和腐烂，增强果实的耐贮性，延长果实的贮藏期，保持果实品质，减少贮藏期间果实烂果率。而李明媛（2008）研究表明，随着果实的发育，果实的硬度下降，套袋对果实硬度无显著影响。

（4）生长调节剂。施用生长调节剂会影响果实硬度，比如喷施 B9，可以提高苹果的硬度。

（5）砧木。不同中间砧红富士苹果果实硬度有明显差异。郭静（2014）研究结果表明，以 SH40 后代 6 号作中间砧的红富士苹果果实硬度最大，为 11.74 kg/cm²，以 1 号作中间砧的最小，为 9.09 kg/cm²。

（五）芳香物质

1. 变化规律 苹果果肉芳香物质包括果肉中各种微量挥发性化合物，其成分和含量对于鲜食苹果的风味品质有重要的影响。苹果挥发性物质主要为酯类、醇类和醛类，其中以低分子酯类物质为主，包括甲基支链酯。不同富士系苹果果实的芳香物质构成中，乙酸乙酯以及乙醇含量变幅最大，对这两种物质的定量分析，可在一定程度上能够反映出富士系苹果的风味品质。未成熟果实中的挥发性物质以己醛、己烯醛、丁醛等醛类物质及某些醇类为主，果实并无香气产生；成熟果实伴随挥发性物质中醛类物质减少，酯类和某些醇类物质增加，而具有特有香气。

匕兰春（2004）研究表明，丁酸乙酯、2-甲基丁酸乙酯、1-丁醇、乙酸 3-甲基丁酯、乙酸乙酯是富士果实香气的主要成分。新红星果实香气成分由多种物质共同决定，主要成分有乙酸丁酯、乙酸 3-甲基丁酯、乙酸丙酯、乙酸乙酯、1-丁醇、1-丙醇、2-甲基丁醇和 2-甲基丁酸乙酯。1-丙醇、乙酸丙酯、2-甲基丁醇、1-丁醇和乙酸 3-甲基丁酯是乔纳金果实香气的主要组分。丁酸乙酯、乙酸丁酯、乙酸乙酯和 2-甲基丁酸乙酯是王林果实风味的主要组分。研究还表明，新红星果实主要香气成分和酯类总量随着果实乙烯的产生而迅速增加。随着果实成熟和香气产生，软脂酸、亚麻酸、油酸、亚油酸等游离脂肪酸含量变化显著，在果实没有香气产生时，游离脂肪酸含量呈增加趋势；果实开始产生香气后，随着香气产生的增多其含量迅速下降，但乙烯高峰过后游离脂肪酸含量又有所增加。果实成熟期间只有异亮氨酸含量随着果实的成熟而迅速增加，而其他氨基酸含量随着果实成熟降低含量比较稳定。异亮氨酸是 2-甲基醇类和 2-甲基酯类合成的前体物质。

2. 影响因素

（1）品种。不同品种香气成分存在基因型差异。苹果品种金冠、乔纳金、Jubile belbar、Elstar 含较多的乙酸丁酯和乙酸己酯；Nico、Grany Smith、Panlared 和 Summerred 含较多的丁酸己酯和己醇；而 Boskoop 和 Jacques lebel 含较多的法呢烯和 2-甲基丁酸己酯。

（2）果实成熟度。果实香气物质是随着果实的成熟而产生的，对苹果等呼吸跃变型果实研究表明，绝大多数香气物质是在呼吸跃变开始之后大量产生的。Yahia（1994）报道苹果的香气物质丁酸乙酯、丁酸丙酯、己酸丁酯、己酸己酯、2-甲基丁酸乙酯和 2-甲基丁酸己酯等也是随着成熟迅速产生的，未成熟果实几乎不含这些物质。Bangerth 等（1998）研究表明，早采苹果（呼吸高峰前 4 周）的香气很少，总量不足呼吸高峰期采收果实的 1/10。

（3）乙烯。乙烯可以通过增强呼吸，为脂肪酸和氨基酸代谢提供能量和物质保证，促进果实香气的产生。用乙烯利处理采后的苹果，可促进其香气的形成，且支链酯的增加早于直链酯，表明乙烯利对某些氨基酸积累的促进作用早于脂肪酸。

（4）环境条件。果实香气物质多少，与果实成熟期间的光照条件有关。Miller 等（1998）研究了果面光照强度对新红星和 Topred 苹果挥发性物质的影响，结果表明，酯类在花后 165 d 时形成很少，受光照影响也小，花后 179 d，酯类物质含量最高，两品种果实均在光强为充分光照 53% 的条件下酯类形成最多。果实的位置也影响香气，位于树冠南面和西面的果实比东面和北面的果实酯类物质合成多。

（5）栽培措施。牛自勉等（1996）研究表明，矮化砧可显著增加苹果的香气，而套袋使苹果香气减少。Mpelasoka 等（2002）报道缺水管理的果实在成熟时，香气与对照无显著差异，但贮藏期间香气较对照增加。负载量对果实香气无显著影响。

（6）贮藏条件。苹果较耐贮藏，贮藏期间香气生成量在 0～30 ℃ 范围内随着温度的升高而增加，达到高峰后，逐渐减少。低温和气调贮藏抑制香气的产生，Fan 等（1999；2001）用 1 - 甲基环丙烯（1 - MCP）、茉莉酸甲酯及离子辐射处理，均抑制苹果香气的形成，其机理是抑制了乙烯的产生和呼吸作用。但苹果若给予低氧常温（大于 20 ℃）的短期（数小时到几天）处理，会促进果实合成大量的酯类香气物质。对于苹果果实，贮藏期间用香气前体物质的气体处理，可显著增加其香味。

（六）酚类物质

1. 变化规律　酚类物质是植物体内一类重要的次生代谢物质。酚类物质与果实色泽、风味（涩、苦、香、甜）和保健功效密切相关，也是果实采后褐变的物质基础以及果汁和果酒颜色、风味、沉淀等理化特性的决定因素。苹果果实富含酚类物质，苹果主要酚类物质为绿原酸、儿茶素、表儿茶素、根皮素、槲皮素糖苷、原花青素和花色素糖苷（红色果皮品种）等。

乜兰春（2004）研究表明，苹果幼果酚类物质含量高达成熟果实的十几倍以上，苹果果实中单体酚类以绿原酸、儿茶素和表儿茶素为主；不同品种单体酚类含量和组成均存在差异：富士以绿原酸和表儿茶素为主，王林以儿茶素为主，金冠以绿原酸和儿茶素为主，新红星和乔纳金幼果这 3 种物质含量无显著差异，单体酚类物质总量以新红星最高，多聚酚类（原花青素）含量以金冠和乔纳金最高。果实成熟期和幼果时期酚类物质组成和含量有明显的不同，富士单体酚类以绿原酸为主，新红星和王林以表儿茶素为主，乔纳金、金冠果实绿原酸、儿茶素和表儿茶素含量无显著差异，单体酚类物质总量和原花青素含量均以富士和新红星最高。研究还表明，苹果果实酚类物质主要分布于果皮、果心和种子中，绿原酸主要分布于果实的种子、果心和果肉中，儿茶素、表儿茶素和槲皮素主要分布在果皮中，原花青素主要分布于果皮中，果肉和果心中也有少量分布，根皮素则主要分布于种子、果皮和果心中。

2. 影响因素

（1）品种。不同苹果品种的酚类物质含量差异较大。Van der Sluis 等（2001）发现，相对于金冠、Cox's Orange 和 Elstar，乔纳金的黄酮醇、儿茶素和绿原酸含量最高，金冠其次，而 Cox's Orange 的含量最低。Escarpa and Gonzalez（1998）发现，相对于 Reinata、Red Delicious 和 Granny Smith，金冠的黄酮含量最低，而 Reinata 的含量最高，Granny Smith 其次。不同品种间的抗氧化能力差异也比较大，并且与总酚含量是密切相关的，酚类含量较高的品种，其抗氧化能力也比较高。

（2）发育和成熟程度。乔纳金和 Elstar 的黄酮醇、根皮苷、儿茶素和绿原酸含量在果实发育早期含量最高，之后持续下降至成熟期的稳定水平。花青素含量在发育初期较高，中期下降，在成熟期前又一次急剧上升。

（3）环境条件。生长在树冠外围的果实才会有花青素含量的急剧上升，树冠外围的果实中黄酮醇物质的含量也是相对较高的。Awad 等（2000）发现，阳光直射的果实的花青素和黄酮醇类物质的含量相对较高，证明这两类物质的合成受光的影响较大。所以，改变光照条件可以增加特定酚类物质的含量。而光照对根皮苷、儿茶素和绿原酸的影响较小。

（4）营养条件。Awad and de Jager（2002）研究发现，施氮与花青素、儿茶素和类黄酮含量的下降密切相关，也与果皮颜色的下降有关。其他研究表明，Elaster 的花青素及类黄酮含量的上升与施钙密切相关。

（5）化学调节剂。化学调节剂对果实酚类物质含量有影响。乙烯利可以显著增加花青素含量，但是对绿原酸及其他酚类物质影响较小。而其他化学物质，比如矮壮素、莽草酸、半乳糖等，对于酚类物质均没有影响。

（6）贮藏。贮藏对苹果酚类物质含量的影响相对较小。经过 52 周贮藏后，乔纳金、金冠和 Elstar 果实中的黄酮醇、根皮苷和花青素含量并未有显著变化，只有乔纳金的绿原酸含量有小幅的下降。在其他研究中，发现 0 ℃下贮藏 9 个月对于果实酚类物质含量的影响很小。

三、果实品质调控

（一）选用适宜砧木

选用优良矮化砧木，营养生长期短，早花早果性好，对苹果果实外观性状（单果重、果型指数、果个大小等）、内在品质（糖、酸、维生素、矿质元素、酚类物质、香气物质等）及果实产量等方面都有良好的影响，因此选用适宜砧木对提高果实品质很重要。

（二）加强果园土肥水管理

相关内容见肥水管理一章。

（三）整形修剪

具体整形修剪方案见整形修剪一章。

（四）套袋、解袋

1. 果袋种类及特点　常见的果袋分双层袋和单层袋。双层纸袋一般外层袋外面为灰、绿等颜色，里面为黑色，内层袋涂有石蜡，为红色。双层袋多用于难着色的品种或不利果实着色的地区，如富士苹果等。套双层袋的优点是果实着色好，缺点是袋内温度高，并使幼果膨大期推迟，摘袋后果实易发生日灼，且套袋果可溶性固形物含量低。单层袋主要有以下几种：外侧银灰色、内侧黑色的单层袋，外侧灰色、内侧黑色的单层袋，木浆纸原色单层袋，黄色涂蜡单层袋，报纸制作的单层袋和塑膜果袋等。

2. 套袋、解袋时期与方法　一般花后 4～6 周内进行套袋（疏花疏果完成后），选用双层纸袋效果较好，套袋前 1 d 喷 1 次杀虫杀菌剂。果实采前 4 周分 2 次撕袋和除袋，一般在每天的 10:00 前或 17:00 后进行，阴天全天均可进行，外层纸袋除去 2～3 d 后再除去内层袋，塑膜果袋不用除。

据李保国（2004）研究表明，定果后套袋越早，果皮色泽越鲜艳，果实着色速度越快，果面越光洁；果实的可溶性固形物、总糖、果糖、葡萄糖、抗坏血酸及可滴定酸含量随套袋时期的推迟有升高的趋势；果实糖酸比和氨基酸含量随套袋时期的推迟而下降。

（五）适时采收

果实采收是果树生产的最后一个环节，采收质量的好坏，直接影响到果实的贮藏时间和商品价值。因此，必须重视和保证采收的质量。

苹果的采收时间，主要取决于果实的成熟度。果实因用途和对成熟度的要求不同，导致采收时间也不同。通常根据果实的成熟度、运输远近、贮藏方法和市场需求等方面，来确定采收时间。采收过早，产量变低，品质差；采收晚，果肉容易变绵，落果严重，贮藏性能变差，因此采用科学的方法判断苹果的成熟期，保证果实的品质和货架期尤为重要。果实成熟过程中发生了一系列的生理生化变化，包括乙烯的生成，淀粉、叶绿体和细胞壁的降解，硬度的下降以及色素、有机酸和蔗糖的变化等，从而导致果实在色泽、质地和风味的转变，这些变化可为果实适时采收提供充分依据。生产上确定采收期主要有以下几个依据：

1. 果实的生长期　在正常的气候条件下，每个品种的苹果从盛花期到果实成熟都有一定的生长日数范围，比如，一般晚熟富士的生长时间是 160～190 d。

2. 果皮颜色　大部分果实在成熟过程中，果皮的色泽会发生明显的变化，如果皮中叶绿素逐渐分解，底色中绿色减退，黄色增加，红色品种逐渐显现出其特有的色泽。对大多数品种来说，底色由绿转黄是果实成熟的重要标志。目前，我国大部分果园采用这种方法。其优点是简便易行，容易掌握。缺点是判断准确性差，缺少具体指标，主要凭经验。

3. 果实硬度　随着果实成熟，果实的硬度逐渐降低。因此，根据果实的硬度可判断是否成熟。金冠苹果适采时的果肉硬度为 6.8 kg/cm²，元帅系为 6.4～17.3 kg/cm²。

4. 淀粉指数　苹果在成熟过程中淀粉含量逐步下降，果实变得甜而可口。由于淀粉遇到碘溶液时会呈现蓝色，所以可以将苹果切开，将其横断面浸入碘溶液中 30 s，观察果肉变蓝的面积及程度。苹果成熟度提高时淀粉含量下降，果肉变蓝的面积会越来越小，颜色也越来越浅。不同品种的苹果成熟过程中淀粉含量的变化不同，可以制作不同品种苹果成熟过程中淀粉变蓝的图谱，作为判断成熟度的对照。

5. 气候与市场　如果遇到有大风等灾害性天气时，要适当提早采摘；同时依据当年的市场供需情况，为获取更好的经济效益，可适当早采或晚采。套袋苹果在摘袋后果实全着色成为粉色时，即可采摘，这是商品果最佳采摘期。

（六）其他

1. 疏花疏果　疏花疏果，合理留果，保证适宜的叶果比，对提高果实品质具有重要作用。具体疏花疏果方案见疏花疏果部分。

2. 摘叶、转果、铺反光膜　摘袋后，及时转果，采前分期疏叶，铺反光膜补光，不仅促进果实着色，还可以促进果皮结构健全发育，减少裂纹发生。

具体做法如下：摘叶一般应于采果前（早、中熟品种 10～15 d，晚熟品种 20～25 d）开始，分 2 次摘除。具体做法是：先摘除接触果面的"贴果叶"及距果实 5 cm 范围内的遮光叶，6～10 d 后再摘除果实 10～15 cm 范围内的遮光叶，并用手轻托果实转其方向，使阴面转向阳面。一般摘叶转果后，果实的着色指数可增加 30％以上。摘叶、转果宜选阴天或多云天气进行。如在晴天，应于下午 4 时后、果面温度下降后进行。切忌晴天中午摘叶、转果，以免发生日烧。

在果实着色期，于摘叶后在树冠下铺设银色反光膜，可有效地改善树冠中下部的光照条件，增加光线反射量，促使内膛和冠下不易着色果实及果实的萼洼处充分着色。

3. 病虫害防控　是苹果优质高产的重要保障。苹果病虫害的种类很多，且生活习性各异，应做好病虫害的预测预报工作，抓住有利时机，采取化学防治与生物防治相结合的方法及时防治。此外，果实成熟前应停止使用农药，以免污染果实。具体病虫害防治方案见第七章"苹果病虫害综合防治"。

4. 应用植物生长调节剂　在花期或花后施用 6－BA 可促进果实发育、增加苹果果实大小，不同浓度的 6－BA 对果实增大的效果不一样，100 mg/L 以下的浓度使苹果果实增大，但 150 mg/L 则使果实变小，常用的 6－BA 浓度为 20～100 mg/L，其主要作用是促进细胞分裂，增加细胞数目，并有利于养分向幼果分配和积累。用 CPPU（10 mg/L）＋GA（25 mg/L）于花后 1 个月混合处理苹果幼果可促进大多数品种的纵径和（或）横径的增长，提高单果重。于花期喷施 500 倍的整形素，可显著增加果实的纵径，提高果形指数，且增加单果重和产量。其他常用的生长调节剂还有 NAA、GA4＋7、普洛马林等。

许多研究证明，叶面喷施钙化合物可降低裂纹率的发生。钙对果实裂纹的发生有着很重要的作用，因此，在果实吸收钙的关键时期（盛花后 50 d 和采前 30 d）补钙，能有效降低果实裂纹病的发生。另外喷施 B9（N－二甲氨基琥珀酸）、AVG（氨基乙氧基乙烯基甘氨酸）能降低裂纹率；喷施 GA、NAA 等一些生长调节物质也能降低裂纹的发生，从而提高果面光洁度。

另外，一些植物生长调节剂，可以改进和提高苹果果实的品质，促进红色果实品种早着色，着色全面浓重，着色艳丽；改进果实风味品质，主要是提高果实含糖量，增加果实硬度，提高贮藏品质。比如，着色期喷施叶面宝、喷施宝、美果露等叶面肥，不但能提高产量，而且能明显改善果实色泽。

◆ **主要参考文献**

白旭亮，2015. 保定地区不同砧穗组合苹果树生长结果及效益评价［D］. 保定：河北农业大学.

曹尚银，张俊昌，江爱华，等，2001. 苹果花芽孕育调控的最佳时期研究［J］. 中国果树（1）：14－17.

陈瑞光，2012. 富士苹果专用授粉品种筛选［D］. 杨凌：西北农林科技大学.

郭静，2014. SH40 实生后代作中间砧对红富士苹果生长结果的影响［D］. 保定：河北农业大学.

胡翼飞，2017. 红富士苹果专用授粉树的筛选［D］. 保定：河北农业大学.

李保国，2004. 红富士苹果优质无公害栽培理论、配套技术及其应用的研究［D］. 长沙：中南林学院.

李天红，孟昭清，黄卫东，1995. 红富士苹果花芽孕育时期的研究［J］. 北京农业大学学报，21（2）：165－168.

李天怡，2017. 不同矮化中间砧对红富士苹果的可溶性糖及相关代谢酶的影响［D］. 保定：河北农业大学.

李明媛，2008. 套袋对红富士苹果果实发育期间果实品质和 Ca，Mg，K 含量的影响 [D]. 保定：河北农业大学.

李珊珊，2020. 调环酸钙和 CPPU 对苹果营养生长和花芽形成的影响 [D]. 泰安：山东农业大学.

李世军，2018. 早熟苹果 XU2－5 果实软化和着色机理初探 [D]. 保定：河北农业大学.

梁俊，郭燕，刘玉莲，等，2011. 不同品种苹果果实中糖酸组成与含量分析 [J]. 西北农林科技大学学报（自然科学版），10（39）：163－170.

刘国荣，2003. 不同矮化中间砧红富士苹果果实生长及其内含物含量变化的研究 [D]. 保定：河北农业大学.

刘铁铮，2004. 红富士苹果果实裂纹与果皮结构及其生理指标变化的研究 [D]. 保定：河北农业大学.

路超，薛晓敏，王翠玲，等，2011. 山东省苹果园果实品质指标、叶片营养与土壤营养元素的相关性分析 [J]. 中国农学通报，27（25）：168－172.

马川，2010. 苹果、枣花孕育相关基因的克隆和功能表达研究 [D]. 保定：河北农业大学.

乜兰春，2004. 苹果果实酚类和挥发性物质含量特征及其与果实品质关系的研究 [D]. 保定：河北农业大学.

牛自勉，王贤萍，孟玉萍，等，1996. 不同砧木苹果品种果肉芳香物质的含量变化 [J]. 果树科学，13（3）：153－156.

卜万锁，牛自勉，赵红钰，1998. 套袋处理对苹果芳香物质含量及果实品质的影响 [J]. 中国农业科学，31（6）：88－90.

史娟，2015. 不同矮化中间砧对红富士苹果有机酸含量及相关代谢酶活性的影响 [D]. 保定：河北农业大学.

孙艳，2013. 不同立地条件下红富士苹果果实表皮结构的差异及与裂纹的关系 [D]. 保定：河北农业大学.

孙宇，2020. 负载量对富士苹果地上部及根系生长的影响 [D]. 保定：河北农业大学.

王国义，2014. 主产区苹果园矿质营养及其与果实品质关系的研究 [D]. 北京：中国农业大学.

王金鑫，2012. 苹果花芽孕育相关基因的克隆和序列分析 [D]. 保定：河北农业大学.

王金鑫，张鹤，邵建柱，等，2019. 天红 2 号苹果花芽分化动态发育时期的研究 [J]. 河北农业大学学报，42（6）：45－50.

王鹏，张秀羽，翟春峰，等，2007. 氯丁唑不同施用方法对新红星幼树生长发育和开花结果的影响 [J]. 安徽农业科学，35（20）：6092－6093.

王少敏，高华君，张骁兵，2002. 套袋对红富士苹果色素及糖、酸含量的影响 [J]. 园艺学报，29（3）：263－265.

王晓玲，2005. 苹果（*Malus domestica* Borkh.）花芽生理分化期间多胺与激素的关系 [D]. 保定：河北农业大学.

辛明志，2018. 不同生境和不同苹果品种花芽分化时期的观察 [D]. 杨凌：西北农林科技大学.

邢利博，2013. PBO 促进富士苹果花芽分化的生理机制 [D]. 杨凌：西北农林科技大学.

徐继忠，陈海江，邵建柱，等，1998. 外源多胺促进红富士苹果花芽形成的效应 [J]. 果树科学，15（1）：10－12.

徐继忠，1997. 多胺在苹果花芽分化和坐果中的效应研究 [D]. 武汉：华中农业大学.

信皓天，2021. 苹果新品种授粉特性研究 [D]. 保定：河北农业大学.

辛贺明，张喜焕，2003. 套袋对鸭梨果实内含物变化及内源激素水平的影响 [J]. 果树学报，20（3）：23－235.

薛晓敏，王金政，路超，等，2013. 红将军苹果的化学疏花疏果试验 [J]. 落叶果树，45（5）：7－9.

薛志勇，2003. 苹果树栽培中的钾素营养 [J]. 河北果树 (1)：37.

闫树堂，2004. 矮化中间砧影响红富士苹果果实大小机理的研究 [D]. 保定：河北农业大学.

于葱翠，2018. 钙制剂、萘乙酸对富士苹果疏花疏果的效果 [D]. 保定：河北农业大学.

于泽源，霍俊伟，2000. 果树裂果研究进展 [J]. 北方园艺 (3)：28-30.

张立莎，2009. 苹果花芽形态分化及花孕育相关基因的克隆和表达研究 [D]. 保定：河北农业大学.

张昕，2018. 葡萄糖促进富士苹果花芽孕育的基因调控网络研究 [D]. 杨凌：西北农林科技大学.

张燕，2012. 基质水分变化对红富士苹果果实品质的影响 [D]. 保定：河北农业大学.

张燕子，2010. 不同苹果糖酸组成及苹果酸转运体功能研究 [D]. 杨凌：西北农林科技大学.

张玉，2018. 不同浓度的石硫合剂与西维因对富士苹果疏花疏果的影响 [D]. 保定：河北农业大学.

赵尊行，孙衍华，黄化成，1995. 山东苹果中可溶性糖、有机酸的研究 [J]. 山东农业大学学报 (3)：355-360.

曾骧，1992. 果树生理学 [M]. 北京：北京农业大学出版社，250-273.

Awad M，de Jager A，Westing L，2000. Flavonoid and chlorogenic acid levels in apple fruit：characterisation of variation [J]. Sci Hortic，83：249-263.

Bangerth F，Streif J，Song J，et al.，1998. Investigations into the physiology of volatile aroma production of apple fruits [J]. Acta Hort，464：189-194.

Awad M，de Jager A，2002. Relationships between fruit and concentrations of flavonids and chlorogenic acid in Elstar apple skin [J]. Sci Hortic，92：265-276.

Beruter J，1985. Sugar accumulation and changes in the activities of related enzymes during development of apple fruit [J]. Plant Physiol，121：331-334.

Brown G S，Kitchener A E，McGlasson W B，et al.，1996. The effects of copper and calcium foliar sprays on cherry and apple fruit quality [J]. Sci Hortic (67)：219-227.

Escarpa A，Gonzalez M，1998. High-performance liquid chromatography with diode-array detection for the performance of phenolic compounds in peel and pulp from different apple varieties [J]. J Chromat A，823：331-337.

Fan X，Argenta L，Mattheis J，2001. Impacts of ionizing radiation on volatile production by ripening 'Gala' apple fruit [J]. J Agric Food Chem，49：254-262.

Fan X，Mattheis J P，1999. Impact of 1-methylcyclopropene and methyl jasmonate on apple volatile production [J]. J Agric Food Chem，47：2847-2853.

Goulding J，McGlasson B，Wyllie S，et al.，2001. Fate of apple phenolics during cold storage [J]. J Agri Food Chem，49：2283-2289.

Mills TM，Behboudian MH，Clothier BE，1996. Preharvest and storage quality of Braeburn apple fruit grown under water deficit conditions [J]. Crop Hort Sei，24：159-166.

Miller T W，Fellman J K，Mattheis J P，et al.，1998. Factors that influence volatile ester biosynthesis in delicious apples [J]. Acta Horti，464：195-200.

Mpelasoka B S，Behboundian M H，2002. Production of aroma volatiles in response to deficit irrigation and to crop load in relation to fruit maturity for braeburn apple [J]. Postharvest Biol Tec，24：1-11.

Soon-Kee Sung，Gynheung，1997. Molecular Cloning and Characterization of a MADS-Box cDNA Clone of the Fuji Apple [J]. Plant Cell Physiol，38 (4)：484-489.

Tami M，Lombard P B，Righetti T L，1986. Effect of urea nitrogen on fruitfulness and fruit quality of stark spur golden delicious apple trees [J]. J Plant Nutr，9 (1)：75-85.

Van der Sluis A，Dekker M，de Jager A，et al.，2001. Activity and concentration of polyphenolic antioxidants in apple: effect of cultivar, harvest year, and storage conditions [J] . J Agri Food Chem, 49: 3606 - 3613.

Wolfe K, Wu X, Liu R H, 2003. Antioxidant activity of apple peels [J] . J Agric Food Chem, 51: 609 - 614.

Zhang Y Z, Li P M, Cheng L L, 2010. Developmental changes of carbohydrates, organic acids, amino acids, and phenolic compounds in 'Honeycrisp' apple flesh [J] . Food Chem, 123 (4): 1013 - 1018.

第七章

苹果病虫害综合防治

病虫害综合防治在苹果生命周期及周年管理中都具有重要的地位和作用。苹果病虫害防治不仅对苹果当年产量、质量都具有很大的影响，而且对延长盛果年限及树体寿命也具有重要意义。此外，随着人民生活水平提高，消费者对果品质量安全日益重视，要求栽培者必须提高防治病虫技术水平，综合运用各种防治措施，科学、合理、安全使用化学农药，把果园病虫害控制在经济阈值以下。本章主要介绍苹果主要病害的症状、发病规律、防治方法，主要虫害的形态特征、危害特点、发生规律、防治方法。

第一节　苹果主要病害防治

苹果园常见的病害有：腐烂病、轮纹病、霉心病、褐斑病、炭疽叶枯病、锈病、小叶病、苦痘病、黑点病、花叶病、果锈病、锈果病等。

一、苹果腐烂病

（一）症状

主要有溃疡型病斑和枝枯型病斑。

1. 溃疡型病斑　多发生在骨干枝上，发病初期病部红褐色，稍隆起，组织松软，有酒糟味，常流出黄褐色汁液。后期病部失水下陷，长出黑色小点（分生孢子器），雨后小黑点上溢出金黄色的丝状或馒头状的孢子角。

2. 枝枯型病斑　多发生在2～4年生小枝上。病部扩展迅速，常呈现黄褐色与褐色交错的轮纹状斑。春季发病的枝枯型病斑，病部以上枝条很快干枯，后期病部也长出许多黑色小粒点。

（二）发病规律

以菌丝、分生孢子器和子囊壳在病皮内和病残株枝干上越冬。翌春，分生孢子器涌出孢子角，孢子角失水飞散出分生孢子。同时，成熟的子囊孢子也大量放出。病菌随风雨传播。病菌有无伤口不侵入和潜伏侵染特性。此病的侵入途径有机械伤、病虫伤、日灼、冻害和落皮层。侵入树体的病菌经过一段潜伏期后发病。此病一年四季发生，只要水分条件适宜就发生发展，病斑主要于4—5月和9—10月出现两个高峰。

（三）防治方法

1. 壮树　是综合防治腐烂病的基础，要加强土肥水管理，施足有机肥，增施磷钾肥，避免偏施氮肥；控制负载量；合理修剪，克服大小年；清除病源；实行病疤桥接。冬季树干涂白（轮纹终结者），防止冻害发生。

2. 随见随治　是防治腐烂病的有效方法。可在晚秋和早春刮治病疤呈梭形立茬，后多次涂药消毒，或用划道法治疗病疤。有效药剂有甲硫萘乙酸、9281或菌清（木美土里菌剂包泥）。划道法是划病部成0.5 cm宽的纵道，再用药剂消毒。待药液干后再消毒1次。

3. 修剪防病　改冬剪为春剪，在阳光明媚的天气修剪；伤口保护，涂抹甲硫萘乙酸愈合剂；修剪工具消毒。

4. 药剂预防　发芽前和落叶后对树干喷二氧化氯500倍液或45%代森胺水剂300倍液或树安康制剂100倍液。

二、苹果轮纹病

轮纹病是苹果枝干和果实重要病害。常与干腐病、炭疽病等混合发生，对果品生产有重大威胁，近年有蔓延加重趋势。

（一）症状

1. 枝干发病　以皮孔为中心形成暗褐色、水渍状或小溃疡斑，稍隆起呈疣状，圆形。后失水凹陷，边缘开裂翘起，扁圆形，直径达1 cm左右，青灰色。多个病斑密集，形成主干大枝树皮粗糙，故称"粗皮病"。斑上有稀疏小黑点。

2. 果实受害　一般在8月，果实含糖量10%以上开始发病，初期以果点为中心出现浅褐色的圆形斑，后变褐扩大，呈深浅相间的同心轮纹状病斑，其外缘有明显的淡色水渍圈，病斑扩展引起果实腐烂。烂果有酸腐气味，有时渗出褐色黏液。轮纹病病斑呈褐色，凹陷不明显，表面病组织呈同心轮纹状，后期密生黑色小斑点（病菌分生孢子）；轮纹病病组织软腐，不苦，有酒精味；轮纹病近成熟期和贮藏期常发生。

（二）发病规律

病菌以菌丝体、分生孢子器在病组织内越冬，是初次侵染和连续侵染的主要菌源。于春季开始活动，随风雨传播到枝条上。在果实生长初期，因为有各种保护机制，病菌无法侵染。在果实膨大期之后，病菌均能侵入，其中从7月中旬到8月上旬侵染最多。侵染枝条的病菌，一般从5月开始从皮孔侵染，并逐步以皮孔为中心形成新病斑，翌年病斑继续扩大，形成病瘤，多个病瘤连成一片则表现为粗皮。在果园，树冠外围的果实及光照好的山坡地，发病早；树冠内膛果，光照不好的果园，果实发病相对较晚。气温高于20 ℃，相对湿度高于75%或连续降雨，雨量达10 mm以上时，有利于病菌繁殖和田间孢子大量散布及侵入，病害严重发生。山间窝风、空气湿度大、夜间易结露的果园，较坡地向阳、通风透光好的果园发病多；新建果园在病重老果园的下风向，离得越近，发病越多。果园管理差，树势衰弱，重黏壤土和红黏土，偏酸性土壤上的植株易发病，被害虫严重为害的枝干或果实发病重。

（三）防治方法

1. 加强栽培管理，壮树防病　及时清除病死枝干和死树，在休眠期或开春刮掉病粗皮，集中烧毁，铲除越冬菌源。

2. 树干涂药保护　越冬前或开春树干涂轮纹终结者，防侵染及病菌扩散，促进健皮生长。

3. 果实套袋　落花后 45 d 左右开始套袋，1 个月套完，每果 1 袋。红色品种采收前 1 周解袋即可。

4. 适时喷药　苹果谢花后开始喷药，每隔 10～15 d 喷药 1 次，根据降雨情况，连续喷 5～8 次，到 9 月上旬结束。药剂交替使用：1∶（1～2）∶（200～240）波尔多液、甲基硫菌灵、苯醚甲环唑、代森锰锌、多菌灵、氟硅唑、戊唑醇、吡唑醚菌酯、辛菌胺等。

三、苹果白粉病

（一）症状

主要为害嫩枝、叶片、新梢，也为害花及幼果。病部满布白粉是此病的主要特征。幼苗被害，叶片及嫩茎上产生灰白色斑块，发病严重时叶片萎缩、卷曲、变褐、枯死，后期病部长出密集的小黑点。大树被害，芽干瘪尖瘦，春季发芽晚，节间短，病叶狭长，质硬而脆，叶缘上卷，直立不伸展，新梢满覆白粉。生长期健叶被害则凹凸不平，叶绿素浓淡不匀，病叶皱缩扭曲，甚至枯死。

（二）发病规律

苹果白粉病以菌丝在冬芽鳞片间或鳞片内越冬。翌年发芽时，越冬菌丝产生分生孢子，此孢子靠气流传播，直接侵入新梢。病害侵入嫩芽、嫩叶和幼果主要在花后 1 个月内，所以 5 月为发病盛期，通常受害最重的是病芽抽出新梢。生长季中病菌陆续传播侵害叶片和新梢，病梢上产生有性世代，子囊壳放出子囊孢子再行侵染。秋季病梢上的孢子侵入秋梢嫩芽，形成二次发病高峰。10 月以后很少侵染。春暖干旱的年份有利于病害前期流行。

（三）防治方法

1. 精细修剪　彻底剪除病芽，春、夏季仔细检查，发现病梢（枝）及时剪除，病梢（枝）要集中烧毁或深埋。

2. 肥水调控　适当控制氮肥施用量，注意氮、磷、钾配合，增施磷、钾肥。

3. 药剂防治　苹果树发芽前喷 3～5 波美度石硫合剂；在苹果开花前和落花 70% 时各喷 1 次 35% 戊唑醇 2 000～2 500 倍液有很好防效。

四、苹果霉心病

苹果霉心病又名心腐病。有些品种发病率很高，如北斗、斗南、元帅系、红冠等，受害严重的发病率可达 80%。该病在贮藏期还能继续扩展，并引起全果腐烂，不堪食用。

（一）症状

主要危害果实，引起果心腐烂，有的提早脱落，病果外观常表现正常，偶尔发黄、果形不正或着色较早，个别的重病果实较小，明显畸形，从果梗和萼洼处有腐烂痕迹。

病果明显变轻。由于多数病果外观不表现明显症状，因此，不易被发现。剖开病果，可见心室坏死变褐，逐渐向外扩展腐烂。果心充满粉红色霉状物，也有的为灰绿色、黑褐色或白色霉状物，或同时出现颜色各异的霉状物。病菌突破心室壁扩展到心室外，引起果肉腐烂。

苹果霉心病是由霉心和心腐 2 种症状构成，其中霉心症状为果心发霉，但果肉不腐烂；心腐症状不仅果心发霉，而且果肉也由里向外腐烂。在贮藏期，当果心腐烂发展严重时，果实外部可见水渍状、形状不规则的湿腐状褐色斑块，斑块彼此相连成片，最后全果腐烂。

（二）发病规律

霉心病菌大多是弱寄生菌，在苹果枝干、芽体等多个部位存活，也可在树体上及土壤等处的病僵果或坏死组织上存活，病菌来源十分广泛。第二年春季开始传播侵染，病菌随着花朵开放，首先在柱头上定殖，落花后，病菌从花柱开始向萼心间组织扩展，然后进入心室，导致果实发病。病果极易脱落，有的霉心果实因外观无症状而被带入贮藏库内，遇适宜条件将继续霉烂。

（三）防治方法

1. 选用抗病品种 如果生产上允许，可因地制宜地种植抗病苹果品种。

2. 加强栽培管理 注意果园卫生，合理修剪，改善树冠内的通风透光条件降低果园空气湿度；配方施肥，增施有机肥，提高树势；生长季节随时清除病果，秋末冬初彻底清除病果、僵果和病枯枝，集中烧毁。

3. 药剂防治 在苹果萌芽之前，结合其他病害的防治铲除树体上越冬的病菌。在开花前喷 1 次杀菌剂，可选择 10％苯醚甲环唑、3％多抗霉素等药剂。在谢花 50％时，喷 1 次 3％多抗霉素 600 倍液或 70％甲基硫菌灵 1 000 倍液。

五、苹果锈果病

（一）症状

主要表现在果实上，可分为花脸型、锈果型、混合型。

1. 花脸型 病果着色前无明显变化，着色后呈现红绿相间状态；成熟后呈现红、黄相间的花脸型，着色部分突起，病斑部分凹陷，果实较小，风味变劣。

2. 锈果型 发病初期果实顶部产生淡绿色条斑，逐渐沿果纵向扩展，形成 5 条铁锈色坏死条斑；轻病果条纹不明显；重病果在锈纹处开裂。

3. 混合型 复合上述两种类型特征。

（二）发病规律

嫁接和病、健树根部接触传染。嫁接接种的潜育期为 3～27 个月，一旦发病，逐年加重，是全株永久性病害。苹果与梨混栽或靠近梨树的苹果树发病重。

（三）防治方法

1. 严格选用无病接穗和砧木 从经检测不带病毒的母本树上采取接穗，嫁接在实生苗上繁殖无毒苗用于建园。

2. 刨除病株 在果园、苗圃中经常检查，发现病树、病苗刨除销毁。

3. 严格检疫监督　在距原有苹果园、梨园 100 m 以外建立无病毒苗木繁殖圃。

4. 药物治疗　①初夏时在病树主干进行半环剥，在环剥处包上蘸过 0.015%～0.03% 浓度的土霉素、四环霉素或链霉素的脱脂棉，外用塑料薄膜包裹。②喷雾法，用代森锌 500 倍液或硼砂 200 倍液或氯溴异氰尿酸 1 000 倍液，喷于果面，7 月上中旬起每周 1 次，共喷 3 次。

5. 改接抗性品种　如金冠、乔纳金、信浓黄等。

六、苹果锈病

(一) 症状

主要危害叶片，也能危害嫩枝、幼果和果柄，还可为害转主寄主桧柏。叶片初患病正面出现油亮的橘红色小斑点，逐渐扩大，形成圆形橙黄色的病斑，边缘红色。发病严重时，一张叶片出现几十个病斑，叶片正面凹陷，背面病斑凸起并有针刺。发病 1～2 周后，病斑表面密生鲜黄色细小点粒，即性孢子器。

(二) 发病规律

病菌在桧柏上为害小枝，即以菌丝体在菌瘿中越冬。第二年春天形成褐色的冬孢子角。冬孢子柄被有胶质，遇降雨或空气极潮湿的胞化膨大，冬孢子萌发产生大量担孢子，随风传播到苹果树上。锈菌侵染苹果树叶片、叶柄、果实及当年新梢等，形成性孢子器和性孢子、锈孢子器和锈孢子。锈孢子成熟后，随风传播到桧柏上，侵害桧柏枝条，以菌丝体在桧柏发病部位越冬。

(三) 防治方法

1. 铲除桧柏，切断侵染循环　在规划新果园时，邻近苹果园的 2.5～5 km 以内不能栽植桧柏树。如附近有桧柏树，应于冬季剪除桧柏树上的菌瘿，集中烧毁。

2. 药剂防治　在苹果树开花前和花后喷杀菌剂防止病菌侵入为害。常用杀菌剂有 43% 戊唑醇 3 000 倍液或 10% 苯醚甲环唑 2 000 倍液或 20% 三唑酮（粉锈宁）乳油 2 000 倍液。1 年喷 3～5 次，具体根据病情而定。

七、苹果炭疽病

(一) 症状

主要危害果实，也可侵染枝干和果台。自病斑中心剖开果实，可见果肉自果面向果心变褐腐烂。发病组织带有苦味。病斑边缘紫红色或黑褐色，中央凹陷，斑上黑色小点稀疏，不呈同心轮纹状排列，其下果肉局部坏死。

(二) 发病规律

以菌丝在被害枝干、果台和病僵果上越冬。翌春温度适宜时，产生分生孢子。分生孢子传播主要靠雨水飞溅，也借风和昆虫传播。病果和树上的病枯枝是初侵染源。幼果前期抗扩展，不抗侵染；而后期则相反。此病有潜伏侵染特性，故田间发病较晚。一年内有反复多次再侵染。

(三) 防治方法

1. 强壮树势　增施有机肥，合理负载强壮树势为根本途径。

2. 清除病残　结合冬剪清除小僵果、病枯枝、死果台及衰弱枝集中深埋或烧毁。

3. 药剂防治　从落花后 10 d 开始，每隔 10～15 d 喷 1 次药，到 8 月中、下旬结束。多雨年份可适当增加防治次数。常用的药剂同轮纹病。

八、苹果苦痘病

又称苦陷病，是在苹果成熟期和贮藏期常发生的一种生理病害。

（一）症状

病果皮下果肉首先变褐，干缩成海绵状，逐渐在果面上出现圆形稍凹陷的变色斑，病斑在黄色或绿色品种上为暗绿色，在红色品种上为暗红。后期病部果肉干缩，表皮坏死，显现出凹陷的褐斑。病部食之有苦味。

（二）发病规律

主要是因为树体生理性缺钙引起的，修剪过重，偏施、晚施氮肥，树体过旺及肥水不良的果园发病重。果实生长期降水量大，浇水过多，都易加重病害发生，特别是套袋苹果易引起缺钙，因套袋减少了蒸腾拉力。

（三）防治方法

应多施有机肥，防止偏施氮肥，注意雨季及时排水，合理灌水。果实套袋前喷施真钙 1 500 倍液或氨基酸钙 600 倍液 3～4 次。缺钙严重果园解袋后再喷 1 次。

九、苹果煤污病

（一）症状

发生在苹果果皮外部，在果面产生棕褐色或深褐色污斑，边缘不明显，似煤斑，菌丝层很薄用手易擦去，常沿雨水下流方向发病。苹果蝇粪病和煤污病常混合发生，症状复杂，不易区分。但常见症状为：果皮表生黑色菌丝，上生小黑点，即病菌分生孢子器或菌核；小黑点组成大小不等的圆形病斑，病斑处果粉消失。

（二）发病规律

寄生于苹果芽、果台及枝条上越冬。以菌丝和孢子借风雨、昆虫传播，进行侵染。从 6 月上旬到 9 月下旬均可发病，集中侵染期 7 月初到 8 月中旬。高温多雨利于病菌繁殖，对果面进行多次再侵染。

（三）防治方法

1. 清除病残，减少菌源　冬季清除果园内落叶、病果、剪除树上的徒长枝集中烧毁，减少病虫越冬基数。

2. 药剂防治　谢花后至套袋前春梢生长期，结合防治轮纹病可间隔 10 天左右喷 80% 代森锰锌可湿性粉剂 800 倍液；套袋前喷布 10% 多氧霉素可湿性粉剂 1 000～1 500 倍液＋70% 甲基硫菌灵 1 000 倍液。注意，药剂干后套上袋；套袋后，结合防治果实上、叶片上的病害打好杀菌药，药剂可选用：波尔多液、代森锰锌、多菌灵、甲基硫菌灵、苯醚甲环唑、戊唑醇、吡唑醚菌酯等；夏季必须及时清除树冠内徒长枝和过密的枝条，以保证冠内通风透光，利于药剂喷布。

十、苹果褐斑病

（一）症状

叶上初期病斑为褐色小点，后发展成 3 种类型的病斑，即同心轮纹型、针芒型和混合型。此病的症状特点是病斑不规则，边缘不清晰，周缘有绿色晕，症状由黑色小粒点或黑色菌索构成同心轮纹或针芒。同心轮纹型和混合型病斑叶背呈棕褐色。

（二）发病规律

以分生孢子盘和菌丝在病叶上越冬。春季分生孢子盘产生分生孢子，通过风雨飞溅侵染叶片。雨水是病害流行的主要条件。病菌潜育期 6～14 d 后发病，新病部产生的分生孢子借风雨进行再侵染。

（三）防治方法

1. 加强果园管理 加强土肥水管理，改善光照、及时排涝以及彻底清除落叶深埋是防治此病的根本途径。

2. 药剂防治 5 月中、下旬，降水量达 5 mm 后，开始用药。雨后是药剂防治的关键期，可选用 68.75%杜邦易保水分散剂 1 000 倍液、30%唑醚·戊唑醇悬浮剂、30%吡唑·异菌脲悬浮剂、80%代森锰锌 800 倍液、43%戊唑醇 3 000 倍液、10%苯醚甲环唑微乳剂 2 000 倍液、波尔多液、吡唑醚菌酯等。

十一、苹果斑点落叶病

（一）症状

主要危害叶片，也危害枝条和果实。发病初期，叶片上出现褐色或深褐色小斑点，周围有紫红色晕圈，边缘清晰。随气温上升病斑扩展成 5 mm 左右的斑点。天气潮湿时病斑上长出黑色霉层。幼叶被害，有时叶片呈畸形。为害严重时，被害叶干枯，提早脱落。果实被害，上生近似叶片上的斑点。枝条被害，也生褐色微凹陷的病斑，病斑周围常产生裂纹。

（二）发病规律

以菌丝体在被害叶和枝条上越冬。翌年春季产生分生孢子器，放出分生孢子。分生孢子随气流传播，侵染春梢嫩叶。一般果园在花后即可出现病叶，在后半月病叶增多。春雨早而多，夏季有连阴雨，病害发生早且重，7 月上中旬即有落叶。田间在病斑出现后 20 d 即开始产生分生孢子，可再侵染。此病喜侵染 35 d 内的嫩叶，尤其是 20 d 内的新叶。病原菌的潜育期很短，只有数小时。8 月高温多雨，新梢叶片发病严重，造成大量落叶。9月下旬病害停止发展。

（三）防治方法

防治苹果斑点落叶病，应重视化学防治，辅以清洁果园等措施。

1. 清除病残 秋季扫除落叶，剪病枝，集中烧毁。

2. 化学防治 重点保护春梢，压低后期菌源。从花后开始连续喷 50%扑海因可湿性粉剂 1 000 倍液，或 80%代森锰锌可湿性粉剂 800 倍液，或 50%醚菌酯水分散粒剂 3 000倍液，或 10%多氧霉素 1 000 倍液，或 35%戊唑醇 2 500 倍液。苦参碱、多菌灵、甲基硫菌灵、铜制剂无效。

十二、苹果炭疽叶枯病

(一) 症状

由炭疽病菌引起的苹果叶枯病初期症状为黑色坏死病斑，病斑边缘模糊。在高温高湿条件下，病斑扩展迅速，1～2 d 内可蔓延至整张叶片，使整张叶片变黑坏死。发病叶片失水后呈焦枯状，随后脱落。当环境条件不适宜时，病斑停止扩展，在叶片上形成大小不等的枯死斑，病斑周围的健康组织随后变黄，病重叶片很快脱落。当病斑较小、较多时，病叶的症状酷似于褐斑病的症状。

(二) 发病规律

苹果炭疽病菌以菌丝体在病僵果、干枝、果台和有虫害的枝上越冬，5 月条件适宜时产生分生孢子，成为初侵染源。病原孢子借雨水和昆虫传播，经皮孔或伤口侵入叶片、果实。可多次侵染，潜育期一般 7 d 以上。分生孢子萌发最适温 28～32 ℃；菌丝生长最适温 28 ℃。苹果品种不同，对苹果炭疽病菌的抗性不一，红富士苹果品种高抗炭疽叶枯病，一般不发病。易感苹果品种炭疽叶枯病最早于 7 月开始发病，发病高峰主要出现在 7—8 月连续阴雨期。苹果自 7 月 15 日开始大量落叶，并大面积暴发。

(三) 防治方法

1. 彻底清理果园　清扫残枝落叶、刮除枝干病原销毁。

2. 强壮树势　生长季喷施功能性液肥，强壮树势，提高树体抗病能力。

3. 药剂防治　大量落叶的果园，越冬前喷施 1 次 100 倍的硫酸铜液＋沃叶 1 000 倍液；次年萌芽前，再喷施 1 次 150 倍的硫酸铜液＋沃叶 1 000 倍液。生长季 6 月中旬左右，交替喷施波尔多液和代森类（80％全络合态代森锰锌）＋沃叶 1 000 倍液，或者选用80％丙森锌 600 倍液以及其他的咪鲜胺＋多抗霉素，炭疽福美、炭特灵等防治该类病菌药剂配合沃叶 1 000 倍液使用。每 10～15 d 喷 1 次，保证每次出现超过 2 d 的连续阴雨前，叶面和枝条都处于药剂的保护中。用波尔多液，溴菌腈和甲基硫菌灵作为雨前保护剂喷施，也可做雨后内吸治疗剂补施，与吡唑醚菌酯交替使用。

十三、苹果疫腐病

(一) 症状

苗木或成树根颈部染病，皮层出现暗褐色腐烂，多不规则，严重的烂至木质部，致病部以上枝条发育变缓，叶色淡，叶小，秋后叶片提前变红紫色，落叶早，当病斑绕树干一周时，全树叶片凋萎或干枯。叶片染病，初呈水渍状，后形成灰色或暗褐色不规则形病斑，湿度大时，全叶腐烂。果实染病，果面形成不规则、深浅不匀的褐斑，边缘不清晰，呈水渍状，致果皮果肉分离，果肉褐变或腐烂，湿度大时病部生有白色棉毛状菌丝体，病果初呈皮球状，有弹性，后失水干缩或脱落。

(二) 发病规律

主要以卵孢子、厚垣孢子及菌丝随病组织在土壤中越冬。翌年遇有降雨或灌溉时，形成游动孢子囊，产生游动孢子，随雨滴或流水传播蔓延，果实在整个生育期均可染病，每次降雨后，都会出现侵染和发病小高峰。因此，雨多、降雨量大的年份发病早且重。

（三）防治方法

1. 及时清理落地果实并摘除树上病果、病叶集中处理；病菌以雨水飞溅为主要传播方式，适当采取提高结果部位和地面铺草等方法，可避免侵染减轻危害。

2. 改善果园生态环境　排除积水，降低湿度，树冠通风透光可有力地控制病害；可采取预防为主和手术治疗相结合的方法；根颈部发病还未环割的植株，可在春季扒土晾晒，刮去腐烂变色部分，并用愈合剂消毒伤口，刮下的病组织烧毁，更换无病新土。另外防止串灌，翻耕和除草时注意不要碰伤根颈部。必要时进行桥接，可提早恢复树势，增强树木的抗病性。

3. 药剂防治　发病初期根茎基部浇灌 85％疫霜灵 300 倍液或硫酸铜 200 倍液，每株灌药 10～50 kg 不等，视树棵大小而定，灌药 2～3 次，间隔 10 d。

十四、苹果小叶病

（一）症状

发生于顶生枝条，病树呈点片或成行分布，春季发芽晚于健树。展叶后，顶梢叶片小、簇生，枝中下部光秃。叶片边缘上卷、脆硬，呈柳叶状。有的叶脉绿色，但脉间黄色。新梢节间短，病枝易枯死。花少而小，果小畸形。老病树几乎全是小叶，树冠空膛，产量很低。

（二）发病规律

当果园施有机肥少，砂质土壤或碱性土，锌素供应不足时，果树生长素和酶系统的活动受阻，造成叶片黄化，出现小叶、簇叶现象。

（三）防治方法

1. 芽膨大期喷锌　往年有小叶病的果园，在芽膨大期及时喷 3％～5％硫酸锌＋1％～2％尿素混合液。尿素可促进锌素吸收。喷 1 次保 1 年。

2. 根施锌肥　苹果树发芽前，树下挖放射沟，株施 50％硫酸锌粉 1～1.5 kg，可根据树冠大小灵活掌握追施量。

十五、苹果细菌性泡斑病

近几年在苹果园部分红富士品种上发现有苹果细菌性泡斑病发生，造成了一定的经济损失，特别是树势较弱及感染腐烂病的苹果树，受害较为严重。

（一）症状

可危害叶片和果实。

1. 叶片　被害叶片中脉有逐渐坏死现象，叶背中脉出现褐色痂状坏死，叶片卷曲皱缩。

2. 果实　被害果实皮孔周围形成紫黑色病斑。一开始果实表面气孔处现出很小的水渍状、隆起的绿色泡斑，后病斑扩大变黑，个别病斑向果肉延伸 1～2 mm，严重的一个果上生有几十个甚至百余个病斑，病斑中部呈深褐色疤状稍凹陷，边缘暗紫色，大部分呈圆形，病斑只发生在浅层，不引起腐烂。

（二）发病规律

病菌在芽、叶痕及落地的果实中越冬，在生长季节，病原依附于叶片、果实或者园内杂草存活，随水流传播，湿度大、多雨情况，有利于病菌传播和发病，适宜发病的温度25～30 ℃。

（三）防治方法

1. 加强管理，提高抗性　秋季施足基肥，并灌足防冻水；增强树体贮藏营养水平，提高树体对病害的抵抗能力。对地势低洼，容易积水的果园，应切实做好排涝工作，降低果园湿度抑制病害发生。

2. 清除病残，减少菌源　及早摘除病果、病叶，以免病菌借风雨造成扩散。晚秋落叶后，将果园内病果病叶等病菌载体集中烧毁或深埋。

3. 药剂防治　花瓣脱落后 10～15 d 喷 1 次，20％松脂酸铜 800 倍液或 80％乙蒜素 2 000 倍液或 50％氯溴异氰尿酸 1 500 倍液喷雾预防，隔 10 d 左右 1 次，连续 2～3 次。

第二节　苹果主要虫害防治

苹果园常见的虫害有：二斑叶螨、苹果全爪螨、山楂叶螨、苹小卷叶蛾、金纹细蛾、苹果瘤蚜、苹果黄蚜、苹果绵蚜、绿盲蝽、桑天牛、桃小食心虫、苹毛金龟子、康氏粉蚧。

一、二斑叶螨

别称：二点叶螨、叶锈螨、棉红蜘蛛、普通叶螨。

（一）形态特征

1. 成螨　雌成螨体长 0.42～0.59 mm，椭圆形，体背有刚毛 26 根，排成 6 横排。生长季节为白色、黄白色，体背两侧各具 1 块黑色长斑，取食后呈浓绿、褐绿色；当密度大，或种群迁移前体色变为橙黄色。在生长季节绝无红色个体出现。滞育型体呈淡红色，体侧无斑。与朱砂叶螨的最大区别为在生长季节无红色个体，其他均相同。雄成螨体长 0.26 mm，近卵圆形，前端近圆形，腹末较尖，多呈绿色。与朱砂叶螨难以区分。

2. 卵　球形，长 0.13 mm，光滑，初产为乳白色，渐变橙黄色，将孵化时现出红色眼点。

3. 幼螨　初孵时近圆形，体长 0.15 mm，白色，取食后变暗绿色，眼红色，足 3 对。

4. 若螨　前若螨体长 0.21 mm，近卵圆形，足 4 对，色变深，体背出现色斑。后若螨体长 0.36 mm，与成螨相似。

（二）危害特点

二斑叶螨主要寄生在叶片的背面取食，刺穿细胞，吸取汁液，受害叶片先从近叶柄的主脉两侧出现白色斑点，随着危害的加重，可使叶片变成灰白色及至暗褐色，抑制光合作用的正常进行，严重者叶片焦枯以至提早脱落。取食中的二斑叶螨每隔 30 min 把相当于身体 25％的水分通过后肠以尿的形式排出。另外，该螨还释放毒素或生长调节物质，引起植物生长失衡，以致有些幼嫩叶呈现凹凸不平的受害状，大发生时树叶、杂草、农作物叶片一片焦枯现象。二斑叶螨有很强的吐丝结网集合栖息特性，有时结网可将全叶覆盖起来，并罗织到叶柄，甚至细丝还可在树株间搭接，螨顺丝爬行扩散。

（三）发生规律

发生7～9代，以雌虫在土缝、枯枝落叶下、树干翘皮内及旋花科宿根性杂草的根际处吐丝结网潜伏越冬。春天平均气温到10 ℃左右时出蛰，先在树下阔叶杂草和果树根蘖取食、繁殖，然后再上树为害。早期多集中在内膛徒长枝上，逐渐向外围扩散，6月中旬到7月中旬为猖獗为害期，下雨后虫口密度迅速下降，到9月气温下降陆续向杂草上转移，10月陆续越冬。

（四）防治方法

1. 清园　清除果园里的枯枝落叶和杂草，集中深埋或烧毁，消灭越冬雌成螨；春季及时中耕除草，特别要清除阔叶杂草，及时剪除树根上的萌蘖，消灭其上的二斑叶螨。

2. 药剂防治　在越冬雌成螨出蛰期，树上喷50％硫悬浮剂200倍液或1波美度石硫合剂，消灭在树上活动的越冬成螨。在夏季，要抓住害螨从树冠内膛向外围扩散初期的防治。注意选用选择性杀螨剂。常用药剂有20％三唑锡悬浮剂1 500倍液、10％浏阳霉素乳油1 000倍液、20％阿维螺螨酯4 000倍液、1.8％农克螨乳油2 000倍液。

3. 生物防治　主要是保护和利用自然天敌，或释放捕食螨。

二、苹果全爪螨

别称：苹果红蜘蛛

（一）形态特征

1. 成螨　雌成螨体长约0.45 mm，宽0.29 mm左右。体圆形，红色，取食后变为深红色。背部显著隆起。背毛26根，着生于粗大的黄白色毛瘤上；背毛粗壮，向后延伸。足4对，黄白色；各足爪间突具坚爪，镰刀形；其腹基侧具3对针状毛。雄螨体长0.30 mm左右。初蜕皮时为浅橘红色，取食后呈深橘红色。体尾端较尖。刚毛的数目与排列同雌成螨。

2. 卵　葱头形。顶部中央具一短柄。夏卵橘红色，冬卵深红色。

3. 幼螨　足3对。由越冬卵孵化出的第1代幼螨呈淡橘红色，取食后呈暗红色；夏卵孵出的幼螨初孵时为黄色，后变为橘红色或深绿色。

4. 若螨　足4对。有前期若螨与后期若螨之分。前期若螨体色较幼螨深；后期若螨体背毛较为明显，体形似成螨，已可分辨出雌雄。

（二）危害特点

以成螨在叶片上危害，叶片受害后初期呈现失绿小斑点，逐渐全叶失绿，严重时叶片黄绿、脆硬，全树叶片苍白或灰白，一般不易落叶。严重时使刚萌发的嫩芽枯死。一般不吐丝结网，只在营养条件差时雌成螨才吐丝下垂，借风扩大蔓延。

（三）发生规律

一年发生6～10代。以滞育卵（冬卵）在2～4年的枝条分杈、伤疤等背阴面越冬，如红漆。翌年4—5月卵孵化，孵化时间较集中，这是药剂防治关键适期。6—7月是全年发生危害的高峰，世代重叠严重。8月中、下旬出现滞育卵，10月上旬是压低越冬卵基数的防治适期。

（四）防治方法

1. 春季发芽前防治　越冬卵量大时，果树发芽前喷施 95％机油乳剂 500 倍液消灭越冬卵。

2. 生长期防治

（1）防治适期。根据苹果全爪螨田间发生规律，全年有 3 个防治适期。① 4 月下旬为越冬卵盛孵期，此时正值苹果花序分离至露红期，苹果叶片面积小，虫体较集中；加之，此时为幼、若螨态，其抗药性差，是药剂防治的最有效时期。② 5 月中旬为第 1 代夏卵孵化末期，即苹果终花后 1 周，幼、若螨发生整齐，防治效果好。③ 8 月底至 9 月初为第 6 代幼、若螨发生期，是压低越冬代基数的关键时期。

（2）防治药剂：45％晶体石硫合剂 20～30 倍液；3％苦参碱水剂 200～500 倍液；13％哒螨酯·炔螨特水乳剂 1 500～2 000 倍液；5％唑螨酯悬浮剂 2 000～2 500 倍液；16％四螨嗪·哒螨灵可湿性粉剂 1 600～2 000 倍液；25％三唑锡可湿性粉剂 1 000～1 330 倍液；73％炔螨特乳油 2 000～3 000 倍液；24％螺螨酯悬浮剂 4 000 倍液；2％阿维菌素乳油 3 000～4 000 倍液；40％阿维菌素·炔螨特乳油 2 000～2 500 倍液等。

三、山楂叶螨

别称：山楂红蜘蛛。

（一）形态特征

1. 成螨　雌成螨卵圆形，体长 0.54～0.59 mm，冬型鲜红色，夏型暗红色。雄成螨体长 0.35～0.45 mm，体末端尖削，橙黄色。

2. 卵　圆球形，春季产卵呈橙黄色，夏季产的卵呈黄白色。

3. 幼螨　初孵幼螨体圆形、黄白色，取食后为淡绿色，3 对足。

4. 若螨　4 对足。前期若螨体背开始出现刚毛，两侧有明显墨绿色斑，后期若螨体较大，体形似成螨。

（二）危害特点

危害初期叶部症状表现为局部褪绿斑点，后逐步扩大成褪绿斑块，危害严重时，整张叶片发黄、干枯，造成大量落叶、落花和落果。

（三）发生规律

北方地区一年发生 6～10 代，以受精雌成螨在主干、主枝和侧枝的翘皮、裂缝、根颈周围土缝、落叶及杂草根部越冬，第二年苹果花芽膨大时开始出蛰危害，花序分离期为出蛰盛期。出蛰后一般多集中于树冠内膛局部危害，以后逐渐向外围扩散。常群集叶背危害，有吐丝拉网习性。9—10 月开始出现受精雌成螨越冬。高温干旱条件下发生并危害重。

（四）防治方法

①萌芽前刮除翘皮、粗皮，并集中烧毁，消灭大量越冬虫源。

②出蛰期喷药。20％阿维哒螨灵 2 000 倍液。

③生长期喷药。25％三唑锡可湿性粉剂 1 000～1 500 倍液；73％炔螨特乳油 2 000～

3 000倍液；24％螺螨酯悬浮剂 4 000～6 000 倍液；2％阿维菌素乳油 3 000～4 000 倍液；40％阿维菌素·炔螨特乳油 2 000～2 500 倍液等。

四、苹小卷叶蛾

别名：苹卷蛾、黄小卷叶蛾、溜皮虫。

(一)形态特征

1. 成虫 体长 6～8 mm。体黄褐色。前翅的前缘向后缘和外缘角有两条浓褐色斜纹，其中一条自前缘向后缘达到翅中央部分时明显加宽。前翅后缘肩角处，及前缘近顶角处各有一小的褐色纹。

2. 卵 扁平椭圆形，淡黄色半透明，数十粒排成鱼鳞状卵块。

3. 幼虫 身体细长，头较小呈淡黄色。小幼虫黄绿色，大幼虫翠绿色。

4. 蛹 黄褐色，腹部背面每节有刺突两排，下面一排小而密，尾端有 8 根钩状刺毛。

(二)危害特点

幼虫危害果树的芽、叶、花和果实。小幼虫常将嫩叶边缘卷曲，并吐丝缀合数叶。大幼虫将 2～3 张叶片缠在一起，卷成"饺子"状虫苞，并取食叶片成缺刻或网状。将叶片缀贴果上，啃食果皮，受害果实上被啃食出形状不规则的小坑洼。

(三)发生规律

该虫一年发生 3～4 代。以 2～3 龄幼虫在剪锯口、枝干翘皮缝内结茧越冬。翌年春季苹果花开绽时，开始出蛰，爬至芽及嫩叶上取食危害。黄河故道地区 4 月上旬为出蛰危害盛期，4 月下旬化蛹，4 月底至 5 月初越冬代成虫羽化，5 月上、中旬为羽化盛期。5 月下旬为一代幼虫孵化盛期，危害盛期在 6 月上旬；二代幼虫危害盛期为 7 月上旬；第三代幼虫危害盛期为 8 月上旬。8 月下旬至 9 月初为第四代幼虫孵化盛期，2～3 龄幼虫于 9 月下旬转移到剪锯口、翘皮裂缝处越冬。

(四)防治方法

1. 消灭越冬幼虫 在果树休眠季节刮除剪锯口、老翘皮、粗皮，集中烧毁，或在苹果发芽前，用 80％敌敌畏 100 倍液封闭剪锯口，消灭越冬幼虫。

2. 摘除虫苞 于幼虫发生危害期间，人工摘除虫苞或将虫掐死。

3. 诱杀成虫 于成虫发生期间，在果园内挂性诱芯或糖醋液盆，诱杀成虫。

4. 药剂防治 在越冬幼虫出蛰期和各代幼虫孵化盛期进行药剂防治。可选用 2.2％甲维盐乳油 4 000 倍液喷施，此药防治苹小卷叶蛾特效。

五、金纹细蛾

(一)形态特征

1. 成虫 体长约 2.5 mm，体金黄色。前翅狭长，黄褐色，翅端前缘及后缘各有 3 条白色和褐色相间的放射状条纹。后翅尖细，有长缘毛。

2. 卵 扁椭圆形，长约 0.3 mm，乳白色。

3. 幼虫 老熟幼虫体长约 6 mm，扁纺锤形，黄色，腹足 3 对。

4. 蛹 体长约 4 mm，黄褐色。

（二）危害特点

金纹细蛾幼虫从叶背潜食叶肉，形成椭圆形的虫斑，叶背表皮皱缩，叶片向背面弯折。叶片正面呈现黄绿色网眼状虫斑，俗称"开纱窗"，内有黑色虫粪。虫斑常发生在叶片边缘，严重时布满整个叶片。

（三）发生规律

一年发生 4～5 代。以蛹在被害的落叶内过冬。第二年苹果发芽开绽期为越冬代成虫羽化盛期。成虫喜欢在早晨或傍晚围绕树干附近飞舞，进行交配、产卵活动。其产卵部位多集中在发芽早的苹果品种上。卵多产在幼嫩叶片背面绒毛下，卵单粒散产，卵期 7～10 d，多则 11～13 d。幼虫孵化后从卵底直接钻入叶片中，潜食叶肉，致使叶背被害部位仅剩下表皮，叶背面表皮鼓起皱缩，外观呈泡囊状，泡囊约有黄豆粒大小，幼虫潜伏其中，被害部内有黑色粪便。老熟后，就在虫斑内化蛹。成虫羽化时，蛹壳一半露在表皮之外，极易识别。8 月是全年中危害最严重的时期，如果一片叶有 10～12 个斑时，此叶不久必落。各代成虫发生盛期如下：越冬代 4 月中下旬；第 1 代 6 月上中旬；第 2 代 7 月中旬；第 3 代 8 月中旬；第 4 代 9 月下旬。金纹细蛾的发生与品种和树体小气候密切相关。短枝金冠、红星、青香蕉和金冠品种对金纹细蛾表现出高抗，而新红星、富士和国光表现为高感。

（四）防治方法

1. 人工防治　果树落叶后清除落叶，集中烧毁，消灭越冬蛹。

2. 药剂防治　防治的关键时期是各代成虫发生盛期。其中在第 1 代成虫盛发期喷药，防治效果优于后期防治。常用药剂有 20％杀灭菊酯 2 000 倍、2.5％溴氰菊酯 2 000～3 000 倍液、30％蛾螨灵可湿性粉剂 1 200 倍液。另外，25％的灭幼脲 3 号胶悬剂 1 000 倍液或 25％杀铃脲 6 000 倍液也有很好的防治效果。

六、苹果瘤蚜

（一）形态特征

1. 无翅胎生雌蚜　体长 1.4～1.6 mm，近纺锤形，体暗绿色或褐色，头漆黑色，复眼暗红色，具有明显的额瘤。

2. 有翅胎生雌蚜　体长 1.5 mm 左右。头、胸部暗褐色，具明显的额瘤，且生有 2～3 根黑毛。

3. 若虫　似无翅蚜，体淡绿色。其中有的个体胸背上具有一对暗色的翅芽，此型称翅基蚜，日后则发育成有翅蚜。

4. 卵　圆形，黑绿色而有光泽，长径约 0.5 mm。

（二）危害特点

成、若蚜群集叶片、嫩芽吸食汁液，受害叶边缘向背面纵卷成条筒状。通常仅危害局部新梢，被害叶由两侧向背面纵卷，有时卷成绳状，叶片皱缩，瘤蚜在卷叶内危害，叶外表看不到瘤蚜，被害叶逐渐干枯。

（三）发生规律

一年发生 10 多代，以卵在一年生枝条芽缝、剪锯口等处越冬。翌年 4 月上旬，越冬卵孵化，自春季至秋季均孤雌生殖，发生危害盛期在 6 月中、下旬。10—11 月出现有性蚜，交尾后产卵，以卵态越冬。

（四）防治方法

1. 结合春季修剪　剪除被害枝梢，杀灭越冬卵。

2. 重点抓好蚜虫越冬卵孵化期的防治　当孵化率达 80% 时，可喷施下列药剂：10% 氟啶虫酰胺水分散粒剂 2 500～5 000 倍液，25% 氰戊菊酯・辛硫磷乳油 1 000～2 000 倍液，5% 高效氯氰菊酯・吡虫啉乳油 2 000～3 000 倍液，20% 啶虫脒・辛硫磷乳油 1 500～2 000 倍液，4% 阿维菌素・啶虫脒乳油 4 000～5 000 倍液。

七、苹果黄蚜

（一）形态特征

1. 有翅胎生雌蚜　头、胸部和腹管、尾片均为黑色，腹部呈黄绿色或绿色，两侧有黑斑。

2. 无翅胎生雌蚜　体长 1.4～1.8 mm，纺锤形，黄绿色，复眼、腹管及尾片均为漆黑色。

3. 若蚜　鲜黄色，触角、腹管及足均为黑色。

4. 卵　椭圆形，漆黑色。

（二）危害特点

被害叶片的叶尖向叶背横卷，影响新梢生长，严重时造成树势衰弱。

（三）发病规律

年发生 10 余代，以卵在寄主枝梢的皮缝、芽旁越冬。翌年苹果芽萌动时开始孵化，约在 5 月上旬孵化结束。初孵若蚜先在芽缝或芽侧危害 10 余天后，产生无翅和少量有翅胎生雌蚜。5—6 月间继续以孤雌生殖的方式产生有翅和无翅胎生雌蚜。6—7 月间繁殖最快，产生大量有翅蚜扩散蔓延造成严重危害。7—8 月间气候不适，发生量逐渐减少，秋后又有回升。10 月间出现性母，产生性蚜，雌雄交尾产卵，以卵越冬。此虫无转换寄主现象，是一种留守型蚜虫。

（四）防治方法

1. 人工防治　在蚜虫发生少的年份，树上有个别新梢被害，早期剪除，可有效控制其蔓延。

2. 休眠期防治　苹果发芽前，喷含油量 5% 柴油乳剂，消灭越冬卵，可兼治红蜘蛛和各种介壳虫。

3. 生长期防治

（1）树干涂环。在 5 月上、中旬，蚜虫发生初期，将主干刮去老皮（6 cm 宽的环带），再选用 40% 氧化乐果 2～10 倍液涂抹，以药液不往下流为度，或用药液浸卫生纸缠树，最后用塑料布或报纸包扎，一般 7～10 d，蚜虫可全部死亡。

（2）喷药防治。通常在越冬卵孵化盛期并未造成受害时（花序分离期），是全年防治的第 1 个有利时机，在大发生期进行第 2 次防治。常用的药剂有：25% 吡虫啉 4 000～5 000 倍液，50% 辟蚜雾可湿性粉剂 1 500 倍液，2.5% 功夫菊酯 2 000 倍液，20% 啶虫脒

6 000～8 000 倍液。由于蚜虫繁殖代数多，并具有孤雌生殖的特点，故易产生抗药性。因此，要注意选择新药。

（3）充分认识和利用天敌的自然控制作用。在正常气候下，没有药剂干扰，蚜虫不致成灾。发生量较大时，到 6 月上中旬麦田瓢虫向果园转移，也可在短期内控制其危害。危害严重时，可用药剂防治，要特别注意保护其天敌，如多种瓢虫、食蚜蝇、草蛉、茧蜂和姬蜂。

八、苹果绵蚜

（一）形态特征

1. 无翅孤雌蚜　体卵圆形，长 1.7～2.2 mm，头部无额瘤，腹部膨大，黄褐色至赤褐色，背面有大量白色棉状长蜡毛，复眼暗红色，触角 6 节。

2. 有翅孤雌蚜　体椭圆形，长 1.7～2.0 mm，头胸黑色，腹部橄榄绿色，全身被白粉，腹部有少量白色长蜡丝，触角 6 节。

3. 有性蚜　体长 0.6～1 mm，触角 5 节。若虫分有翅与无翅两型。

（二）危害特点

主要危害枝干和根系。群集在枝干的病虫伤口、锯剪口、老皮裂缝、新梢叶腋、短果枝、果柄、果实的梗洼和萼洼进行危害。枝干或根被害后，起初形成平滑而圆的瘤状突起，严重时瘤状突起累累，有些瘤状突起破裂，造成大小和深浅不同的伤口。果实受害，多集中在梗洼和萼洼周围，并产生白色棉絮状物。

（三）发生规律

以孤雌繁殖方式产生胎生无翅雌蚜。因地区不同、发生代数不同，1 年少则 8～9 代，最多达 21 代，以无翅胎生成虫及 1～2 龄若虫在树干、枝条的伤疤处、粗皮裂缝、土表下根颈部与根蘖、根瘤皱褶及不定芽中越冬。夏季有翅蚜 5 月下旬出现，为数虽少，但能胎生幼蚜与有性蚜，所以利于扩散。

（四）防治方法

1. 做好检疫工作，使之不再蔓延

2. 早春防治　在 4 月进行树体涂干，方法同蚜虫的防治。或灌根，苹果花期前后将树干根颈部一圈的土壤挖开，露出 3～5 cm 深的新鲜树皮即可，尽量弄净树皮上的土壤；将"绵蚜净"1 包（50 g）倒入约 500 mL 装矿泉水瓶内，加满水混匀，将瓶盖钻一直径 1 mm 左右的小孔，瓶盖拧紧后小孔对准新挖开树皮处挤压瓶壁，将药液围绕树干喷洒一圈，1 包药剂（即 1 瓶药液）一般可处理 333 m² 的果树，尽量使药剂在所处理树分摊均匀，喷洒完毕后将挖开的土壤回填，目的是减少喷药树皮处药剂的光解。处理后药剂在树皮内缓慢扩散，2 个月后绵蚜会显著减少直至完全灭除。

3. 发生初期防治　在 5 月上、中旬，该虫发生初期进行喷药防治。可使用 50％抗蚜威可湿性粉剂 4 000 倍液或 40％毒死蜱乳油 1 000 倍液等。在喷药时，应采用淋洗式方法，并在药液中混加碳酸氢铵 300 倍液、洗衣粉 300 倍液等，可明显提高药效。

九、绿盲蝽

（一）形态特征

绿盲蝽成虫体卵圆形，黄绿色，体长 5 mm 左右，宽 2.2 mm；触角绿色；前翅基部革质、绿色，端部膜质、灰色、半透明。若虫体绿色，有黑色细毛，翅芽端部黑色。

（二）危害特点

该虫主要以成虫和若虫刺吸危害各幼嫩组织，苹果上以叶片受害最重。受害初期形成针刺状红褐色小点，随着被害叶片的生长，以红褐色小点为中心形成许多不规则孔洞，叶缘残缺破碎、畸形皱缩，俗称"破叶疯"。果实症状：幼果受害后，多在萼洼被害的吸吮点处溢出红褐色胶质物。以刺吸处为中心，形成表面凹凸不平的木栓组织。以后随着果实的逐渐膨大，刺吸处逐渐凹陷，最终形成畸形果。

（三）发生规律

绿盲蝽年发生 4～5 代，以卵越冬。第二年 4 月中旬果树花序分离期开始孵化，4 月下旬是顶芽越冬卵孵化盛期，孵化的若虫集中危害花器、幼叶。5 月中旬是越冬代成虫羽化高峰期，也是集中危害幼果的时期。交配产卵，危害繁殖 3～4 代，末代成虫于 10 月陆续迁回果园，产卵于果树的顶芽，进行越冬。绿盲蝽从早批叶芽破绽开始为害直到 6 月中旬，其中以展叶期和小幼果期危害最重。

绿盲蝽发生与气候的关系。绿盲蝽的发生程度与早春降水量有关，一般来说，降雨量大，发生程度重，因为湿度有利于其他野生寄主上的越冬卵孵化。早春过于干旱，不利于其他野生寄主的发芽生长，容易造成绿盲蝽在果园内为害的时间相对延长，从而加重幼果受害。因此，凡是春季干旱的年份，靠近河边、水库、池塘的果园发生重。

（四）防治方法

1. 农业防治 结合冬季清园，铲除杂草，刮掉树皮，消灭绿盲蝽越冬卵。

2. 休眠期药剂防治 苹果发芽前，结合刮树皮，全园喷施 1 次 40％毒死蜱乳油 1 000 倍液＋柔水通 3 000 倍液混合液，可杀灭部分越冬虫卵。

3. 生长期药剂防治 5 月上中旬是药剂防治关键期，需连续喷药 2 次，间隔期 7～10 天；个别受害严重果园，6 月上旬再喷药 1 次。常用有效药剂有 5％丁烯氟虫腈 1 500～2 000倍液，40％毒死蜱乳油 1 000～1 500 倍液，20％甲氰菊酯乳油 1 500～2 000 倍液等。由于绿盲蝽白天一般在树下杂草及行间作物上潜伏，早、晚上树危害，因此，喷药时应着重喷洒树干、地面杂草及行间作物，做到树上树下喷细致。尽量在傍晚喷药效果较好。

十、桑天牛

（一）形态特征

1. 成虫 黑褐至黑色密被青棕或棕黄色绒毛。头部中央有 1 条纵沟，触角的柄节和梗节都呈黑色，鞭节的各节基部都呈灰白色，端部黑褐色，前胸背面有横行皱纹，鞘翅基部密布黑色光亮的颗粒状突起，翅端内、外角均呈刺状突出。

2. 卵 长椭圆形，初乳白色，后变淡褐色。

3. 幼虫 圆筒形，乳白色，头黄褐色。

4. 蛹　纺锤形，初淡黄后变黄褐色。

（二）危害特点

成虫食害嫩枝皮和叶；初孵幼虫在2～4年生枝干中蛀逐渐深入心材。幼虫于枝干的皮下和木质部内，向下蛀食，隧道内无粪屑，隔一定距离向外蛀1通气排粪屑孔，排出大量粪屑，削弱树势，重者枯死。

（三）发生规律

一般2年发生1代，以幼虫在枝条内越冬。寄主萌动后开始危害，落叶时休眠越冬。6月中旬开始出现成虫，7月上中旬开始产卵，成虫多在晚间取食嫩枝皮和叶，以早、晚较盛，取食15 d左右开始产卵，卵经过15 d左右开始孵化为幼虫。7—8月成虫盛发期。

（四）防治方法

1. 挖卵　7—8月，桑天牛在2～3年生10 mm粗的枝条上产卵。产卵前，成虫先将枝条基部或上方咬一长方形或U形孔，啃去树皮；然后在其中木质部浅层产1粒卵，使木质部纵向丝状破裂。这种特殊产卵孔极易识别，可用尖刀剔除或刺死虫卵。

2. 钩杀幼虫　7—9月幼虫孵化，并向枝条基部蛀入；防治时可选最下的1个新粪孔，将蛀屑掏出，然后用天牛钩杀器钩捕或刺杀幼虫。

3. 捕捉成虫　6月下旬至8月下旬成虫发生期，每天傍晚巡视果园，捕捉成虫。成虫白天不活动，可振动树干使虫落地捕杀。或在成虫取食时，喷顺式氯氰菊酯毒杀。

4. 毒杀幼虫　幼虫发生盛期，对新排粪孔，可用下列药剂：80％敌敌畏乳油50倍液；40％毒死蜱乳油30倍液；用兽用注射器注入蛀孔内，施药后几天，及时检查，如还有新粪排出，应及时补治。

5. 保护天敌　冬季修剪时，发现产有桑天牛卵的枝条不要剪去，其中大部分被桑天牛啮小蜂所寄生，等到7月上旬寄生蜂羽化后再处理。

十一、桃小食心虫

（一）形态特征

1. 成虫　全身淡灰褐色，雌虫体长7～8 mm，翅展16～18 mm，雄虫略小。前翅中央近前缘处有一蓝黑色的近似三角形大斑，后翅灰色。雌蛾触角丝状，下唇须长而直，下唇须长而直，稍后倾。雄蛾触角栉齿状，下唇须短而上翘。

2. 卵　红色，近孵化时呈暗红色，竖椭圆形，长0.4～0.41 mm，宽0.31～0.36 mm，顶端环生"丫"字形外长物。

3. 幼虫　老熟幼虫体长13～16 mm，桃红色，初孵化幼虫乳白色，头及前胸背板黑褐色，胴部有淡黑色小点，无臀栉。

4. 茧　有两种。越冬茧呈扁圆形，长4.5～6.2 mm，宽3.2～5.2 mm，质地紧密，坚韧结实。夏茧呈纺锤形，长7.8～9.9 mm，宽3.2～5.2 mm，质地疏松，一端有羽化孔，幼虫在其中化蛹。

5. 蛹　黄白色，体长6.5～8.6 mm，体壁光滑无刺。

（二）危害特点

初孵化幼虫，从萼洼附近或果实胴部蛀入果内，蛀入孔流出透明的水珠状果胶滴，数日后果胶滴干为白色粉状物，随着果实长大，入果孔愈合一针尖大小的小黑点，周围稍凹陷，呈青绿色。幼虫蛀入后在果内纵横串食或直入果心蛀食。早期为害严重时，使果实变形，表面凹凸不平，俗称"猴头果"。被害果实渐变黄色，果肉僵硬，又俗称"黄病"。果实近成熟期被害，一般果形不变，但果内虫道充满大量虫粪，俗称"豆沙馅"。幼虫老熟后，在果面咬一直径 2～3 mm 的圆形脱果孔，虫果容易脱落。被害果大多有圆形幼虫脱果孔，孔口常有少量虫粪，由丝粘连。

（三）发生规律

以老熟幼虫在土中越冬。在苹果落花后半月左右，当旬平均气温达到 17 ℃，地温达 19 ℃时，幼虫开始出土。幼虫出土受土壤含水量影响较大，土壤含水量在 10% 以上时，幼虫能顺利出土；越冬幼虫出土后，在地面做夏茧化蛹，蛹期约半月。6 月上旬开始出现越冬代成虫，盛期在 6 月中下旬至 7 月上旬，末期在 7 月下旬。

（四）防治方法

1. 农业防治　在越冬幼虫出土前，将树根颈基部土壤扒开 13～16 cm，刮除贴附表皮的越冬茧。于第一代幼虫脱果时，结合压绿肥进行树盘培土压夏茧；摘除虫果：在幼虫蛀果危害期间（幼虫脱果前），于果园巡回检查、摘除虫果，并杀灭果内幼虫。每 10 d 摘 1 次虫果，可有效控制该虫的发生量。

2. 套袋保护　在成虫卵前对果实进行套袋保护，在套袋果园该虫已不成问题。

3. 诱杀　田间安置黑光灯或利用桃小食心虫性诱剂诱杀成虫；覆盖地膜：在春季对树干周围半径 1 m 以内的地面覆盖地膜，能控制幼虫出土、化蛹和成虫羽化挖茧或扬土灭茧。

4. 生物防治　每平方米施寄生线虫 60 万～80 万条，杀虫效果良好。

5. 药剂防治　常用药剂 5% 顺式氰戊菊酯（来福灵）乳油、10% 氯氰菊酯乳油、2.5% 溴氰菊酯乳油均为 1 500～2 000 倍液、2.2% 甲维盐乳油 4 000 倍液、25% 灭幼脲 3 号 1 000～1 500 倍液。

十二、苹毛金龟子

（一）形态特征

1. 成虫　体长 9～12 mm，宽 6～7 mm，长卵圆形，除鞘翅和小盾片外全体被黄白色细绒毛，鞘翅光滑无毛，黄褐色，半透明，具淡绿色光泽。鞘翅上隐约有 V 形后翅，腹末露出鞘翅外。头、胸部古铜色，有光泽，触角鳃叶状 9 节。

2. 卵　椭圆形，乳白色后变为米黄色。

3. 幼虫　体长 15 mm，头部黄褐色，胸腹部乳白色，头部前顶刚毛各有 7～9 根，排成一纵列，后顶刚毛各 10～11 根，呈簇状。额中两侧各 2 根刚毛较长。胸足细毛，5 节，无腹足。

4. 蛹　裸蛹初为白色，后渐变为黄褐色。

（二）危害特点

在果树花期，以成虫取食花蕾、花朵和嫩叶，发生严重时，将上述部分吃光。

（三）发生规律

1年发生1代。以成虫在土中越冬，3月下旬开始出土活动，4月危害最重，5月中旬成虫活动停止，4月下旬至5月上旬为产卵盛期，5月下旬至6月上旬为幼虫发生期，8月中下旬是化蛹盛期，9月中旬开始羽化，羽化后不出土，在土中越冬。成虫具假死性，无趋光性，一般先危害杏，后危害梨、苹果和桃等。

（四）防治方法

①利用成虫的假死性，于清晨或傍晚振树捕杀成虫。

②在成虫出土前，树下施药剂，可用25%辛硫磷微胶囊100倍液处理土壤。

③施有机肥时，捡拾幼虫和蛹或用上述药剂进行处理。

④苹果树近开花前喷药，果园常用有机磷剂1 000～1 500倍液，菊酯类1 500～2 000倍液。

十三、康氏粉蚧

（一）形态特征

1. 成虫　雌成虫椭圆形，较扁平，体长3～5 mm，粉红色，体被白色蜡粉，体缘具17对白色蜡刺，腹部末端1对几乎与体长相等。触角多为8节。腹裂1个，较大，椭圆形。肛环具6根肛环刺。臀瓣发达，其顶端生有1根臀瓣刺和几根长毛。多孔腺分布在虫体背、腹两面。刺孔群17对，体毛数量很多，分布在虫体背腹两面，沿背中线及其附近的体毛稍长。雄成虫体紫褐色，体长约1 mm，翅展约2 mm，翅1对，透明。

2. 卵　椭圆形，浅橙黄色，卵囊白色絮状。

3. 若虫　椭圆形，扁平，淡黄色。

4. 蛹　淡紫色，长1.2 mm。

（二）危害特点

若虫和雌成虫刺吸芽、叶、果实、枝叶及根部的汁液，嫩枝和根部受害常肿胀且易纵裂而枯死。幼果受害多成畸形果。排泄蜜露常引起煤污病发生，影响光合作用。

（三）发生规律

一般1年发生3代，以卵囊在树干及枝条的缝隙等处越冬。各代若虫孵化盛期为5月中、下旬，7月中、下旬和8月下旬。若虫发育期，雌虫为35～50 d，雄虫为25～37 d。雄若虫化蛹于白色长形的茧中。每头雌成虫可产卵200～400粒，卵囊多分布于树皮裂缝等处。若虫和成虫吸食苹果枝干和果实汁液，可导致枝干生长衰弱，果实品质下降，甚至整株果树枯死。

（四）防治方法

1. 注意保护和利用天敌　康氏粉蚧的天敌有瓢虫和草蛉等。

2. 冬季清除虫卵，减少虫源　结合冬季修剪、重剪或疏除危害严重的有虫枝条，并彻底烧毁，降低越冬基数，以减轻来年虫源。

3. 化学防治　防治的关键是在一龄若虫活动时施药。一般刚卵化后的若虫并不马上分泌蜡粉，等天气晴朗暖和时陆续以团体蜡壳爬出，过几天体外才陆续上蜡，因此要掌握在若虫分散转移期分泌蜡粉前施药防治最佳，可选用2.5%敌杀死乳油或2.5%功夫乳油，

40％的毒死蜱＋2％的阿维菌素等。

◆ **主要参考文献**

陈晓洁，2015. 河北省苹果枝干轮纹病发生现状及抗轮纹病苹果砧木的组培快繁［D］. 保定：河北农业大学.

董小圆，张团委，2021. 苹果轮纹病发生规律与系统化防控［J］. 西北园艺（4）：31-32.

杜志辉，刘和生，郭云忠，2009. 苹果病虫害综合防治［M］. 西安：陕西科学技术出版社.

封涌涛，殷宣，2018. 苹果小叶病的发生原因及综合防治［J］. 现代农业科技（8）：129-130.

封云涛，魏明峰，郭晓君，等，2018. 三种杀螨剂对山楂叶螨的毒力评价［J］. 植物保护学报，45（3）：640-646.

宫庆涛，姜莉莉，李素红，等，2019. 桃小食心虫的危害特点及防控措施［J］. 落叶果树，51（6）：35-37.

韩文启，孙厚行，刘馨蔚，等，2018. 7种防治苹果炭疽叶枯病药剂的效果试验［J］. 落叶果树，50（6）：49-51.

何东，2017. 伊犁苹果棉蚜的发生与防治［J］. 南方农业，11（20）：22-23.

侯保林，1987. 果树病害［M］. 上海：上海科学技术出版社.

靳会琴，潘换来，潘小刚，等，2020. 康氏粉蚧的危害与防治［J］. 果农之友（7）：37.

刘召阳，宋艳艳，冯浩，等，2021. 3种复配杀菌剂对苹果褐斑病菌的室内生物活性及田间防效评价［J］. 农药，60（1）：66-69.

钱学治，2017. 保定地区矮砧密植苹果锈果病发生及防治研究［D］. 保定：河北农业大学.

时丕坤，2017. 苹果疫腐病发生规律及防治方法［J］. 河北果树（4）：44.

时丕坤，宗殿龙，秦敏，等，2017. 苹果锈病的发生与防治措施［J］. 落叶果树，49（2）：33-34.

孙鲁阳，高仁生，秦嗣军，等，2021. 苹果苦痘病的发生与综合防治研究进展［J］. 北方果树（1）：1-3.

王万周，2019. 苹果白粉病的发生与防治［J］. 西北园艺（3）：55.

魏东晨，2014. 果树栽培与病虫害防治实用技术［M］. 北京：中国农业科学技术出版社.

鄢海峰，周宗山，2021. 异菌脲与戊唑醇、吡唑醚菌酯复配对苹果斑点落叶病菌的联合毒力［J］. 中国果树（6）：19-23.

闫森，陈玉兆，鲁承晔，等，2020. 桃小食心虫、金纹细蛾在洛川苹果园发生规律及生物防治方法研究［J］. 陕西农业科学，66（4）：36-40.

闫文涛，岳强，冀志蕊，等，2019. 苹果炭疽病的诊断与防治实用技术［J］. 果树医院（9）：26-28.

杨凤秋，陈东玫，张朝红，等，2020. 苹果腐烂病的发生与防治［J］. 河北果树（2）：53.

杨华，李广旭，张广仁，等，2019. 几种杀菌剂防治苹果斑点落叶病田间试验［J］. 北方果树（6）：15-16.

于子涵，高寿利，潘香君，2021. 苹果锈病的发生与防治［J］. 烟台果树（1）：48-49.

张林林，焦蕊，刘金利，等，2021. 3种不同药剂防治苹果瘤蚜田间试验［J］. 河北果树（1）：14-15.

张娟，王博，2020. 苹果霉心病发生规律、发生原因及综合防治技术［J］. 陕西农业科学，6（5）：86-88.

张云茂，2012. 苹果病虫害综合防治［M］. 北京：中国农业出版社.

第八章

苹果快速成形及早期丰产案例

随着研究人员对苹果早期丰产理论的深入研究，各种栽培技术措施不断涌现，生产中出现了许多苹果快速成形和早期丰产的案例，这些案例对促进当地苹果发展起到了积极的推动作用。本章主要介绍苹果半成品苗木和成品苗木早期丰产的实例。

第一节　苹果矮化中间砧半成品苗快速成形及早期丰产案例

矮化中间砧半成品苗木是指在建园上年秋季或建园后在矮化中间砧上嫁接品种接芽而形成的苗木，这种苗木具有价格低、栽植成活率高等优点，在一些区域有一定的应用面积。应用半成品苗建园，实现了栽后第 2 年开花，第 3 年每 667 m² 产量达 555.2 kg。

一、园地基本情况

该园区位于河北省保定市满城区顺民村，示范园位于 38.91°N，115.27°E，海拔 53.6 m，为山前冲积扇平原，立地条件好，土壤为褐土。苗木选用芽眼饱满（嫁接品种）的裸根半成品苗，根系为八棱海棠，矮化中间砧为 SH40，品种为华丹、太行早红、3－2、鲁丽、华瑞、红露等。栽植前苗木浸泡 12 小时以上，之后进行修根、剪除砧木干撅等处理。

示范园面积 4 000 m²，株行距 2 m×4 m，东西行向，按行栽植不同品种，为多品种采摘园。2019 年 3 月 19 日定植，定植时挖 30 cm 深定植穴，苗木栽植深度为第二嫁接口（基砧与 SH40 嫁接口）与地表相平，栽后踏实，后期起垄栽培。

二、栽后管理

（一）第 1 年管理及效果

1. 肥水管理　栽植后立即灌水，栽后 1 周灌 2 次水后覆灰黑除草地膜。新梢长到 10 cm 时，第 1 次追肥，每株追施尿素 100 g，追肥后立即浇水。新梢长到 20～30 cm 时，第 2 次追肥，每株追施尿素 200 g，追肥后立即浇水。7 月下旬，株施低氮高磷高钾复合肥 250 g。9 月中旬秋施基肥，每 667 m² 施腐熟牛粪 4～5 m³，并及时灌水。

2. 除萌 萌芽后进行除萌，主要是疏除矮化中间砧上的萌芽，保留品种萌芽。

3. 抽枝宝点芽促发分枝 在新梢长 100 cm 时（一般在 6 月中旬）用抽枝宝进行第一次点芽，从距地表 60 cm 开始，每隔两个芽点一个芽，点到距新梢顶端 15～20 cm，每次点芽不超过 5 个（点芽太多，造成营养过于分散，不抽生长枝）。以后每隔半个月点 1 次，点到 7 月底结束，第 1 年一般点芽 3～4 次。在 7 月中、下旬，对抽生的长度超过 40 cm 的副梢，距中央领导干 15～20 cm 以上点 2～3 个侧芽或背后芽，促发 3 次枝。

4. 拉枝开角 在副梢长度达到 30 cm 左右时进行第 1 次拉枝，最简便也最经济的方法是用 16φ 或 18φ 铁丝，截成 20～30 cm 长备用。实际操作时，用手将铁丝一端弯成小钩，且越小越好（便于角度固定后解铁丝），勾住新梢中部，将枝条调整到 110°～120°，用另一只手将铁丝另一端固定在中央领导干或支架上。拉枝 15～20 d 即可解除铁丝。第 2 次在 7 月中旬至 8 月下旬，主要是针对第 1 次拉枝漏掉的副梢和第一次拉枝后梢角上扬的副梢，用铁丝或 S 钩、M 钩继续开角到 110°～120°。对于抬头的副梢，还可以采用扭枝的方法，即用一只手拿住新梢抬角部位的下端，用另一只手拿住新梢抬角部位的上端，扭转超过 180°，做到"伤筋动骨不动皮"，使新梢保持在 110°～120°。

5. 新梢控长 8 月中下旬，喷施 150～200 mg/L 的 PBO，重点喷副梢和三次梢枝头。过 10 天观察新梢停长情况，假如还有生长情况，继续喷施 100～150 mg/L 的 PBO。

6. 起垄 施肥后用葡萄埋土防寒机进行起垄，垄高 20 cm 左右，垄宽 150 cm 左右，SH40 矮化中间砧地上部留 10～15 cm。

7. 冬季整形修剪 首先轻短截中心领导干延长枝，截留 40～60 cm，其次疏除中央领导干上枝干比大于 1：3 的分枝和重叠枝、病虫枝和低于距地表 60 cm 的分枝，平均每株保留分枝 10 条以上。秋后调查，苗木成活率 98%，平均树高 190 cm，平均侧生分枝达到 13 个以上。

（二）第 2 年管理

1. 补栽 2020 年春季用成品苗进行了补栽，补栽树留 150 cm 高定干，自顶端第 6 芽以下，到地表 60 cm 以上，每隔 2 个芽刻一个芽。补植后全园立即灌水。

2. 疏花序 第 2 年大部分品种开花，最多单株花序 13 个（表 8-1）。为了促进幼树生长，春季应将花序疏除。

3. 抽枝宝点芽 在萌芽前，对中央领导干延长枝和中央领导干缺枝部位用抽枝宝点芽。6 月 1 日，当中央领导干延长梢长度达到 40 cm 以上时，用抽枝宝进行第 1 次点芽；在 6 月 15 日、7 月 1 日、7 月 15 日分别对中央领导干延长梢，用抽枝宝进行第 2 次、第 3 次、第 4 次点芽；7 月 15 日同时对全部新梢和抽枝宝点出的副梢进行点芽，每个新梢点 3～4 个侧芽和背后芽，促发分枝。

4. 拉枝 参照第 1 年的拉枝管理。重点拉中央领导干上萌发的新梢、抽枝宝点出的副梢和下部主枝的枝头，新梢角度保持在 110°～120°。

表 8 - 1　半成品苗建园栽后第 2 年花量

品种	调查株（株）	成花株数（株）	花序数	成花株率（%）	平均每株花序数
太行早红	5	3	8	60	2.67
华丹	16	12	68	75	5.67
鲁丽	15	12	162	80	13.5
华瑞	12	9	52	75	5.78
红露	8	4	23	50	5.75
平均	65	48	376	73.8	7.85

5. 控长　8 月下旬，喷施 $150\sim200$ mg/L 的 PBO，重点喷副梢和 3 次梢枝头。10 d 后观察新梢停长情况，如还有新梢生长情况，再喷施 $100\sim150$ mg/L 的 PBO。

6. 冬季整形修剪　经过两年的管理，大部分树体高度已经超过 3 m，对此类树，中央领导干延长枝不再短截，疏除中央领导干延长枝上的分枝；对树高低于 3 m 树，轻短截中心领导干延长枝，留 $40\sim60$ cm 在饱满芽处短截。疏除中央领导干上枝干比大于1∶3 的分枝和重叠枝、病虫枝，平均每株保留侧生分枝 25 条以上。

（三）栽后第 3 年

栽后第 3 年春季、秋季分别调查了开花、结果情况（表 8 - 2），结果显示，开花株率均为 100%，平均单株花序数为 $61\sim172$ 个，平均产量达到每 667m² 1 110 kg，达到了早期丰产指标。

表 8 - 2　半成品苗建园栽后第 3 年花量及产量

品种	调查株（株）	成花株数（株）	花序数（个/株）	成花株率（%）	平均单株花序数（个）	每 667 m² 产量（kg）
太行早红	5	5	614	100	102.2	747.6
华丹	5	5	306	100	61.2	772.8
鲁丽	5	5	864	100	172.8	1 612.8
华瑞	5	5	766	100	153.2	1 360.8
红露	5	5	526	100	105.2	1 058.4
合计	25	25	3076	100	123	1 110.5

第二节　普通矮化成品苗早期丰产案例

普通矮化成品苗木又叫单干成品苗，是相对于带分枝大苗而言的，这种苗木具有价格适中、栽植成活率高、整齐度高等优点，是目前生产中常用的苗木类型。应用普通矮化成品苗建园，实现了栽后第 2 年开花，第 4 年每 667 m² 产量达 $1\,000\sim2\,100$ kg。

一、M9 自根砧苹果园

（一）示范园基本情况

示范园在江苏省丰县宋楼镇王岗集，果园面积 17 333 m²，沙壤土质。2016 年春栽植，一年生普通苗建园，品种：烟富 10，砧木为 M9T337 自根砧，授粉品种：华硕。株行距 1.5 m×4 m，每 667 m² 111 株，南北行向。

第 2 年开始结果，第 3 年（2018）每 667 m² 产量为 362 kg，第 4 年（2019）每 667 m² 产量达 2 164 kg，实现了早期丰产。

（二）栽后管理

1. 整形修剪

（1）第 1 年。采用高纺锤树形整形。定植时不短截定干，留饱满顶芽，顶芽下 10 cm 内芽抠掉，防止出现竞争枝影响顶梢。中央领导干 70 cm 以下萌蘖全部去除。中央领导干上新梢长至 20～25 cm 时，用开角器开角，使新梢水平生长。秋季将中干上长度 30 cm 以上的新梢拉至 100°～120°，拉枝时调整枝条方位，使上下枝错落生长。冬季疏除背上枝，同时疏除中央领导干上直径大于着生处中央领导干直径 1/2 的强壮分枝，留桩长度视同侧部位上下主枝数量和分布空间决定。第一年修剪完成后，树高 2.1 m 左右，中央领导干上着生 5～8 个分枝。

（2）第 2 年。第 2 年春，每株留果 10～15 个。中央领导干上缺枝部位，刻芽促枝或涂抹发枝素处理。萌芽后及时抹除主枝上的背上芽，露红期去除主枝顶芽，促发侧枝。新梢长度 30 cm 左右时开张角度，秋季拉枝至 100°～120°。冬剪时，选留生长势中庸、角度大的一年生枝条作主枝，轻打头；位置好、角度小的主枝留桩 5～10 cm 短截。第 2 年修剪完成后，树体高度 2.8 m 左右，小主枝 8～15 个，开角、拉枝后形成花芽。

（3）第 3 年。第 3 年春，中央领导干上缺枝部位继续刻芽或涂抹发枝素，萌芽前抹除主枝上的背上芽，疏除部分花芽。秋季对所有长度 25 cm 以上侧枝拉至 100°～120°。冬剪时，仍然将粗度超过着生部位中央领导干直径 1/3 以上的主枝全部疏除，留桩长度视同侧部位上下主枝数量和分布空间决定。第 3 年修剪完成后，树体高度 3.1 m 左右，小主枝 25～35 个，开始结果。

（4）第 4 年。经过前 3 年的培养，树体达到预定高度，主枝螺旋排列，高纺锤形树形基本成形。春季疏除部分花芽，秋季将中央领导干上新梢拉至 100°～130°。冬季重点疏除最粗的和最大的主枝，疏除 2～3 个大枝，同时疏除 2～3 个较弱的下垂枝，留桩。树体高度 3.4 m 左右，小主枝 35～45 个，大量结果。

2. 土、肥、水管理

（1）第 1 年。栽植时每 667 m² 施入农家肥 2 m³，新梢生长 20～25 cm 时开始追肥，全年滴灌施肥 3 次，每 667 m² 全年用量 30 kg。根据树体生长和天气及土壤墒情及时进行浇水。

（2）第 2 年。全年追肥 3 次，每 667 m² 施肥量三元素复合肥 50 kg，滴灌施肥与条施结合进行，每 667 m² 施入农家肥 2 m³，浇好萌芽水、封冻水，生长季根据树体生长和天气及土壤墒情及时进行浇水，促进幼树生长。

（3）第 3 年。全年追肥 3 次，每 667 m² 全年施肥量三元素复合肥 80 kg，秋季施入牛粪、羊粪 2 m³，商品有机肥 1 t，黄豆 50 kg，浇好萌芽水、花后水、膨大水、封冻水，生长季根据树体生长和天气及土壤墒情及时进行浇水。

（4）第 4 年。全年追肥 5 次，每 667 m² 施肥量三元素复合肥 110 kg，秋季施入商品有机肥 1t，羊粪、猪粪等农家肥 4 m³，黄豆 50 kg，浇好萌芽水、花后水、膨大水、封冻水，生长季根据树体生长和天气及土壤墒情及时进行浇水。

3. 病虫害防治

（1）第 1 年。70% 吡虫啉 12 000 倍液或 24% 螺虫乙酯 4 000 倍液、15% 哒螨灵 2 000 倍液防治蚜虫、害螨，20% 虫酰肼 1 000 倍液防治顶梢卷叶蛾。全年喷药 5 次。

（2）第 2 年。清园，萌芽前喷 3～5 波美度石硫合剂，春季树干涂白，春季萌芽前用波尔多浆涂干，硫酸铜∶生石灰∶水＝1∶3∶15，混加 0.5% 植物油，根据蚜虫、顶梢卷叶蛾、螨类发生情况，喷 70% 吡虫啉 12 000 倍液或 24% 螺虫乙酯 4 000 倍液、15% 哒螨灵 2 000 倍液、20% 虫酰肼 1 000 倍液等防治，全年喷药 6 次，生长季发现天牛新鲜虫粪时，塞磷化铝进行防治。

（3）第 3 年。春季清园，萌芽前喷 3～5 波美度石硫合剂，3 月下旬露红期，喷药 1 次，之后生长季根据蚜虫、顶梢卷叶蛾、食心虫、螨类、斑点落叶病、褐斑病等喷 70% 吡虫啉 12 000 倍液、15% 哒螨灵 2 000 倍液、20% 虫酰肼 1 000 倍液、35% 氯虫苯甲酰胺 5 000～7 000 倍液、4.5% 高效氯氰菊酯、70% 甲基硫菌灵 1 200 倍液、10% 苯醚甲环唑 2 500 倍液等药剂进行防治，6 月初喷波尔多液，雨季视情况与其他药剂交替喷施，全年共喷药 7～8 次，视天牛发生情况随时进行挑治，落叶后用轮纹终结者涂干。

（4）第 4 年。果树大量挂果，萌芽前喷 5 波美度石硫合剂，3 月下旬露红期，喷一遍杀虫、杀菌、杀螨剂，生长季做好蚜虫、顶梢卷叶蛾、食心虫、螨类、斑点落叶病、褐斑病、霉心病的防治，可喷 70% 吡虫啉 12 000 倍液、15% 哒螨灵 2 000 倍液、20% 虫酰肼 1 000 倍液、35% 氯虫苯甲酰胺 5 000～7 000 倍液、4.5% 高效氯氰菊酯、70% 甲基硫菌灵 1 200 倍液、10% 苯醚甲环唑 2 500 倍液、10% 多抗霉素 1 500 倍液等药剂进行防治。套袋后喷一遍波尔多液，7—9 月波尔多其他药剂交替使用，全年共喷药 7～8 次，视天牛发生情况随时进行挑治。落叶后，用立邦新时时丽乳胶漆＋100 倍液 50% 多菌灵＋600 倍液 25% 噻虫嗪涂干。

（三）效果

示范园采用宽行密植栽培，高纺锤形整形修剪，树体成形快，3～4 年树体即可成形，中央领导干上无粗大的主枝，修剪容易，工作量小。建园之初，配备了滴灌，提高了施肥、浇水效率，节省了用工量。树体结果早，第 2 年开始挂果，第 4 年丰产（表 8-3）。

表 8-3　烟富 10 栽植第 3～5 年产量及果实品质

年份	果型	果面	风味	可溶性固形物含量（%）	单果重（g）	每 667 m² 产量（kg）	每 667 m² 纯收益（元）
2018	长圆形高桩端正果个大	片红艳丽	果肉淡黄色，肉质致密、细脆	13.6	289	362	638
2019				14.0	305	2 164	4 957
2020				14.2	271	3 629	6 885

二、M26 中间砧园

(一) 示范园基本情况

示范园在河南省虞城县刘店乡袁庄村, 果园面积 12 000 m², 沙壤土质。2013 年春栽植, 一年生普通苗建园, 砧穗组合为烟富 3/M26/八棱海棠, 授粉品种: 新红星。株行距 2.5 m×4 m, 每 667 m² 65 株, 南北行向。

栽后第 3 年开始挂果 (2015 年), 每 667 m² 产量为 29 kg, 第 5 年 (2017 年), 每 667m² 产量为 3 847 kg, 达到了早期丰产要求。

(二) 栽后管理

1. 整形修剪

(1) 第 1 年。采用高纺锤树形整形, 建立支架, 以下绑缚树干, 保持直立。栽植当年, 在 90~100 cm 饱满芽处定干, 萌芽后及时抹除地面 70 cm 以下的萌芽。顶部新梢长至 10 cm 时, 抹去顶梢以下 10 cm 以内的竞争梢, 保持顶梢优势。中心干上新梢长到 15 cm, 用牙签开角至 90°。秋季将所有 30 cm 以上的枝条拉枝, 角度约 120°。冬季疏除中央领导干上直径大于着生处中央领导干直径 1/2 的强壮分枝, 剪口平斜, 促发分枝。树体经过一年的培养, 树高 2 m 左右, 中央领导干上着生 5~8 个分枝。

(2) 第 2 年。第 2 年每株挂果 8~10 个, 控制树势。春季中央领导干剪留 70 cm, 在中央领导干需要发枝部位每隔 10 cm 刻芽, 刻芽后萌发的新梢继续用牙签和开角器开角。萌芽前抹除主枝上的背上芽。夏季剪口发出的双枝或多枝疏除留单枝, 秋季所有枝条拉枝至 120°。冬剪时, 仍然将粗度超过着生部位中干直径 1/2 以上的分枝全部疏除, 选留生长势中庸、角度大的 1 年生枝条作小主枝。经过一年培养, 树体高度 2.7 m 左右, 小主枝 10~15 个, 开角拉枝后形成花芽。

(3) 第 3 年。第 3 年春, 缺枝部位继续刻芽、开角、拉枝, 萌芽期抹除主枝上的背上芽, 并去除主枝顶芽。秋季对所有长度 30 cm 以上主枝拉至 120°。冬剪时, 将粗度超过着生部位中干直径 1/3 以上的小主枝全部疏除。经过一年培养, 树体高度 3.2 m 左右, 小主枝 20~30 个。第 3 年开始少量结果, 25~35 果/株。

(4) 第 4 年。经过前三年的培养, 树体达到预定高度, 主枝螺旋排列, 高纺锤形树形基本成形。春季疏除部分花芽, 秋季将中干上新梢拉至 120°。冬季重点疏除粗、大的主枝, 疏除 2~3 个大枝, 同时疏除 2~3 个较弱的下垂枝, 留桩。树体高度 3.5 m 左右, 小主枝 30~40 个, 大量结果。

2. 土、肥、水管理

(1) 第 1 年。定植时, 建立支架, 配备滴灌, 小穴栽植 (40 cm×40 cm), 不施底肥。新梢长到 15 cm 后, 开始追肥, 15~20 d 滴灌施肥 1 次, 全年滴灌施氮肥 4 次, 每 667 m² 全年用量尿素 30 kg, 秋季施入牛粪 4 m³。深翻土壤。根据树体生长和天气及土壤墒情及时进行浇水, 促进幼树生长。

(2) 第 2 年。全年追肥 3 次, 每 667 m² 施肥量三元素复合肥 60 kg, 滴灌施肥与条施结合进行, 浇好萌芽水、封冻水, 生长季根据树体生长和天气及土壤墒情及时进行浇水, 促进树体生长。

（3）第 3 年。追肥 3 次，每 667 m² 全年施三元素复合肥 100 kg，滴灌施肥与条施、穴施结合进行，秋季施入牛粪 5 m³，浇好萌芽水、封冻水，生长季根据树体生长和天气及土壤墒情及时进行浇水，促进幼树生长。

（4）第 4 年。每 667 m² 全年追肥三元素复合肥 130 kg，滴灌施肥与条施、穴施结合进行，秋季施入商品有机肥 200 kg。

浇好萌芽水、花后水、膨大水、封冻水，生长季根据树体生长和天气及土壤墒情及时进行浇水。

3. 病虫害防治

（1）第 1 年。25％吡虫啉 4 000 倍液、5％霸螨灵 1 500 倍液防治蚜虫、害螨，20％虫酰肼 1 000 倍液防治顶梢卷叶蛾。全年喷药 6 次。

（2）第 2 年。清园，萌芽前喷 5 波美度石硫合剂，春季树干涂白，按照硫酸铜∶助剂∶水＝1∶3∶60 配制，根据蚜虫、顶梢卷叶蛾、螨类、叶部病害发生情况喷药防治，全年喷药 6 次，生长季发现天牛新鲜虫粪时，塞磷化铝进行防治。

（3）第 3 年。春季清园，萌芽前喷 5 波美度石硫合剂，3 月下旬露红期，全年病害防治关键期，喷 1 遍杀虫、杀菌、杀螨剂，之后生长季根据蚜虫、顶梢卷叶蛾、食心虫、螨类、斑点落叶病、褐斑病等喷 25％吡虫啉 4 000 倍液、5％霸螨灵 1 500 倍液、20％虫酰肼 1 000 倍液、35％氯虫苯甲酰胺 10 000 倍液、4.5％高效氯氰菊酯、70％甲基硫菌灵 1 200 倍液、10％苯醚甲环唑 2 500 倍液等药剂进行防治，6 月初喷波尔多液，雨季视情况与其他药剂交替喷施，全年共喷药 7～8 次，视天牛发生情况随时进行挑治，落叶后用轮纹终结者涂干。

（4）第 4 年。果树大量挂果，萌芽前喷 5 波美度石硫合剂，3 月下旬露红期，喷一遍杀虫、杀菌、杀螨剂，生长季做好蚜虫、顶梢卷叶蛾、食心虫、螨类、斑点落叶病、褐斑病、霉心病的防治，可喷 25％吡虫啉 4 000 倍液、5％霸螨灵 1 500 倍液、20％虫酰肼 1 000 倍液、35％氯虫苯甲酰胺 10 000 倍液、4.5％高效氯氰菊酯 2 000 倍液、70％甲基硫菌灵 1 200 倍液、10％苯醚甲环唑 2 500 倍液、10％多抗霉素 1 500 倍液等药剂进行防治。套袋后喷 1 遍波尔多液，7—9 月波尔多液与其他药剂交替使用，全年共喷药 7～8 次，视天牛发生情况随时进行挑治，落叶后用轮纹终结者涂干。

（三）效果

示范园采用宽行密植栽培，高纺锤形整形修剪，树体成形快，3～4 年树体即可成形，中央领导干上无粗大的主枝，修剪容易，工作量小。建园之初，配备了滴灌，提高了施肥、浇水效率，节省了用工量。树体结果早，第 3 年已开始挂果，早期产量高，第 4 年有可观的收益，第 5 年进入丰产期（表 8 - 4）。

表 8 - 4　烟富 3/M26/八棱海棠栽植第 3～5 年产量及果实品质

年份	栽后年限	果面	风味	可溶性固形物含量（％）	单果重（g）	每 667 m² 产量（kg）	每 667 m² 纯收益（元）
2015	3 年	片红，艳丽	肉质脆、汁多、甜	13.1	176	29	−1 501
2016	4 年	片红，艳丽	肉质脆、汁多、甜	13.7	211	1 889	3 335
2017	5 年	片红，艳丽	肉质脆、汁多、甜	13.7	197	3 847	4 561

三、SH40 中间砧园

（一）示范园基本情况

示范园位于河北省曲阳县晓林镇寺南庄村，38°35.665′N，114°35.743′E，海拔高度 104 m。果园面积 6 667 m²，沙壤土质。2011 年春栽植，一年生矮化中间砧苗建园，苗高 1.5 米以上，干径 1 cm 以上，砧穗组合为天红 2 号/SH40/八棱海棠，授粉品种：王林。株行距 2 m×3.2 m，每 667 m² 104 株，南北行向。

栽后第 2 年开花结果，第 4 年（2014 年）每 667 m² 产量 1 000 kg，达到了早期丰产要求。

（二）栽后管理

1. 整形修剪：树形采用细长纺锤树形

（1）栽植当年整形。

① 栽植后定干，在饱满芽处短截，剪口留饱满芽。弱苗低定干，壮苗高定干，定干高度一般为 80～120 cm。

② 5 月上中旬，当新梢长 5～10 cm 时，疏梢定梢。顶梢壮而竞争梢弱的树，疏除剪口下第 2、3、4 竞争梢。顶端新梢弱的树，疏除弱梢，让下部竞争梢当头，然后再疏除剪口下第 2、3、4 竞争梢。

③ 5 月中下旬新梢长 15～20 cm 时，夏季整枝。枝条基部拿枝软化，牙签开角到水平。以后随枝条生长，拿枝软化 3～4 次，使枝条保持水平生长。疏除中央领导干距地面 50 cm 以下分枝。对于生长歪斜的树要及时立竹竿绑缚。生长期及时、多次疏除中央领导干延长梢上的竞争性新梢，保持中央领导干延长梢直立健壮生长。

④ 6 月下旬至 7 月上旬，新梢长至 60～70 cm 时，拉枝开角 110°～120°，以后及时疏除拉枝产生的基部萌发梢。

⑤ 9 月中下旬拉枝。对于未拉枝的新梢以及拉枝后又翘头的新梢继续拉枝。

（2）第 2 年。

① 2～3 月修剪。首先疏除中央领导干距地面 60 cm 以下所有分枝，然后根据幼树的生长情况采取两种修剪方法。有 5 个以上有效长枝树的修剪：疏除枝干比大于 1/2 的过粗过壮枝、重叠枝（同侧枝上下间距 40 cm 左右）、过密枝、病虫枝，一次性留 5 个以上的长枝做主枝。疏除主枝上的较长分枝、竞争枝、直立壮枝，保持主枝单轴延伸。中央领导干延长枝在饱满芽处中短截，一般留长 60～80 cm。上年秋季未拉枝的应拉枝下垂，对上年拉枝后又翘头的枝以及拉枝没有到位的枝重新拉枝校正。3 月中旬萌芽前，短截后的中干延长枝自下剪口向上刻芽，隔 3 刻 1，螺旋式上升，直到剪口 30 cm 处，刻第 1 芽时应与剪口下第 1 枝条的生长方位错开。2 年生中干缺枝处刻芽补空。发长枝 5 个以下树的修剪：中央领导干延长枝在饱满芽处中短截，一般留长 60～80 cm。将所有侧生分枝从基部全部疏除，重新培养。3 月中旬在主干距地面 60 cm 处向上刻芽（遇到短枝或剪口要跳过去），隔 3 刻 1，螺旋式上升，直到距剪口 30 cm 处。

② 生长期的管理。当年生枝头和新梢的管理同第 1 年。中干上主枝的管理，5 月中下旬整枝，及时控制主枝背上新梢，通过扭梢等措施，培养成小型结果枝组。此后应多次处

理主枝上的新梢，及时控制。对背上过密的壮梢，无空间的疏除，有空间的应继续扭梢处理促成花。第 2 年树疏除花序不留果。

（3）第 3 年。

①2—3 月修剪。中央领导干延长枝留 60～80 cm 在饱满芽处短截。中央领导干上的当年生新梢，疏除枝干比大于 1/2 的过粗枝、重叠枝、过密枝、病虫枝，留下的长枝缓放，做主枝。主枝同侧上下间距 40 cm 左右。疏除多年生主枝上的直立枝、过密枝、竞争枝、过壮过大侧枝，保持主枝单轴延伸，水平或下垂生长。疏除中央领导干距地面 60 cm 以下分枝。

②生长季的管理。同第 2 年，对多年生主枝也要及时拉枝下垂、多次拿枝软化，或在翘起部位转枝下垂，拉枝固定。第 3 年树单株留果 10～20 个。

（4）第 4 年。树高接近预定高度的树，中干延长枝不再短截，树高较低的树继续短截，单株培养单轴延伸的主枝 25 个左右，其他各项管理同第 3 年。第 4 年的树基本成形，单株留果 80 个左右。

（5）第 5 年及以后。保持树势平衡稳定。根据树势状况及肥水条件，确定合理的留果量，勿使果树挂果量过大引起树势早衰，但也不能使果树挂果量过少，否则果树旺长不易控制。

① 保持强壮直立的中干、合理的枝干比（小于 1∶3）。要达到这一目的，最关键的技术措施为去除剪口竞争芽枝、拿枝软化、拉枝开角，将枝干比控制在 1∶2 以下；将主枝角度拉至水平以下，不短截主枝延长头，严格疏除主枝上的侧生枝，主枝上直接配备小型结果枝组，使主枝保持单轴延伸，延缓主枝增粗速度，拉开枝干比。同侧主枝上下间距 40 cm 左右，角度 90°～110°，长度不超过 1.2 m，粗度不超过 3 cm，过粗的主枝，每年疏 1～2 个，轮流更新。

② 枝组的更新。对于连年结果衰弱或者冗长的枝组，直接从基部留桩疏除，3～4 年轮换 1 次，采用边培养边轮换的方法。剪口下可以发出自然开张的枝条，稍加处理即可成花，从而达到枝条更新的目的。

③ 树高的控制。疏除树头的直立旺枝，使果树保持良好的光照条件和合理的枝量。超过高度的树，拉弯中干延长枝，促成花结果，控制树高。必要的时候再用落头留头、大头换小头的办法控制树高。

④ 冬夏季修剪并重。注意冬季运用拉枝、刻芽促萌以及夏季的拉枝、拿枝、扭梢等促成花技术，促使果树营养生长与生殖生长达到动态平衡。

盛果期的苹果树，要搞好花果管理，严格控制产量，严防大小年，实现连年丰产稳产。每株树保留主枝 25 个左右，单株留果 150～200 个，单果重 250～300 g，单株产量 40～50 kg，每 667 m² 产量为 4 000～5 000 kg。矮化苹果树易成花，如果不进行严格疏花疏果，极易出现大小年。通过疏花疏果，严格控制树体负载量，使之年年丰产，年年果质优，年年创高效。

2. 土、肥、水管理

（1）第 1 年。栽植当年，定植前浇水整地。每 667 m² 施土杂肥 3 m³，硫酸钾型三元复合肥 30 kg，全园撒施，施肥后旋耕整地。整地后按照规定的株行距挖坑栽植，栽植坑 40 cm×40 cm，栽植后浇透水，以后根据土壤墒情 15～20 d 浇水 1 次，保持土壤湿润。

6、7月进入雨季后减少浇水次数，根据降雨情况适当浇水。秋季适当控水，促进组织生长充实。土壤上冻前浇冻水。5月中下旬新梢长 20 cm 左右时开始追肥，每 667 m² 撒施尿素 10 kg，至 7 月下旬追肥 2～3 次，施肥后浇水；秋季穴施三元复合肥 25 kg。果树行间种植花生等低矮作物，及时松土除草。

（2）第 2 年。全年追肥 3 次，每 667 m² 每次施三元素复合肥 25 kg，施肥后浇水。浇好萌芽水、封冻水，干旱时及时浇水，促进树体生长。

（3）第 3 年。追肥 3 次，每 667 m² 每次施三元素复合肥 50 kg，秋季撒施羊粪 3 m³，施肥后旋耕。浇好萌芽水、封冻水，干旱时及时浇水，促进树体生长。

（4）第 4～5 年，追肥 3 次，每 667 m² 每次施三元素复合肥 100 kg，秋季撒施羊粪 3 m³，施肥后旋耕。浇好萌芽水、封冻水，干旱时及时浇水，促进树体生长。

3. 病虫害防治

（1）第 1 年。注意防治金龟子、蚜虫、顶梢卷叶蛾、早期落叶病等病虫害，杀虫可用 4.5％高效氯氰菊酯 1 000 倍、3％高氯甲维盐 1 000 倍液、10％吡虫啉 1 500 倍液，防病可用 30％戊唑多菌灵 1 000 倍液。防控枝干轮纹病，在苗木栽植后树干涂刷轮纹终结者 1 号 1 次。

（2）第 2 年。清园，萌芽前喷 5 波美度石硫合剂，春季树干涂白，按照硫酸铜∶助剂∶水＝1∶3∶60 配制，根据蚜虫、顶梢卷叶蛾、螨类、叶部病害发生情况喷药防治，全年喷药 6 次，生长季发现天牛新鲜虫粪时，塞磷化铝进行防治。

（3）第 3 年及以后。春季清园，萌芽前喷 5 波美度石硫合剂。4 月初花芽露红期，注意防治金龟子、蚜虫、螨类、轮纹病、卷叶蛾等病虫害，喷 1 遍杀虫、杀菌、杀螨剂。落花后 7～10 d 喷花后第 1 遍药，以后每隔 7～10 d 喷 1 次药，连喷 3 次，幼果期注意补钙，每次喷药加入糖醇钙 1 000 倍，喷第 3 遍药后套纸袋。生长季根据蚜虫、顶梢卷叶蛾、食心虫、螨类、褐斑病等发生情况喷 3％高氯甲维盐 1 000 倍液、70％吡虫啉 5 000 倍液、22％阿维螺螨酯悬浮剂 4 000 倍液、4.5％高效氯氰菊酯 1 000 倍液、50％甲基硫菌灵 1 000 倍液、10％苯醚甲环唑 2 000 倍液等药剂进行防治，全年共喷药 8～10 次。防治枝干轮纹病，每年春季或落叶后用轮纹终结者 1 号涂干 1 次。

（三）效果

示范园采用矮化密植栽培，细长纺锤形整形修剪，树体成形快，3～4 年树体即可成形结果，中央领导干上无粗大的主枝，主枝单轴延伸，修剪容易，工作量小。树体结果早，第 2 年开花结果，第 4 年每 667 m² 产量超过 1 000 kg，第 5 年进入盛果期，高产稳产效益高（表 8-5）。

表 8-5　天红 2 号/SH40/八棱海棠不同树龄树相及产量

树龄	树高（cm）	干径（mm）	主枝个数（个）	枝展（东西×南北）（cm×cm）	每 667 m² 产量（kg）
1	254.8	28.14	6.7	157×150	0
2	282.1	50.13	14.2	170×139	0

（续）

树龄	树高（cm）	干径（mm）	主枝个数（个）	枝展（东西×南北）（cm×cm）	每667 m² 产量（kg）
3	327.4	60.80	23.6	210×179	260.5
4	384.0	85.75	19.8	228×220	1 042.1
5	406.0	96.30	18.0	264×226	2 084.0

第三节　带分枝大苗建园早期丰产案例

应用带分枝大苗建园，能够提早结果，是目前提倡的栽培方式。带分枝大苗成本高，有时会出现成活率低的现象。

一、园地基本情况及苗木处理

1. 示范园基本情况　示范园位于河北省保定市满城区永安庄，示范园为石渣厂尾矿区，立地条件差，从山下拉土进行客土，覆土厚度60 cm以上。土壤为褐土，土壤有机质含量低。栽植前沿植树行亩施有机肥（腐熟牛粪）6 m³，机械开沟，开沟宽、深各60 cm，并将有机肥与土混匀，开沟后灌水踏实。苗木基砧为八棱海棠，矮化中间砧为SH40，主栽品种为天红2号富士，授粉品种为王林。

示范园面积6 667 m²，株行距1.5 m×4 m，南北行向，主栽品种与授粉品种4∶1，后期起垄栽培。2018年3月19日定植，挖30 cm深定植穴，苗木栽植深度第二嫁接口（中间砧与基砧）与地表相平，栽后踏实。

2. 苗木处理

（1）浸泡。栽植前苗木在清水中浸泡12～24小时。

（2）苗木分级和处理。根据苗高、分枝数及根系状况将苗木分为4类：①苗高200 cm以上，有10个以上有效分枝。②苗高200 cm以上，少于10个有效分枝。③苗高200 cm以下，有5个以上有效分枝。④苗高200 cm以下，少于5个有效分枝。

苗木进行修根、修伤残枝等处理。对于第一、二类苗木，在70～150 cm有10个左右角度、粗度合适的分枝保留，否则全部去除（清干）。对于第三、四类苗木，在70～120 cm有5个以上角度、粗度合适的分枝保留，否则全部去除（清干）。为了削弱顶端优势，促进下部出枝和新梢的正常生长，苗木不定干，从顶端第5个芽以下，每隔两个芽刻一芽，一直刻到分枝或距第一接口70 cm处。

二、栽后管理

（一）第1年管理

1. 树体整形

（1）萌芽前拉枝。将保留的枝条开角到110°～120°。

（2）除萌。萌芽后进行除萌，主要是疏除中央领导干延长枝顶端两个竞争萌芽和疏除枝基部萌发的多余芽（同一部位只留 1 个芽）。

（3）新梢开基角。在新梢长到 10 cm 时，用牙签开基角到 90°。

（4）生长期拉枝。在新梢长 30 cm 左右时进行第 1 次拉枝，最简便也最经济的方法是用 16φ 或 18φ 铁丝，截成 20～30 cm 长备用。实际操作时，将铁丝一端弯成小钩，且越小越好（便于枝条角度固定后解开铁丝），勾住新梢中部，将枝条调整到 110°～120°，将铁丝另一端固定在中央领导干上。拉枝 15～20 d 即可解除铁丝。第 2 次在 7 月中旬至 8 月下旬，主要是针对第 1 次拉枝漏掉的新梢和第 1 次拉枝抬角的新梢，用铁丝或 S 钩、M 钩继续开角到 110°～120°。对于抬头的新梢，还可以采用扭枝的方法，即用一只手拿住新梢抬角部位的下端，用另一只手拿住新梢抬角部位的上端，扭转超过 180°，做到"伤筋动骨不动皮"，使新梢保持在 110°～120°。

2. 土肥水管理

（1）栽植后立即灌水，栽后 1 周灌 2 次水后覆灰黑除草地膜。

（2）在新梢长到 5 cm 时，第 1 次追肥，每株追施尿素 100 g，追肥后立即浇水。

（3）当新梢长到 20～30 cm 时，第 2 次追肥，每株追施尿素 200 g，追肥后立即浇水。

（4）秋施基肥。9 月中旬，每 667 m² 施腐熟牛粪 5～7 m³，并及时灌水。

（5）起垄。施肥后用葡萄埋土防寒机进行起垄，垄高 20 cm 左右，垄宽 150 cm 左右。

3. 当年冬季整形修剪　由于没有定干，导致中央领导干延长枝长势弱，且中央领导干上形成了大量短果枝。冬季修剪时，首先重短截中央领导干延长枝，截留 20～50 cm，其次疏除中央领导干上枝干比大于 1∶3 的分枝及重叠枝、病虫枝和低于距地面 70 cm 的分枝，平均每株保留分枝 15 条以上。

秋后调查，苗木成活率 96%，平均分枝 20 个以上，所留分枝大部分已形成花芽。

（二）第 2 年管理

1. 补栽　2019 年春季用备用大苗进行补植，补植树参照大苗定植树当年整形修剪，栽后全园立即灌水。随后安装了滴灌设施。

2. 树体整形　萌芽后进行除萌，主要是疏除中央领导干延长枝顶端两个竞争萌芽和疏除枝基部萌发的多余芽（同一部位只留一个芽）。在中央领导干上的新梢长到 10 cm 时，用牙签开新梢基角到 90°。在新梢长 30 cm 时进行第 1 次拉枝，按照第 1 年的方法，将新梢调整到 110°～120°。第 2 次拉枝在 7 月中旬至 8 月下旬，主要是针对第 1 次拉枝漏掉的新梢和第 1 次拉枝抬角的新梢，用铁丝或 S 钩、M 钩继续开角到 110°～120°。

3. 土肥水管理　萌芽前，追施第一次肥，每株追施尿素 200 g，追肥后立即浇水。当新梢长到 20～30 cm 时，第 2 次追肥，每株追施尿素 250 g，追肥后立即浇水。9 月中旬秋施基肥，每 667 m² 施腐熟牛粪 5～7 m³，并及时灌水。

秋后调查，平均分枝 35 个以上，平均树高 3.5 m 以上，基本成型。

三、第 3 年及以后管理

第 2 年树体基本成型，第 3 年以后可按照常规矮化中间砧密植园管理。

四、产量情况

（一）大苗建园第 2 年

春季调查，天红 2 号成花株率 100%，授粉树王林带分枝成花株率 44%，不带分枝成花株率 31%。分析原因为栽植当年出枝多、营养分散、肥水充足、开角到位，不论是留分枝还是当年新梢，形成大量顶花芽和腋花芽。经过疏花疏果后，全园 6 667 m² 套袋 1.2 万个，每 667 m² 平均产量为 250 kg。

（二）大苗建园第 3、第 4 年

2020 年（建园第 3 年）春季调查，天红 2 号成花株率 100%，授粉树王林成花株率 100%。经过疏花疏果后，全园 6 667 m² 套袋 8.5 万个，每 667 m² 预估产量为 1 600 kg。2021 年全园平均产量每 667 m² 为 2 800 kg。

图书在版编目（CIP）数据

苹果幼树早期丰产理论与实践 / 徐继忠等著 . —北
京：中国农业出版社，2022.4
ISBN 978-7-109-29307-6

Ⅰ.①苹…　Ⅱ.①徐…　Ⅲ.①苹果—幼树—果树园艺
Ⅳ.①S661.1

中国版本图书馆 CIP 数据核字（2022）第 057819 号

中国农业出版社出版
地址：北京市朝阳区麦子店街 18 号楼
邮编：100125
责任编辑：丁瑞华　黄　宇
版式设计：王　晨　责任校对：刘丽香
印刷：中农印务有限公司
版次：2022 年 4 月第 1 版
印次：2022 年 4 月北京第 1 次印刷
发行：新华书店北京发行所
开本：787mm×1092mm　1/16
印张：13.25　插页：1
字数：320 千字
定价：88.00 元

彩图1 半成品苗（太行早红/SH40/八棱海棠）定植后第1年（郜福禄 摄）

彩图2 半成品苗（太行早红/SH40/八棱海棠）定植后第2年（郜福禄 摄）

彩图3 半成品苗（太行早红/SH40/八棱海棠）定植后第3年结果状（郜福禄 摄）

彩图4 成品苗（天红2号/SH40/八棱海棠）定植后第1年（张学英 摄）

彩图5 成品苗（天红2号/SH40/八棱海棠）定植第2年（李中勇 摄）

彩图6 成品苗（天红2号/SH40/八棱海棠）定植第3年开花状（李中勇 摄）

彩图7 带分枝大苗（天红2号/SH40/八棱海棠）建园第2年树体（郜福禄 摄）

彩图8 带分枝大苗（天红2号/SH40/八棱海棠）建园第3年开花状（郜福禄 摄）

彩图9 带分枝大苗（嘎拉/M9）第2年全园结果状（刘利民 摄）

彩图10 普通成品苗（嘎拉/M9）第2年全园结果状
（刘利民 摄）

彩图11 普通成品苗（金冠/M9T337）第3年结果全园状
（刘利民 摄）

彩图12 普通成品苗（中秋王/SH40/八棱海棠）第4年单株结果状（张学英 摄）

彩图13 普通成品苗（中秋王/SH40/八棱海棠）第4年全园结果状（张学英 摄）

彩图14 天红2号（刘文田 摄）

彩图15 普通成品苗（中秋王/SH40/八棱海棠）第4年结果果实（张学英 摄）